本书获评“复旦大学哲学学院源恺优秀学术辑刊奖”
由上海易顺公益基金会资助出版

科技伦理研究［第一辑］

TECHNOETHICS INQUIRY

王国豫　主　编

科 学 出 版 社

北　京

内 容 简 介

《科技伦理研究》是由复旦大学哲学学院、复旦大学生命医学伦理研究中心主办的学术性专业辑刊。该辑刊由复旦大学哲学学院王国豫教授担任主编，国内外知名学者组成学术指导委员会，由科学出版社出版发行。常设栏目有：生命医学伦理、大数据伦理与人工智能伦理、科技伦理与治理、科技伦理书评等。

创刊号第一辑包括生命医学伦理、大数据伦理与人工智能伦理、一般技术伦理等栏目，生命医学伦理栏目由6篇文章组成，主要探讨人类增强、精准医学等；大数据伦理与人工智能伦理栏目由5篇文章组成，主要探讨数据信任、数据伦理、数字劳动与人工智能伦理等；一般技术伦理栏目由4篇文章组成，包括能源、技术设计、技术物以及技术美学等。

《科技伦理研究》适合高校、科研院所、医院等单位科技伦理专业研究人员、师生研究使用，适合企事业单位、政府部门等单位科技管理人员阅读参考，也是社会大众了解科技伦理发展状况的重要读物。

图书在版编目（CIP）数据

科技伦理研究. 第一辑 / 王国豫主编. —北京：科学出版社，2022.11
ISBN 978-7-03-073308-5

Ⅰ. ①科…　Ⅱ. ①王…　Ⅲ. ①技术伦理学－研究　Ⅳ. ①B82-057

中国版本图书馆 CIP 数据核字（2022）第 181836 号

责任编辑：侯俊琳　邹　聪　乔艳茹 / 责任校对：张小霞
责任印制：赵　博 / 封面设计：有道文化

科学出版社 出版
北京东黄城根北街 16 号
邮政编码：100717
http://www.sciencep.com
北京厚诚则铭印刷科技有限公司印刷
科学出版社发行　各地新华书店经销
*
2022 年 11 月第　一　版　开本：720×1000　1/16
2025 年　2 月第四次印刷　印张：16 1/2
字数：260 000
定价：98.00 元
（如有印装质量问题，我社负责调换）

《科技伦理研究》
编辑委员会

Preface | 前言

面向未来的科技伦理研究

科技伦理已经成为我们这个时代的公共话题。

进入21世纪以来，以纳米技术、生物技术、大数据与智能技术、认知神经科学为代表的新兴科学技术，一方面已经全面渗透进我们的生活世界，改变了人类的生存方式，使得人类对科技的依赖性日益增强；另一方面，伴随而来的风险和不确定性也引发了人们对科技的怀疑和恐惧：面对无处不在的摄像头，我们还有自己的隐私吗？元宇宙是让理想展翅的自由王国还是人类精神的陷阱？对遗传物质的操纵是否会带来人性的改变？人工智能是人类的工具还是掘墓人？早在20世纪50年代，京特·安德斯（Guenter Anders）在反思“人在原子弹符号下的存在”时就曾指出，“人类如何存在的问题”现在已经变成了“人类*是否*存在的问题”[①]。世纪交替之际，面对自主机器的崛起，比尔·乔伊（Bill Joy）——太阳（Sun）微系统公司联合创始人和首席科学家发出了“未来不再需要我们”的哀叹。在他看来，如果允许机器自主运行，“我们将会发现人类的命运将掌握在机器手中”。“人类很容易陷入不得不接受机器的自主决定，从而依赖机器生存的境地。”[②]斯蒂芬·霍金也在临终前发出警示：“除非我们学会如何准备，并避免潜在的风险，否则AI可能成为我们文明史上最糟糕的事件。”[③]发轫于“知识就是力量”的启蒙精神催化了现代科技，定格在“科技就是力量”的信念中，但是培根也许没

---

① 京特·安德斯. 2010. 过时的人. 第一卷 论第二次工业革命时期人的灵魂. 范捷平译. 上海：上海译文出版社：212.

② Joy B. Why the future doesn’t need us. https://www.wired.com/2000/04/joy-2/[2022-07-20].

③ Kharpal A. Stephen Hawking says A.I. could be ‘worst event in the history of our civilization’. https://www.cnbc.com/2017/11/06/stephen-hawking-ai-could-be-worst-event-in-civilization.html[2022-07-20].

有想到，这种力量可能会成为一种异己的力量。事实上，“当原子弹夸大了人类的力量时，化石燃料却悄然间改变了气候”①。科学技术的“集聚”与“持存”，正在反过来将人类内卷于其中。现代科技活动的双重性效应以及其对自然干预的深度和广度，对地球上其他生物的侵害等，构成了对人类存在的挑战。

科技活动的内在风险和不可预测性与不确定性激发了人们对它的危害性的无限遐想，也成为科技伦理反思的起点——“人类为其权力的膨胀付出了他们在行使权力过程中不断异化的代价”②。所以在芬伯格看来，“对狂妄的批判是技术伦理学和技术政治学的基础”③。事实上，从霍克海默到芬伯格，一代代法兰克福学人传承着批判传统，揭示启蒙运动将人变成了神、将科学变成了神话的辩证法，为科技伦理学的诞生准备了批判的武器。然而，作为一个历史事件的启蒙运动虽然已经结束，不等于说启蒙也走到了终点。既然启蒙是人类摆脱蒙昧状态的起点，那么，只要人们对科技还抱有幻想，科技的蒙昧还未被认识，那么，启蒙的任务就没有结束④。因此有必要对科技进行启蒙——重新认识科学技术的本质。

技术不是中性的吗？人们最喜欢使用的隐喻是菜刀：既能切菜，也能杀人。由此看来，技术是合目的的工具。海德格尔认为，将技术看作是工具，这样讲并不错，只是它遮蔽了技术的本质⑤。因为工具是实现目的的手段，目的实现了，工具的任务就完成了。然而，技术是这样吗？技术不是。技术是连接工具和目的的可能性空间。技术填补了自然留下的空间，但同时却打造了一个与自然相抗衡的人工的可能性空间。城市就是一个典型的例证。在这样的环境中，我们获得了自身的安全性和稳定性，但与此同时，城市的形成“篡夺”了自然的地位，牺牲掉了对生命有益的“探索的本质”。阿伦特

---

① 安德鲁·芬伯格. 2018. 技术体系：理性的社会生活. 上海社会科学院科学技术哲学创新团队译. 上海：上海社会科学院出版社：7.

② 马克斯·霍克海默，西奥多·阿道尔诺. 2006. 启蒙辩证法——哲学断片. 梁敬东，曹卫东译. 上海：上海人民出版社：6.

③ 安德鲁·芬伯格. 2018. 技术体系：理性的社会生活. 上海社会科学院科学技术哲学创新团队译. 上海：上海社会科学院出版社：1.

④ 王国豫. 2011. 从技术启蒙到技术伦理学的构建. 世界哲学，（5）：117.

⑤ 海德格尔. 1996. 海德格尔选集（下）. 孙周兴选编. 上海：上海三联书店：925.

更是说得明白，人从自然中“夺取”材料，而“夺取”本身就是对生命过程的“扼杀”或打断了某个自然的缓慢进程①。从此，安全走向了威胁。

于是，“解放了的普罗米修斯正在呼唤一种能够通过自愿节制而使其权力不会导致人类灾难的伦理”②。因为以往的伦理学仅仅是在人的存在的前提下，调节人与人的关系。按照现在的技术发展趋势，人的存在已经不再是理所当然、不可动摇的事实。我们面对的是一个“伦理学的真空”，因此，我们迫切需要一种伦理学，一种通过调节人的行为，确保人类长久续存的伦理学。为了建构一种前瞻式的责任伦理学，让“恐惧的启迪”“唤醒人类对存在的责任”，汉斯·约纳斯发出了振聋发聩的呼唤：“你的行为必须和人类的持久长存相一致！”我们不能把人的存在作为赌注。哈斯泰特呼吁，将技术自主与人的自律相联系，技术自主不是技术统治，技术自主应该是人的自主，是人对自身有限性和无限性的认识。一个在社会发展中自主的技术将从属于人的自律③。一时间，基于义务论的、消极功利主义的、价值论的或者基于美德伦理学的、女性主义的、实用主义的等林林总总的科技伦理学理论，逐一献出了拯救世界的良方。

然而，为什么有可能导致世界被颠覆的“颠覆性技术”至今仍然如此受欢迎？这是因为所有的人都患有“世界末日失明症”④吗？汉斯·约纳斯告诉我们，摆脱了锁链的普罗米修斯，不仅从科学那里获得了前所未有的力量，而且经济赋予了他永不停息的推动力⑤。

追求美好生活是每个人的基本权利。然而对美好生活的定义却是多元的。我们不仅希望享受舒适便利的线上生活和安全无忧的出行，我们也同样希望为自己的心灵留下一块只属于自己的“自留地”。没错，我们面对的不仅是科学技术的不可预测和不确定的风险，我们还遭遇到多元价值纷争的难题。人类尽管同属一个命运共同体，承认不同文化也共有某些基本价

① 汉娜·阿伦特. 2009. 人的境况. 王寅丽译. 上海：上海人民出版社：108.

② Jonas H. 1984. Das Prinzip der Verantwortung-Versuch einer Ethik für die technische Zivilisation. Frankfurt：Insel：7.

③ 王国豫. 2011. 从技术启蒙到技术伦理学的构建. 世界哲学，(5)：117.

④ 京特·安德斯. 2010. 过时的人. 范捷平译. 上海：上海译文出版社：213.

⑤ Jonas H. 1984. Das Prinzip der Verantwortung-Versuch einer Ethik für die technische Zivilisation. Frankfurt：Insel：7.

值，但是在规范层面，即便在同一个文化圈内，我们也很难回避价值冲突。

价值冲突一直是伦理学必须直面的挑战。然而传统伦理学除了贡献各种辩护策略和劝导以外，并不能拿出神丹妙药。既然批判的武器不能代替武器的批判，既然“任何试图批判启蒙的企图，都会被说成是反对启蒙。任何人胆敢开启怀疑启蒙的讨论，就会被贴上反对理性、民主和科学的嫌疑”，那么，何不转向福柯所说的“另类的启蒙”①，在米切姆所说的“小问题”上实现科技伦理的“经验转向”？“因为技术创新给我们带来了新的行动可能性，这些可能性并不能简单地运用传统的伦理规则和原则来评估和处理，这种情形要求我们采用一种新的通向伦理学的方法（a new approach to ethics），它可以指导我们作出判断，帮助我们解决由这种新的可能性引起的问题。”②

维贝克的“道德物化”理论便成为这一新的伦理学“经验转向”的代表。维贝克没有将伦理学置于技术的对立面，而是主张道德应该覆盖人和非人的人工物。他的思路是：既然技术本身内嵌了道德维度并且可以对人发挥强制（force）、劝告（persuade）、诱导（seduce）的作用，那么，我们何不让技术参与我们的行动伦理学？这样的伦理学“并不专注于某个既有科技究竟在道德上可否接受，而是指向当我们依技术而生存时，我们应当如何增进生活的质量……这意味着伦理学需要更深入关注实践的层面，也就是技术的设计、施行以及使用”③。

“哲学家必须被包括进技术的发展过程中，并且与工程师一起工作，特别是在设计过程中。”④唐·伊德把哲学家或伦理学家外在于技术的角色称作“海明威角色”（Hemingway role），因为这种角色与海明威第一次世界大战时在救护队的角色相同，而在他看来，哲学的任务，可以被确切地表示为“R 和 D 角色”。这也符合杜威的观点，应用伦理学应该是在技术中担任中心角色的伦理学。

---

① Verbeek P.-P. Technology design as experimental ethics. 参见本书：技术设计作为伦理实验.

② Murata J. 2007. Perception，Technology，and Life-Worlds. Tokyo：Collection UTCP：179-195.

③ Verbeek P.-P. Technology design as experimental ethics. 参见本书：技术设计作为伦理实验.

④ Murata J. 2007. Perception，Technology，and Life-Worlds. Tokyo：Collection UTCP：179-195.

于是，科技伦理学开始踏上一条伦理设计之路。这是一条看上去既解决了科学技术的伦理问题，又回应了人们的伦理焦虑，且容易被大多数科技企业接受的路。只是，如果将技术的问题还是交给技术来解决，认为设计可以改变技术的本质，那么无论是作为设计师的工程师、科学家还是作为协同设计师（co-designer）的伦理学家，都将背负其不可承受之重。更何况，“物律”会不会给人带来新的“物役”？

米切姆曾经对专注于“小问题”的技术哲学进行了犀利的批判。在他看来，“自由与知情同意、人权、风险－成本－收益分析、科研诚信、隐私以及利益冲突，涉及这些问题的技术伦理都是技术哲学在细微方面的一个分支……只是这种技术哲学进路试图将产生机器的自由主义意识形态设计进机器——甚至可以认为，它为工程与技术创造了框架，这些工程与技术已经改变并正继续改变自然和人类世界”①，但这并没有改变它的“亲技术”的意识形态本质，它与新教、资本主义和战争的各种联结仅仅是被“激进的个人主义和自由主义覆盖”了而已，只是以一种“更间接、更安静的接受”掩盖了自己“亲技术”的本质。

对西方自由主义的失望使米切姆转向东方寻求智慧。他认为，中国应该学习如何避免西方的错误，并为技术开辟一条替代之路。中国是否有可能走出一条新的道路？

近些年来，我国科技创新发展迅猛，在某些领域已经进入“无人区”。“无人区”不仅意味着技无可师，也意味着章无可法。这对于科技发展是挑战，对科技伦理也是挑战。我们面对的是巨大的不确定性。传统上，西方哲学以寻求确定性为目标，而中国哲学恰恰以“变”为“常”，认为“变”即是“常”，是创生、创造之源。对价值多元下的纷争，中国古代哲人选取的则是“道并行而不相悖”“和而不同”的“天下之达道”。这样的以人与人、人与自然、人与社会的和谐为目标的明智伦理，是否有可能让我们走出“科技伦理学的困惑”？

2022 年 3 月，中共中央办公厅、国务院办公厅印发《关于加强科技伦理治理的意见》（简称《意见》），就加强科技伦理治理提出了全面要求和规

---

① 卡尔·米切姆. 2021. 中国技术哲学研究应重视批判性. 王阊译. 哲学动态，（1）：25-29.

划，明确提出了科技伦理治理的概念。这是国际上第一个从国家层面发布的针对科技伦理治理的纲领性文件。《意见》突出强调了要“伦理先行”。那么何为伦理先行？伦理又如何先行呢？如何在确保科技持续创新的同时，守住伦理底线，守护人类的基本价值，确保人类社会的可持续发展？这是科技伦理研究必须直面的具有挑战性的问题。

正是在这样的背景下，我们推出了面向未来的《科技伦理研究》。

面向未来的科技伦理研究首先意味着面向人类未来的科技伦理探究（Technoethics Inqurity）——这一探究既是对科技活动中的伦理问题的探究，即Ethics in Technology，也是对科技带来的伦理问题的探究，即Ethics of Technology，还包括对科技伦理新形态Techno-ethics的探究。这也是本辑刊的宗旨和追求。在某种意义上，科技定义了人类的未来，科技伦理即是探索走向安全的人类未来的道路。当CRISPR-Cas9分子剪刀在实验室接替了大自然的剪刀时，我们关于生命、生长、繁殖的概念还有效吗？当人脑的发育基因进入猕猴大脑，或者反之，当猪的基因被植入人类身体的时候，我们还能理直气壮地回答我们的身份是什么吗？科技伦理学不能不直面这些关系到人类未来的问题。

科技伦理学的研究范式主要来自技术哲学和伦理学，这也与技术哲学的伦理转向和伦理学的技术转向密切相关。然而今天，科技伦理研究，无论是研究队伍还是研究路径都产生了较大变化。其最主要的特征是多元性和跨学科性：一方面，研究队伍汇聚了来自科学、工程技术以及社会学、心理学和政治学领域的专家学者，他们的加入，不仅充实了学科研究的队伍，而且丰富了研究视角和研究方法；另一方面，人们也不再满足于从“后视镜”向前看，或是扮演“海明威角色”，而是试图成为“伦理工程师”，在科学技术进步中发挥塑型作用。这样的学科范式该如何奠基？科技伦理研究不能不关注科技伦理学的学科未来。

科技伦理研究的主要力量应该是年轻的中国学者。青年是中国的未来，青年学者是中国学术的未来，他们最有创造力，也最敢于创造、创新。面向未来的《科技伦理研究》也将成为所有有志于科技伦理研究的青年学者思想碰撞、激扬文字的平台。

值此“百年未有之大变局”之时，《科技伦理研究》的登场可以说是生逢其时。变在中国哲学中就是易，易也是生，在变中生，从无到有，破土萌发，生生不息。面向未来，面对不确定性，《科技伦理研究》并不奢望对确定性的寻求，而是将整个世界看作一个动态开放的过程，将变动不测本身看作世界的真实，进而植根于人性、社会、文化和历史等更宽泛的实践语境中，极深研几，探究见机而作、巽以行权的实践智慧，探究科技进步与人类文明共进的生生之道。这也是编者对《科技伦理研究》和中国科技伦理建设的未来的祝愿和期待。

王国豫

2022 年 8 月 8 日

Contents | 目　录

前言　面向未来的科技伦理研究 …… i

生命医学伦理 …… 1

人性是设计的对象？ …… 3

尤尔根·哈贝马斯可能对基因编辑说什么？
——一个从《人性的未来》出发的推论 …… 11

情感的进化与道德生物增强的限度 …… 24

“增强 vs 治疗”的扬弃
——论从医学伦理出发的人类增强伦理研究 …… 46

遗传数据共享中的群体隐私保护
——问题与策略 …… 66

预先指示、痴呆症及医生协助死亡 …… 76

大数据伦理与人工智能伦理 …… 109

技术与生活的融合？
——关于人类和技术系统间接合点的概念阐释 …… 111

数据信任的类型、特征及其对策 …… 127

伦理是否可以解码“信息疫情”？ …… 138
作为一种生产性劳动的数字劳动 …… 149
人工智能伦理的研究现状与展望：基于文献计量分析的视角 …… 162

一般技术伦理 …… 175

从能源的伦理到伦理学的能源：一种政策激励 …… 177
技术设计作为伦理实验 …… 189
重探技术物的政治性：设计、权力与民主 …… 206
技术的美学维度：技术伦理的另一种问题 …… 221

附录 …… 235

作者简介 …… 237
征稿通知 …… 245

Contents

Preface ·· i

Biomedical Ethics ·· 1

Human Nature as An Object of Design? ·· 3

What Could Jürgen Habermas Say about Gene-editing?
—An Extrapolation from "The Future of Human Nature" ·· 11

The Evolution of Emotions and the Limits of Moral Bioenhancement ·· 24

The Sublating of the Dichotomy of "Enhancement" vs "Therapy"
—On Biomedical Ethics as the Starting Point of Human Enhancement Study ·· 46

Strategies for Protecting Group Privacy in Genetic Data Sharing ·· 66

Advance Directives, Dementia, and Physician-Assisted Death ·· 76

Big Data Ethics and AI Ethics ·· 109

Merger of Technology and Life?
—A Clarification of Terms at the Interface of Human Being and Technical System ·· 111

Data Trust: The Kind, Character and Its Strategy ·· 127

Can Ethics Decode the "Infodemic"? ·· 138

Digital Labor as A Form of Productive Labor ··· 149

Research Status and Prospect of Artificial Intelligence Ethics: Based on the Bibliometric Analysis ··· 162

General Ethics of Technology ··· 175

From the Ethics of Energy to the Energy of Ethics: A Policy Provocation ··· 177

Technology Design as Experimental Ethics ··· 189

Rethinking Technology's Politics: Design, Power, and Democracy ··· 206

Aesthetic Dimension of Technology: More Questions for Ethics of Technology ··· 221

Appendixes ··· 235

Notes on Contributors ··· 237

Call for Papers ··· 245

生命医学伦理
Biomedical Ethics

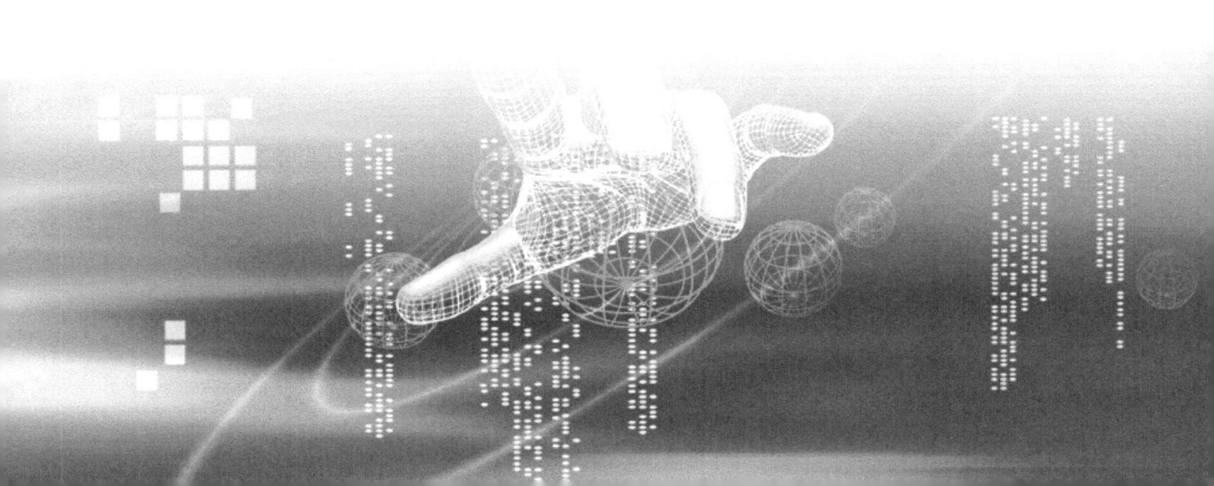

人性是设计的对象？*

阿尔弗雷德·诺德曼
（达姆施塔特工业大学）
闫雪枫　译

摘　要：有关技术发展对人性的影响的讨论大致存在着三种不同的观点。一种立场认为技术不可能改变人性，因为人性是固定的；也有一些学者认为，人类通过技术创造了世界，生活在世界中的人类同样也会随之改变；还有一种更为激进的观点则认为，人类不仅能够使用技术制造自身，甚至能够有目的地设计人性。在对上述三种观点进行分析和阐释的基础上，本文认为，由于技术本身尚不完善，我们无法有目的地对人性进行设计，更不应该以设计人性为目的追求人类增强计划。

关键词：人类增强，技术，人性，进化

人类增强并非一个新兴的话题。实际上，人类增强的愿景在人类历史当中不断引发着关注（Coenen et al.，2010）。然而，由于一份由美国国家科学基金会和美国商务部共同资助的报告《提升人类表现的会聚技术：纳米技术、生物技术、信息技术、认知科学》（*Converging Technologies for Improving Human Performance：Nanotechnology，Biotechnology，Information Technology，and Cognitive Science*）的出现，有关人类增强的讨论呈现出了一种复兴的热情。NBIC 代表纳米技术（nanotechnology）、生物技术（biotechnology）、信

* 本文是“可持续信息素的生物制品”（Sustainable Bioproduction of Pheromones for Insect Pest Control in Agriculture，SUSPHIRE）项目的一部分，该项目涉及生物学相关的机遇和局限，得到了欧盟“地平线2020”即欧洲研究与创新框架计划（2014—2020）（资助协议 722361）的支持。本文摘要和关键词为译者所加。

息技术（information technology）及认知科学（cognitive science），其思想是所有这些不同的新兴技术或新科技将会聚或融合在一起。这种会聚的目标之一（或许也是其主要旨趣所在），就是从认知、身体以及感知能力等方面提高人类表现。我的目的既不是批判作为研究愿景的人类增强，也不是论述增强人类是件好事还是坏事。相反，我感兴趣的是我们为什么要讨论这个问题，以及我们如何能够去谈论它。

这种质疑始于许多年前，我的主要论证之一始终关注这样一个基本的悖论：在开始讨论人类增强并证明我们拥有批判精神之前，我们必须毫不怀疑地相信人类增强在技术上的可行性（Nordmann，2007）。确实，相信这种图景并以假想的方式接受它是一种有问题的举动。在某些方面，假设这一技术项目能够克服诸多科学障碍似乎为时过早。而在另一方面，这甚至不是最终克服障碍的问题——鉴于我们现有的最佳理论，人性似乎没有可能成为设计的对象。回顾有关技术发展是否能够，以及如何改变人性的三种不同态度或基本立场将有助于说明这一点。

第一种立场认为，人性是固定且不可改变的。根据这种观点，人性是一种规范性的人类本质，并且因此不能被技术改变。这种人性在整个历史中被认为是“人类学常数”，我不会否认在某些规范性方面为人性的不变性辩护是可能的。尤尔根·哈贝马斯通常被认为是这种立场中的一员（Habermas，2001）。正如哈贝马斯那样，我将回到伊曼努尔·康德给出的一种更大的启蒙定义中去。康德认为，人类从定义上就被赋予了理性的特殊能力，他们是“有理性的人”（vernunftbegabte wesen）。在某种程度上，人类尊严需要得到尊重的原因是我们有可能冒着与自身本性相冲突的风险来允许理性在每个个体中发展，就像它在全人类中所做的那样。人类进步和人性（humanity）的整个逻辑依据都与我们的个体本性相关，只有通过这种理性在每个个体当中的发展，人类启蒙才能前进。正是在这种基础上，我们承认其他人是有价值、有尊严的。持有这种观点的哲学家相信，我们没有理由因为技术条件的变化改变这样一种与法律相绑定的人性概念。

然而，那些谈论技术改变人性或增强人类表现的人以一种不同的方式理解着人性。他们甚至可能会赞同哈贝马斯和康德，但也强调他们所讨论的人性并非规范性意义上的，而是关注一些身体特性和认知能力。然而，即使对于这种普遍且具有规范性的概念，我们也可以合理地质疑人性是否能随着技术的发展而改变。在康德所处的时代，甚至可能对于康德本人而言，并非所有人都是真正平等的。例如，对于启蒙时代的历史学家来说，女性在她们实践并发展理性能力方面在何种程度上可以被认为是与男性完全平等的是一个大问题。同样地，当我们审视“文明”的不同等级时，启蒙思想家倾向于认为只有那些能参与文学公共讨论的人才有资格被认为是完全的人类，也就是那些能够为一般读者写作的人。换句话说，在印刷书籍和刊物的年代，是否具有使用某些技术或阅读和写作这种文化技术能力决定了一些人是否能被看作负责任和有理性的人。因此，技术甚至能以一种有趣的方式调整一般被认为不可改变的规范性定义。当然，论证一种本质的、不可变的人性对于讨论的帮助值得怀疑。

大多数研究技术的历史学家和哲学家都会从相反方面论证人类在创造和重新创造世界的过程中创造并重新创造人类自身——对世界的重新创造当然是一个正在进行的项目。这里出现了第二种态度：我们创造了所处的世界，我们在创造新技术的过程中也创造了第二种自然。我们的世界随着时间变化，不可避免地，世界中的居民也会随着时间在重要的方面发生改变。从一种技术的观点来看，这种立场可能是许多科学史和人类学史中老生常谈的内容。也就是说，人性确实随着技术的发展而改变，但并不是以一种有计划有控制的形式进行。人性的改变不是技术发展的目的或手段，它只是随着技术的变化而发生。当我们创造出了一个不同的世界，我们也创造了人与人之间新的交往，人与物之间新的互动，以及世界的新的特征。我们创造了获取和发展知识与数据，以及经验或感知的新模式。换言之，人类的取向和自我理解随着他们创造的世界而发生各种变化。

或许有人会提出疑问，诸如平均寿命预期和我们的感觉器官的发展等内容是否属于人性，但它们确实是我们如何具身为人类、如何在现代世界中被构建的重要方面。举例来说，当我们阅读米歇尔·福柯和菲利普·阿利埃斯的时候，对于童年和成年的整个观念都通过技术发生了相当的改变，对于生育和父母身份的观念也是如此。例如，成为一名家长意味着什么随着生殖技术和遗传筛查的发展，以及由此而来的从前不存在的选择可得性发生了变化（Katz Rothman，1994）。此外，人们总是说每个人都会死，死亡是人性中的一个基本特征。是的，确实如此，而且死亡很可能是人类存在中一个固定的方面。但死亡的观点真正意味着什么，以及人类事实上是如何死亡的，与技术的变化之间有着多种多样的联系。

许多例子都说明当我们创造一个新世界的时候，我们也创造了世界中新的人类居民，人性以及我们的社会生活都以某种方式随着技术一同发生了变化。我相信我们能够超越这一被广泛共享的见解向前一步，但或许并不像一些人走得那么远。他们对于技术和人性的第三种立场或视角——同时也是最激进的一种立场，认为我们在制造我们生活世界的同时制造了我们自身，而既然我们可以制造，我们就可以设计。一直以来我们不经意间甚至以相当随意的方式做的事情，也可以以深思熟虑的、有计划的方式进行。提出不经意做的事情可以在被精心策划之后做出似乎是一小步，但它实际上是如此巨大的一步，以至于我们不能将其采纳。它是需要被论证的巨大一步，因为不可否认的是，当我们环顾四周，我们会发现几乎所有东西都是人类决定和技术干预的产物。那么，坚持认为我们一直随意做的事情不能被有目的地做出来是出于怎样的理由？这样的理由存在吗？

一些例子可能会对我们有所帮助。它们展现了一种设计师式的或想象的态度，并且暗示有一个人就在那里等待被设计。当思考认知增强时，想象的是在大脑中植入一个记忆芯片来凭借这种记忆装置扩展人类精神的能力。其他推测则会认为脑机接口能让我们仅凭思想来控制装置。可以肯定的是，与此类似的观点是难以解释的，甚至一些所谓的原理论证都经不起仔细的审查①。有人可能会反驳说现在不可行的在未来仍然是可能的。身体增强也是如此，有人可能会认为获得某些身体特性，如夜视或者更长的预期寿命对我们来说是可欲求的，甚至是一种义务。这种主张背后的观点是，人类或任何物种都不过是特性的一种具体集合，并且因此，我们可以通过改变某些特性来设计人性并控制进化的方向。这种把人仅仅视作孤立的特性的集合或总和的假设本身就存在着严重的问题，但从这种假设出发，至少通过改变某些特性在效果上能够实现对人类新类型的设计似乎是合理的。或许有人会问，这不正是

① 例如，某些人可能通过受过训练的集中力量产生特定的信号，从而控制机器，如按下按钮或移动光标。这与仅仅通过思考来控制设备相差甚远。

繁殖者为了培育动物的单一特性，单方面加强某些特性并因此产生十分独特的生物造成的结果吗？无论我们是否喜欢它，这些充足的证据不是恰好说明人性是设计的对象吗？

使用繁殖和所谓的人工选择的例子，我们接近了证明无法设计人类物种或任何其他物种的最有力的理由和证据。上述例子把我们带回了 19 世纪达尔文讨论人工和自然选择的视角。达尔文的进化理论与所谓的设计理论相反，后者也就是上帝设计的理论。设计与进化之间的张力也是当今合成生物学讨论的核心。

关于设计人类，我们现在说的是制造一种有着被提高过或被最优化过的特性的更完美的人类。认为我们能够通过技术手段实现“设计”的想法与进化中深层次的历史和偶然方面正好相反。进化由有机体与环境之间的互动构成，进化本身无法被预测。即使存在一种机制——变异、差异适应和优胜劣汰——它也不能决定进化过程的结果。人们深刻认识到，进化是一个历史过程，历史过程可能有发展规律，但历史同时又不可避免地具有偶然性。以行动理论和一个非常简单的行动为例。当我做某些事情并产生出一种行动时，我是在尝试产生或影响某事物。当然，我的行动有着目的和目标。如果我的行动达成了目标，我可以用自己达成它的意向来解释这件事。但是一直以来，即使如此，我也不能声称自己可以控制自己的行动并已经控制了一切后果。即使我成功实现了目标，但在执行过程中或许还会涉及我可能无法控制的其他事情。这对于技术评估领域中的人来说很熟悉，在该领域中它通常指副作用或非预期后果。在现代传统中有这样一种普遍的认识，即每个人都应该承认历史和偶然性，承认那些计划外的、难以防守的，那些我们不能真正控制的东西。在 20 世纪的技术发展中，京特·安德斯（Gunther Anders）为 20 世纪技术行动提出了与此相关的最为尖锐而引人注目的论证。他认为，特别是在核武器及其可能对子孙后代产生的难以了解的影响方面，人类没有能力进行充分的理解和想象，更不用说为自己的行为所造成的影响负责（Anders，1956）。在另一种尺度上，对于为了某些性状而繁殖的动物的驯化也是如此。尽管我们可以根据需要优化某些特征，但这并不意味着整个生物都得到了增强，特别是某些特征的改善通常伴随着其他特征的减弱。例如，某些被培育成奔跑速度极快的长腿狗在繁殖上非常困难——它们不再适合繁殖。在人脑中的计算机嵌入或许是另一个例子。人类大脑比诸如昆虫这样的生物的大脑工作速度慢得多，原因是人脑在处理数据时更有选择性。当动物本能有很短的反应时间时，人脑的缓慢和选择性正是反思和思考的基础。我们真的想削弱这一特有的功能吗？我们是否已经通过将决策委托给在反应上可能或者能够快于我们的机器来削弱这种功能了呢？

至于技术与人类改变之间的关系，在此将要推荐一种中间立场。它超越了第二种立场，但不像我们已经讨论过的第三种立场走得那么远：尽管人类在进化史上的主动作用有其特殊性，但并不代表我们可以把进化掌握在自己手中。我们能做而其他动物做不到的是我们可以设定并定义自己的选择参数。当你有一个选择的过程时，这指的是一个有机体在一个环境中，环境选择和反对某些类型的特质或能力。只有人类这个物种才能创造出具有某些特征或参数的环境，这些特征或参数会选择和反对特定的能力或特质。我们高度重视某些人类特质，却不那么重视其他一些特质，实际上它们都会影响我们教育自己的方式，我们用它们定义人类生活中的成功，用它们影响我们对于伴侣的选择。要想建立起一个良好的家庭联盟，找到一个健康强壮的人或许是最为重要的。这里的选择参数指向的是身体特征。随着人类的进化，这些参数可能也会发生改变。在贵族社会的时代，人们倾向于从血统高贵的家族中挑选伴侣。而到了今天，智力得到了很高的回报，因为它被认为可以转化为经济上的成功。

每当我们拥有某种框架，在其中一些特性能比另外的特性获得更高回报时，这种回报系统就会对人类族群产生繁殖影响①。这符合这样一种立场，即我们不能设计人性，因此不能将人类增强作为技术计划来追求。即使人们可以创造一种高度重视经济成功及相关能力的文化，即使这为人类进一步进化（“漂移”）指明了某种方向，但这并不意味着人类有能力设计新的人类——无论整体结果有益还是有害，都是我们无法控制的。

除了对技术愿景的可行性的普遍怀疑态度之外，如果有这样一种原则性的论证，我们就不应太严肃地对待人类增强的想法。与其卷入这些辩论，我

① 类似的故事可能会讲述不同的媒体文化。与戏剧表演和报纸相比，电影和电视极大地改变了感官信息处理的模式。今天的人们对需要花费长时间的事情缺乏耐心，并且比前几代人更擅长了解被快速编辑的序列。

们可能要小心不要赋予人类增强的技术方案比它实际上具有的更多的可信度。

现在让我们转向对一项与人类增强相关的话题的关注上，也就是物质性质（material nature）的增强，这似乎是一个更为可行，也更能进一步发展的计划（Nordmann，2010）。人们当然可以谈论机器性质的增强，尤其是当我们想到人工智能和自我学习系统的时候（Nordmann，2016）。通过增强机器性质，人类用创造的机器创造了一个他们生活的世界。这如何改变我们是什么，以及我们是谁，我们的主体性概念如何受到我们数据处理能力变化的影响？我们已经成为其他人了吗？在这里我们有一个关于第一种立场中的本质的和不变的人性的问题。如果我们坚持自己在本质上是有理性的（vernunftbegabt），也就是被赋予发展理性力量的能力，那么在我们把重要的认识论功能委托给机器的时候，这种本质如何受到了影响？我们越来越多地制造能够预测事物的机器，当然，我们可以监视或控制它们预测的可靠性。但是一直以来，我们都不理解这些预测是如何生成的。我们无法从智力上追踪或理解产生预测的过程。我们将其委托或交付给机器——但是信任的关系与人类思想（启蒙思想）的批判性并不十分吻合。成为一个拥有理性的人，就是具有质疑某些结论是如何被建立和相信的能力。我们是否要放弃人类的观念，建立除人类思想之外的控制手段？

人性不能作为设计的对象，而且由于这一点，我们更不能把人类增强作为一种技术项目来追求。同时，我们在技术方面的志向产生了对我们如何理解自我提出挑战的机器。它们以我们无法控制但只理解为是对社会文化和社会技术变化的反应的方式改变人性。

参 考 文 献

Anders G. 1956. Die Antiquiertheit des Menschen. München：C. H. Beck.

Bainbridge W，Mike R. 2002. NBIC-Converging Technologies for Improving Human Performance. Arlington：WTEC.

Coenen C，Stefan G，Reinhard H，et al. 2010. Die Debatte über »Human Enhancement«: Historische，philosophische und ethische Aspekte der technologischen Verbesserung des Menschen. Bielefeld：transcript.

Habermas J. 2001. Die Zukunft der menschlichen Natur. Auf dem Weg zu einer liberalen Eugenik? Frankfurt：Suhrkamp.

Katz Rothman B. 1994. The Tentative Pregnancy：Amniocentesis and the Sexual Politics of Motherhood. London：Rivers Oram Press.

Nordmann A. 2007. If and Then—A Critique of Speculative NanoEthics. NanoEthics，1：1，31-46.

Nordmann A. 2010. Enhancing Material Nature. In：Kjølberg K L Wickson F. Nano meets Macro：Social Perspectives on Nanoscale Sciences and Technologies. Singapore：Pan Stanford：283-306.

Nordmann A. 2016. Enhancing Machine Nature：From the Myth of the Machine to Sociotechnical Imaginaries of Nonmechanical Machines. In：Hurlbut B，Tirosh-Samuelson H. Perfecting Human Futures：Transhuman Visions and Technological Imaginations. Wiesbaden：Springer：95-214.

Human Nature as An Object of Design?

Alfred Nordmann

(Technical University of Darmstadt)

Abstract: There are broadly three different perspectives on the discussion of the impact of technological development on human nature. One position is that technology cannot change human nature because human nature is fixed; some other scholars believe that human beings create the world through technology, and human beings living in the world will also change with it; a more radical view is that human beings cannot only use technology to make themselves, but even design human nature purposefully. Based on the analysis and interpretation of the three views, this paper argues that because technology itself is not yet perfect, we cannot purposefully design human nature, much less pursue human enhancement projects for the purpose of designing human nature.

Keywords: human enhancement，technology，human nature，evolution

尤尔根·哈贝马斯可能对基因编辑说什么？

——一个从《人性的未来》出发的推论*

格奥尔格·罗曼
（马格德堡大学）
闫雪枫 译

摘　要： 中国研究者贺建奎使用 CRISPR-Cas9 进行基因编辑实验的消息引发了各界对于基因编辑的广泛争议。本文从尤尔根·哈贝马斯《人性的未来》一书出发，试图推断哈贝马斯可能对基因编辑所持有的观点。在哈贝马斯看来，基因技术革命是用被制造的内容替代了自然所赋予我们的东西，二者之间在本体论层面存在区别。人类基因的自然组成本身就具有不可支配性，这种规范性要求与积极优生学的态度完全相反。尽管贺建奎的案例或许会被哈贝马斯作为消极优生学接受，但这种家长式做法会被哈贝马斯视作对于全体人类平等原则的破坏。

关键词： 基因编辑，人性，哈贝马斯

一、介　绍

中国研究人员贺建奎声称自己在 CRISPR-Cas9 等基因剪刀的帮助下成功地消除了一个可能导致感染人类免疫缺陷病毒（HIV）的基因，并且凭借自己的措施成功使一对双胞胎婴儿诞生。这一惊人的宣布在国际研究界和世界范围内引起了巨大反响。在 2018 年 11 月底于中国香港举办的第二届人类基

* 本文摘要和关键词为译者所加。

因组编辑国际峰会上，学者们一致认为贺建奎进行的干预是不负责任的，也是不被科学研究的规范标准所允许的。这尤其是因为“现有的研究缺口，风险标准的缺失，以及许多在另行通知前将要在基因编辑的临床应用中被禁止的问题”①。包括中国媒体在内的众多媒体都发表了类似的负面评价，因此我们会产生这样一种印象：认为这件事在世界范围内是被一致否定的。

然而，我们应当更加细致地审视对贺建奎行为的否定，因为基因编辑和许多影响深远的基本问题联系在一起，这不仅使得临床应用上不完善的风险控制显得问题重重，而且引发了这样的思考：作为现在生活着的人类，我们是否应当允许对人性进行基因干预，以及如果允许的话，可以干预哪些部分。由于基因编辑改变了未来人类的基因装备，它会改变未来的人类种系，并且使人类面对从前未知的风险和问题。人们最感兴趣的是，哪些目标和基因操纵联系在一起。消极优生学（negative eugenics）和积极优生学（positive eugenics）之间存在区别。前者是为了预防严重的疾病，而后者则是在基因上改进或创造某些人类特征。在专制的优生学（authoritarian eugenics）中，一些统治者和社会精英掌握着决定权，在未经民主同意而且不受控制的情况下决定哪些对象应当被进行优生学改造。在自由的优生学（liberal eugenics）中，所有受到影响的人都能以民主的方式控制和决定优生事业。专制的优生学根本上就是不可接受的，也无法被辩护，而积极/消极自由优生学似乎值得讨论。②

2001 年，尤尔根・哈贝马斯（Jürgen Habermas）写下了《人性的未来：通向优生学的道路？》③，在书中哈贝马斯试图回应相关问题。我将首先简单介绍“人性”这个概念，然后回顾哈贝马斯对人性的操纵性干预的评价方法，接着我将解释他关于人性的不可得性（unavailability）的观点，然后推测他对于当前的案例和基因编辑可能会有哪些看法。

---

① Bettina Schöne-Seifert，Bärbel Friedrich，Ernst-Ludwig Winnacker，Wir nennen es unverantwortlich，in：Frankfurter Allgemeine Zeitung，3.12. 2018，S. 9.

② Allan Buchanan，Daniel W. Brock，Norman Daniels，Daniel Wikler，From Chance to Choice，Cambridge UP，Cambridge Mass. 2000.

③ Habermas，Jürgen：2003，The Future of Human Nature，Blackwell Publishing Inc.，Cambridge；dt：J. Habermas，Die Zukunft der menschlichen Natur. Auf dem Wege zu einer liberalen Eugenik？，Frankfurt. 2001.

二、人性：限制和给予能力

“本性”（nature）一词有着复杂的历史，其含义有诸多变化。[①]自古以来，有两个基本含义从根本上定义了这个词（nature 在希腊语中为 physis，在拉丁语中为 natura)，并且对我们的问题有意义：①“构造，本质”；②“生成，成长中”。[②]为了说明含义上的区别，“本性”的第一个基本意义将被指定为“本质的本性”（nature of essence)，而对于第二个基本意义，“本性”将被定义为“被造的或被建的本性”（nature made or found)。

当一个人根据被造的本性行动，并且依据自己的意愿转变和塑造事物，他所做的事情就是符合人性的。作为一种预设好的、成熟的本性，人性对于人而言一方面是不可被创造和支配的，另一方面又是某种人可以根据自己的兴趣塑造和处置的。当承认这一点时，就相当于同意卡尔·马克思所讲的内容，因为他既谈到了外在的东西也谈到了内在的东西。本性在一个人的文化成就和社会关系中给予他限制和能力。根据这一观点，人类发现本性通过以下两种方式使得自己能够被认识：①作为使人的行动和经验成为可能的东西；②作为限制和约束人的行动的东西。一方面，人的（内在）自然带来了或因此决定了其各自的躯体性以及在躯体性基础上的人的特殊性，以及与之相关的人的脆弱性和对保护的需求；另一方面，它使人的特殊能力得以发展（与外在自然相冲突），特别是他深思熟虑的能力，可交流的自我决定能力，从而创造人类文化。在人类发展进程中，人性在赋能和限制的方面都发生了变化。它们作为自然的功能运行着，依赖人类发展的特定条件和人类生活形式的塑造，但似乎可以被人类历史的发展改造（如人类种族的进化)。因此，“人类（本质）的自然”得到了一个社会中介的时间指数；尽管在具体情境中它似乎是不可用的，但同时它也是可以被设计和改变

---

① “Artikel Natur”（different authors)，in：J. Ritter u. a.（Hg.）Historisches Wörterbuch der Philosophie，Vol. 6，Basel 1984，Sp. 421-478. 这篇文章读起来很棒。不幸的是，我无法深入了解中国传统的不同自然概念，但我希望这里提出的概念定义也能在中国的背景下得到理解。当然，我对仍然存在的差异非常感兴趣，但我必须保留这些差异进行讨论。

② F. P. Hager，Art. Natur，in：J. Ritter u. a.（Hg.）Historisches Wörterbuch der Philosophie，Bd. 6，Basel 1984，Sp. 421；牛津词典还区分了两个基本含义。①“物理世界的现象统称，包括植物、动物、景观以及地球的其他特征和产品，而不是人类或人类的创造物”；②“事物的基本或固有特征、特性或质量”。

的。[①]这样我们就谈到了人类的自然的历史，并且可以将其与人类的历史（复数）和全体人类的历史区分开来，后者是通过他们个体层面有意向性的，但在总体层面却是完全不可预测的行动和经验带来的，我们可以将其理解为一个叙事性的故事。

三、为对人性的操纵性干预提供的辩护的评价概念[②]

哈贝马斯处理的是实践性的态度和评价，这种态度和评价被用于为对自然进行的干预提供判断和辩护。在这一过程中，他首先研究了传统上对于治愈、护理和繁殖的态度，愈发向着人性功利的科学机制改变。然而，传统的态度并没有消失，而是作为通常使用的锚定概念，为自然界的不同科学机制进行辩护。

哈贝马斯提示了“我们”的类亚里士多德式的生活世界*（生活世界；理论，实践，制作，技艺）*的构成。治愈、关心和繁育实践的共同点是“尊重自我调节的本性的内在动力”[③]，现代科技的发展通过应用科学技术的逻辑塑造并重构了这些实践。本性自身被揭秘，并且被剥夺了全部的自我价值；它主要被当作可以客体化的、可被操纵的、可以在实验中为了任何目的而被探索和利用的东西。然而正如哈贝马斯所给出的精妙解释，“行动方式的架构本身仍然完好无损”，例如，作为合法化技术处置的常见网格。哈贝马斯看到了发展中的辩证法：纯粹的工具性科学技术干预越是取代实际的护理、治疗和繁殖，这些“在最广泛意义上的‘临床’行为方式”的“合法化力量”就越强。特别是关于基因改造的发展领域，哈贝马斯提出生命-政治（bio-political）的目的的正当性正在以“生命的丰富、健康、延伸”的名义得到辩护。

---

① 参见 J. Habermas，Anthropologie，in：Alwin Diemer，Ivo Frenzel（ed.），Philosophie，Frankfurt：Fischer 1958，p. 18 ff.

② 在下文中，我使用了 Georg Lohmann 的修订章节，参见 Evaluations of the Inner and Outer Nature of Humans within Biotechnology. A request towards Chinese collegues，in：Wenchao Li，Hans Poser（Eds.），The Ethics of Today's Science and Technology. A German-Chinese Approach，Lit Verlag Berlin 2008，pp. 224-231.

③ Habermas，Jürgen：The Future of Human Nature，Blackwell Publishing Inc. 2003，Cambridge，p. 45.

但是，这也是哈贝马斯的诊断中的关键内容：繁育的实践的基因技术革命不再是“对本性的自我动力学（the self-dynamics of nature）的*调整*”，而是用“因此加工制成的（thus of manufactured）”来取代“自然形成的（what has come to be by nature）”。[1]这一解读十分重要，因为哈贝马斯倾向于指出这种替代中的损失。我们关于活着的自然的“实践考量、一种尊重”随着“对生命过程中自我动力的认知考量”一起消失了。自组织的有机体越接近人类，这种实践的尊重就变得愈发重要，并且表现为对有机本性的温和对待。哈贝马斯认为这种“同情”的原因，或者说“伴随着对有机生命的脆弱性的理解，构成了实际交往中的一个顾忌的门槛”的原因，在于“自己身体的敏感性，以及从可操纵客体的世界中分离出一个初级的主体性”。

在这一点上，我可以中断对哈贝马斯的阐释的报告，因为从文化层面进行调节的评价在评估遗传技术过程中的作用现在已经很明显了。哈贝马斯的论点并不是说对活生生的本性（living nature）的同情尊重是建立在本体论上的，而是说它保持了一种建立在人类对自己本性的评价的自我体验中的评价差异。我想进一步强调他的立场在概念上的区别。

对这一立场具有决定性意义的是，“我们”借助哪些评估将自己称为自然，同时将自己与外在自然区分开来。哈贝马斯暗示了“因此加工制成的东西和自然形成的东西”在类别上存在本体论层面的区别。[2]对自己的本性采取纯粹的客体化、系统地观察和操纵的态度，就会中止这种类别上的差异。这种概念上的差异在每种文化中都是可能的；对于哈贝马斯的论证来说，重要的是他在人类与其内在自然的关系中给予这种分类差异的主观的和人类学的修正。和赫尔穆特·普莱森（Helmut Plessner）[3]一样，哈贝马斯认为我们以两种方式体验着自己的本性：我们在自身中体验着敏感的“作为一个身体”（*Leibsein*）和可以任由自己支配的“拥有一个躯体”（*Körperhaben*）的具体的差别。然而对于“人类人格的主体性”的发展而言，根本的和“主要”的是“作为一个身体的体验模式”（op.cit.，p. 89）。拥有一个躯体是青

---

① Habermas 2003，p. 46.

② Habermas 2003，p. 46.

③ Plessner，Helmut：Die Stufen des Organischen，in：Plessner，Helmut：Gesammelte Schriften，Band IV. Suhrkamp，Frankfurt 1981；see Habermas 2001，p. 89 f.

春期后期发展的成就，它是随着客观地看待自己是一个身体的能力而产生的，这是主要的。然而，这在概念上的表述是令人信服的，并带有一般人类学的主张，是一种自然成长的经验。在这种经验中，一种主观上不可支配的本性表达并彰显了自身。哈贝马斯把这种作为一个身体和拥有一个躯体的主观自我体验之间的模式差异与分别从参与者角度和感知者角度的自我感知之间的方法差异联系在了一起。同样，这个论点是我们只能客观地“从外部”观察我们自己，因为与此同时，我们从参与者的基本“内部”视角来体验和感知我们自己，这是主体性的构成，是不能被放弃的。

下列是三组相对应的概念：

-长成的（grown）和被生产的（produced）的本体论层面的区别

-作为一个身体和拥有一个躯体的人类学层面的区别，以及

-参与者视角和观察者视角的方法论的差别。

根据哈贝马斯的说法，这三组概念说明了对针对我们的本性进行充分的操纵性治疗的评估是合理的，我们应该体验并相应地尊重这些不同方面的*不可支配性（unverfügbar）*。

四、“不可支配”的人性

哈贝马斯把植入前遗传学诊断（PGD）、干细胞研究以及克隆的可能性视作积极优生学的引导者。有了它们，我们对前人生命（pre-personal life）的态度就有可能一步步发生转变。“在积极优生学中，对一个在胚胎状态下已经被当作可以说‘是’和‘不是’的未来人的行动态度，被一种建造者的态度所取代，这种态度结合了传统繁育者的目标，也就是改善一个物种的遗传特性，以及一个工程师的操作模式，即根据自己的总体计划有目的地进行干预——从而以胚胎细胞作为材料进行工作。”①这很明显是一种将自然界置于自己支配之下的态度，而将人类的遗传学自然构成视为不可支配的规范要求，（首先）正是针对这种态度的。

---

① 参见 Habermas，Jürgen：Replik auf Einwände，in：Deutsche Zeitschrift für Philosophie，Berlin 50，2002，2，p. 296.

哈贝马斯沿用了如下观点，即通过对人权的法律保护，人类尊严的“不可触碰”的规范性价值正如它在德语中的名词“规律根据”(Grundgesetz)的内涵，仅仅指一个人的尊严。但他认为，如果从道德的角度来看，规范性的论证也显示出同样的限制。因此，他区分了人的尊严的“不可触碰性”和人性的“不可支配性”。现在的问题是，从规范的角度来看，我们如何能论证（应当）将人类的遗传学自然构成视为不可支配的。

从哈贝马斯的论述中我们可以区分三种规范性论证：

-道德论证，这种论证中使用了普遍的道德准则，因为它们需要论证关于人权的规范性要求。

-伦理论证，这里应用了特定的和多元的宗教、意识形态，以及/或者文化价值，这一点仅对于那些共享相应价值的人才是成立的。

-“物种伦理”(gattungsethische）论证，在这种论证中，所应用的价值可以声称对所有人都是可接受的，而且在道德上不是强制的。这首先包括支持尊重所有人的普遍的和个人的道德动机。

哈贝马斯列举了两个涉及道德的重要论证。这种态度的转变令人困惑，因为它改变了普遍道德的自然先决条件，对未受损的自主自我（autonomic self-being）存在的可能性（1）以及把所有人视为平等的人去尊重的条件（2）产生了负面影响。[①]此外，还有一些更普遍的论点（所谓的“滑坡论证”)，指的是一般遗传实践的预期效果（3)。由于在我看来，(1）是需要被论证的主要部分，而（2）和（3）则建立在此基础上，所以我将仅限于讨论(1)，只在最后简要地回到（2）和（3)。

哈贝马斯首先描述了他的直觉。他认为即使对遗传基因的优生操纵是出于积极的意图，也构成了对个人自主性的侵犯，因为它用生产出来的东西取代了长成的东西。跟随普莱森的观点，哈贝马斯指出这是对能够成为自己的破坏。“意识到我们的遗传基因在我们的过去之前就已经被编程了，这让我们在存在的层面上面临着一个期望，即我们要把我们作为一个身体服从于我

① Cf. Siep，Ludwig：Moral und Gattungswesen，and：Birnbacher，Dieter：Habermas' ehrgeiziges Beweisziel-erreicht oder verfehlt?，both in：Deutsche Zeitschrift für Philosophie，Berlin，50（2002），pp. 111-120，and pp. 121-126.

们拥有一个躯体。”[①]然而这种充满争议的普莱森式人类学诊断的内容似乎没能满足哈贝马斯，因为作为一个身体和拥有一个躯体的颠倒并不必须暗示自我异化达到了不可接受的程度。“为什么我们人类不能耸耸肩说‘那又怎样？’然后习惯这些呢？”这样一种干预了人类的种类/物种自然的颠倒，如果它在道德标准方面也不能被接受，那么它才是普遍不能被接受的。因此哈贝马斯试图以一种新的方式“澄清这种工具化可能违反的标准”。在《人性的未来》中这一目标首先以对康德的目的公式和定言命令公式的解读展开，进而延续汉娜·阿伦特有关人类生命的“诞生性”（natality）[②]理论。在前者中，人类生命的自然先决条件的不可支配性是发展自由意识的条件，在后者中，道德的普遍性和本真的个体性的道德构成性交织在一起，需要自己身体的自然条件的不可支配性。然而哈贝马斯承认，这里“在道德意义上值得怀疑”的究竟是什么仍然没有答案。[③]

这或许是为什么哈贝马斯在关于西奥多·阿多诺的一篇文章中补充并修改了自己的部分论证。[④]哈贝马斯将自己对阿多诺的解读置于生命伦理学和心灵哲学中自然主义辩论的哲学语境之中。他（和阿多诺一起）从毫不掩饰的个人自由意识的现象学开始。

a）一个行动者的实践自由意识只有在这个人能够把她内在自然的冲动理解为她自己的时候，才能理解自己是本真（authentic）的。为了做到这一点，她不必预先假定这些冲动是由她产生或控制的。相反，她可以承认这些冲动对她来说是不可支配的（也就是说，是她现在没有能力控制的东西），是自然赋予的，因为它们不是对她的实际（深思熟虑的）意志的阻碍，反而是为意志赋能的条件。然而，这种对自己本性的承认的认同必须以它对他人来说是不可支配的为前提。我自己的内在自然对我来说是不可支配的，对别人来说也必须是不可支配的，这样它才有可能被纳入我的自由的实践意识中。否则，我就不能把那些自己的本性施加给我的冲动作为我自己的冲动，

① Habermas 2003，p. 54.

② Habermas 2003，p. 58.

③ Habermas 2003，p. 60.

④ Habermas，Jürgen：“Ich selber bin ja ein Stück Natur” – Adorno über die Naturverflochtenheit der Vernunft. Überlegungen zum Verhältnis von Freiheit und Unverfügbarkeit，in：Honneth，Axel（ed.）：*Dialektik der Freiheit. Frankfurter Adorno-Konferenz*，Suhrkamp，Frankfurt 2005，pp. 13-40.

我必须在我的生活过程中安排自己，而不是不得不知晓自己是经过基因改造的，把自己看作是由他人决定的。即使人类可能会接受这一点，但这只会发生在他们对自由的理解发生根本改变的情况下。

因此，对内在自然的不可支配性的要求意味着它必须对他人来说是不可支配的，否则文化上被高度赞赏的做自己的概念就不再可能了。因此，这是一种伦理学（在上述意义上）的论证。这种把自己理解为一个自主且本真的个体的方式是在欧洲启蒙运动中发展起来的，在其他文化传统中没有与此相同的发展。

b）作为相互负责任的行动者，人类预先假定自己是平等的、自由的、思考着的行动者，但同时提到他们的人类尊严，即他们也是作为个人，不可替代的和独特的人。①只要内在自然的外来支配损害了关于他人的不可替代和独特性的论断，就会产生对其他人的人性的不可替代性的另一个要求。然而，这一次的推理主要是道德上的，因为它代表了对所有人的平等自主性的侵犯。在德国宪法中它受到条文 1.1 的保护，即人的尊严是不可侵犯的这一法则。②

如果操纵发生在人的前人状态（pre-personal stadium），情况就不同了。我们在优生学的操作中所面临的正是这种情况。在这里，道德论据并不直接掌握，而是间接掌握。③因为只要我们所有人都有兴趣维护相互归属责任的道德条件，我们就会约束自己，要求在这些情况下也要尊重人性的不可支配性。这里的推理是上述意义上的物种伦理学推理，因为它表达了对维护现代道德的兴趣，即所有人对所有人的普遍和平等的尊重，就像人权概念所预设的那样。

然而，这不再是一个特殊而多元的道德问题，而是一个具有更强烈主张

---

① Cf. Habermas 2003，p. 28 f.

② Cf. Lohmann，Georg：Unantastbare Menschenwürde und unverfügbare menschliche Natur，in：*Menschenwürde. La Dignité de l'etre humain*，Studia Philosophica Vol. 63/2004，Jahrbuch der schweizerischen philosophischen Gesellschaft，Redaktion Emil Angehrn，Bernard Baertschi，Basel 2004，S. 55-75.

③ Cf. Lohmann，Georg：Die Herausforderungen der Ethik durch Lebenswissenschaften und Medizin. Zum Streit um den normativen Status des Frühembryos，in：Byrd，B. Sharon，Hruschka，Joachim，Joerden，Jan C.（eds.），*Jahrbuch für Recht und Ethik*，Band 10（2002），Duncker & Humblot，Berlin，2002，pp. 77-97.

的问题。因为尊重的普遍道德同时也代表了人权的基础道德概念，在道德层面上似乎不存在任何替代它的东西。当然，还存在其他文化上定义的道德概念，但这些概念无法以令人满意的方式为对所有人的普遍和平等主义考虑提供基础。因此，如果一个人想要一个与人权的普遍有效性相对应的道德制度，他在这一点上没有任何其他选择。然而，人们仍然可以选择决定支持这种普遍的道德。术语“物种伦理”所指的正是这种更基本、更包容的选择，它同时指的是普遍道德的自然前提条件。

五、哈贝马斯可能会对基因编辑说什么：一个推断

在这些描述性的讨论之后，我想要推测哈贝马斯会对基因编辑说些什么。我想要强调的是这是我的观点，是在哈贝马斯的考虑基础上人们可以对基因编辑说什么，而不是哈贝马斯的观点。

首先，哈贝马斯在原则上或某些“自由”的情况下似乎可以把上述基因编辑案例作为消极优生学来接受。起初，贺建奎博士曾按惯例以关爱儿童的传统义务为自己的行为辩护。即使不清楚他是否因此代表了父母的意见，或者以一种更抽象的方式仅仅代表了抵御即将到来的邪恶的义务，这些传统的照顾和避免危险的论点仍然属于上文中对人性变化的常规态度。

我们也可以假设，由于使她们免受疾病的威胁，这对双胞胎后来可能会同意已经发生的基因操纵。哈贝马斯同样说过：“只有在避免极端和高度普遍的罪恶的消极情况下，才有充分的理由假设受影响的人会同意优生学的目标。”[①]但这个（甚至是有问题的）“被编程的人不受阻碍地成为自己的能力”（ibid）的标准，并不足以对基因编辑进行适当的评价。首先，基因操纵不仅可以预防“原初的”人具有威胁性的严重疾病，而且还可以通过这种操纵的可遗传性决定他们后代未来的生活方式。对于未来的发展而言，哪些副作用是与此相关的，目前还没有得到澄清。因此从功利主义的角度来看，出现了一个无法解决的平衡问题。为了避免一个人的某种邪恶，是否有可能接受许多人可能出现的更大的邪恶？如果你这样问，答案是：不可能。

---

① Habermas，2001，S. 109.

哈贝马斯提出了第二个论点。如果这种消极优生学在某些人身上取得了成功，但却没有在所有处于类似情况的人身上进行，那么我们就不能再假设所有人在人性的发展方面都是平等的，这是从一般伦理学的角度来要求的。这样一来，一个人拥有哪种自然禀赋就不再是运气的原因，而是他的偏好（对艾滋病病毒的免疫力是一种偏好）回到了那些实施或允许基因编辑的人的家长式决定。哈贝马斯认为这是对所有人平等原则的双重违反：首先是在编程者（programmer）和被编程者（programmed）之间，其次是在被编程者和其他未被编程者之间。

如果你这样看，那么对积极/消极优生学的不同评价就相对化了。因为对一种严重疾病的遗传预防和对一种财产的遗传生产一样，都是一种被评价为善的东西。在这两种情况下，上述所有人在原则上平等的要求都被违反了。尽管存在一些限制，哈贝马斯提出的反对积极自由优生学的论点也应该适用于消极自由优生学，尽管有所限制。

在评论的最后，哈贝马斯讨论了在某种程度上以民主方式化解和遏制这些冲突的可能性。“人们可能会认为，民主宪政国家尤其提供了适当的框架和手段，试图通过程序的法律制度化来弥补各代人之间的互惠性缺失，并在普遍标准化的层面上恢复被扰乱的对称性。”哈贝马斯当然对这种解决方案持怀疑态度：“必要的一致意见可能不是太强就是太弱。”（ibid）太强，因为民主国家会对公民的私人生活计划做出有约束力的决定，并会侵犯他们的个人自主性。太弱，因为“仅仅允许使用优生程序”并不能阻止有问题的目标。此外正如哈贝马斯必须补充的，这样的民主解决方案必须适用于全世界，而不仅仅适用于国家内部。

然而，在消极自由优生学和积极优生学的情况下，这种民主遏制的路径可能会得到不同的评价。正如人类通过基于共识的全球卫生措施来对抗和控制如脊髓灰质炎、瘟疫等严重的疾病，我们可以想象在这些情况下，只要能遵守科学的研究标准，并能进行充分的风险评估，就可以应用某些基因编辑的做法以预防或限制这些疾病的发生。（大家一致认为，贺建奎博士在其案例中并没有遵守这些标准）。

然而，研究界的现状和主流意见仍有很大的距离。首先，只有少数国家（英国、比利时、以色列等）允许对胚胎进行必要的生产，法国和日本只对被遗弃的试管婴儿胚胎进行研究，而德国、葡萄牙及爱尔兰根本不允许进行胚胎研究。[①]能做的只限于修复“导致某些细胞功能病理紊乱”的遗传缺陷，“这些缺陷既不涉及遗传，也不涉及（最终）形成整个机体的细胞”（ibid）。然而我们可以假设，发展的目的还是在于进行生殖系基因编辑，而研究人员和普通人面对高风险和滥用的可能性不知道该怎么办（在专制和民主的优生学中都是如此）。

哈贝马斯的论点强化了这里的压力，它们也清楚地表明，眼前的问题比简单地决定预防即将发生的疾病更为根本。哈贝马斯的论点很明确：如果我们关心人权和人类尊严的成就以及作为它们的基础的普遍道德，那么我们就不能简单地把人性看作是一个需要优化的东西。哈贝马斯的结论是，如果我们不想带来“道德真空中的生活”[②]，我们就必须为人道的生命（humane life）需要的物种伦理发展出法律机制。

What Could Jürgen Habermas Say about Gene-editing?

—An Extrapolation from “The Future of Human Nature”

Georg Lohmann
(University of Magdeburg)

Abstract: The news of Chinese researcher He Jiankui’s gene editing experiments using CRISPR-Cas9 has sparked widespread debate about gene editing. This paper attempts to extrapolate the views Jürgen Habermas may hold on gene editing from his book *The Future of Human Nature*. For Habermas, gene technology revolution is the replacement of “what has come to be by nature” with “thus of manufactured”, and there is a difference between the two at the ontological level. The natural composition of human genes is inherently indisposabile, and this kind of the normative requirement is completely contrary to the attitude of

① Siehe Schöne-Seifert u. a.，2018.

② Habermas 2001，S. 124.

positive eugenics. Although He's case might be accepted by Habermas as negative eugenics, this paternalistic approach would be regarded by Habermas as a violation of the principle of equality for all human beings.

Keywords: gene editing, human nature, Habermas

情感的进化与道德生物增强的限度*

徐向东　陈　玮
（浙江大学）

摘　要：道德生物增强的伦理学目前已经成为一个关注焦点，英格玛·佩尔松和朱利安·萨瓦勒斯库按照他们对人类道德心理之限度的认识以及对所谓“终极伤害”的担忧，倡导通过生物医学手段来直接调节人们的情感或态度，以便让人们产生道德上更好的行为。托马斯·道格拉斯也提出了类似的倡议。通过简要地审视人类情感的进化及其运作机制以及人类道德生活的复杂性和开放性，本文试图表明，佩尔松和萨瓦勒斯库等人的提议过于简单化，不仅未能公正地对待道德在人类生活中的多重职能，也严重地忽视了道德判断和道德动机的复杂性，因此，其提议至少在目前并不成熟。

关键词：道德增强，终极伤害，情感，进化，道德进步

在关于人类增强的哲学讨论中，道德生物增强（moral bioenhancement，MBE）最近以来已经激发了大量热烈的批判性讨论。MBE 主要是指通过生物医学手段（如药物、基因技术乃至直接刺激人脑）来增强与人类道德行为相关的能力、倾向和情感，或者甚至直接通过干预人脑的神经生物机制来改变道德行为。作为人类增强的一种方式，MBE 导致了与人类增强的可能性相联系的一般哲学忧虑，同时也带来了一些特殊问题，例如道德增强是否会导致一种比人类具有更高的道德地位的存在者的出现，或者为了道德而操纵人

* 资助项目：2020 年度国家社会科学基金后期资助项目“道德责任与能动性”，2020 年度国家社会科学基金重大项目“人类道德行为的进化与社会文化心理机制研究”，浙江大学社会科学研究院规划项目“认知科学视角下的道德心理学研究”。

是否本身是道德上可取的。此外，在某些批评者看来，通过单纯的生物医学手段来增强道德也会对行动者的自由或自主性造成严重威胁，甚至可能将人类转变为“道德机器人”。限于篇幅，本文将不全面探究 MBE 所产生的哲学与伦理学问题，而是将重点集中到通过直接干预情感来改进或增强道德动机的提议，试图从这个方面阐明 MBE 的可能限度。为此，本文也将主要考察英格玛·佩尔松和朱利安·萨瓦勒斯库等人对于 MBE 提出的论证，不仅因为他们的论证在我看来目前是最为系统和最为有力的，而且也因为他们由此提出的倡议无论是在学术界还是在公共领域都激发了重大反响。①

本文的论证结构如下：第一节简要地总结了佩尔松和萨瓦勒斯库等人对 MBE 提出的核心论证，以便为后来的论证奠定基础；在第二节中，通过利用关于人类情感的进化起源的某些研究成果，我们试图表明，通过直接干预情感来增强道德动机的倡议至少是不成熟的；第三节简要地总结了本文的讨论对于 MBE 的某些一般含义。

一、对 MBE 的必要性的论证

MBE 的可能性取决于一些经验假设，例如如下三个重要假设：第一，心脑（mind-brain）科学揭示了人类精神能力（包括道德能力）与人脑的功能组织和功能活动具有重要联系；第二，从进化的角度对人类道德的起源的探讨表明人类道德具有生物学基础；第三，认知神经科学和生物医学工程的发展使得通过药物、直接刺激大脑、基因修饰和基因编辑等方式来干预人类道德能力变得可能。这些假设主要是立足于经验科学的研究结果，因此，相关的经验结果是否可靠就会直接影响 MBE 的可能性或可行性。目前的研究结果只是暗示了某些生物医学干预可能会影响某些道德上相关的倾向、功能或能

---

① Ingmar P，Julian S. 2008. The peril of cognitive enhancement and the urgent imperative to enhance the moral character of humanity. Journal of Applied Philosophy，25：162-177；Persson I，Savulescu J. 2011. Unfit for the future？Human nature，scientific progress，and the need for moral enhancement. In：Savulescu J，Meulen R，Kahan G. Enhancing Human Capacities. London：Blackwell：486-500；Persson I，Savulescu J. 2012. Unfit for the Future：The Need for Moral Enhancement. Oxford：Oxford University Press；Douglas T. 2008. Moral enhancement. Journal of Applied Philosophy，25（3）：228-245；Douglas T. 2013. Moral enhancement via direct emotional modulation. Bioethics，27（3）：160-168.

力，例如，葡萄糖可以提高抵制做道德上错误的事情的倾向或者停止尝试做道德上正确的事情的诱惑，再摄取抑制剂（SSRIs）可以缓解攻击他人的倾向，心得安（一种用于治疗心律失常和心绞痛的药物）可以被用来降低无意识的种族偏见，深部脑刺激（如对杏仁核的电刺激）可以降低攻击倾向，某些神经反射训练可以提高同情心和治疗反社会人格障碍，对胚胎实施选择性的基因编辑可以提高胚胎成人后的利他主义倾向（对配子、胚胎或产后人类的基因干预据说也可以达到同样结果），胚胎选择或基因工程可以阻止反社会人格障碍的形成，一种包含多重基因编辑的人工染色体可以促成一系列与伦理美德的形成相关的禀赋。①

这些生物医学干预是否确实能够可靠地改进或增强人类道德，显然部分地取决于经验研究，部分地取决于我们对人类道德的本质、目的和功能的理解。如果道德能力在某种意义上并不是自成一体的，而是取决于推理、判断和慎思以及某些与道德意识和道德动机相关的情感，那么道德增强的可能性就需要考虑这些与道德行为相关的能力之间的错综复杂的联系。此外，当我们从不同的规范伦理学观点来看待道德增强时，我们也会对道德增强的目标及其可能性提出不同的理解。例如，假若我们倾向于从行为后果主义的观点来看待道德增强，我们可能就会把关注焦点放到产生总体上最好的结果。从这种观点来看，如果通过生物医学手段来直接干预道德上相关的能力能够产生总体上最好的结果，那么这种做法就是道德上可允许的，尽管这种形式的干预会被理解为无异于对行动者实施“行为控制”，因此会导致某些道德上不可接受的结果，例如破坏了行动者的自由或自主性。②假如我们从康德伦理学的观点来看待道德增强，我们就会强调自主的道德推理的重要性，甚至还会认为情感的培养或增强无助于改进道德动机。从这种观点来看，即使通

---

① 在这里，出于方便，我使用了德格拉兹亚的总结。参见 DeGrazia D. 2014. Moral enhancement，freedom，and what we（should）value in moral behavior. Journal of Medical Ethics，40：361-368。更进一步的例子以及说明，亦可参见 Ingmar P，Julian S. 2008. The peril of cognitive enhancement and the urgent imperative to enhance the moral character of humanity. Journal of Applied Philosophy，25：162-177，especially pp. 167-173.

② 不少评论者已经从这个方面来批评 MBE，可参见 Harris J. 2011. Moral enhancement and freedom. Bioethics，25（1）：102-111；Sparrow R. 2011. A not-so-new eugenics：Harris and Savulescu on human enhancement. The Hastings Center Report，41（1）：32-42；Wiseman H. 2018. The sins of moral enhancement discourse. Royal Institute of Philosophy Supplement，83：35-58.

过直接干预人们的神经生理过程可以产生道德上好的结果（从后果主义的观点来看待），这种干预不仅说不上是一种道德增强，还会破坏人们的道德能动性。而当我们从美德伦理学的立场来看待道德增强时，问题就会变得更加复杂，因为对于美德伦理学家来说，不仅伦理美德的培养需要长期的学习和训练，伦理美德的行使也需要道德经验和实践智慧，还要求行动者具有辨别其处境的道德上相关的特点并按照道德见识来恰当地行动的能力。因此，在美德伦理学的框架内，我们是否能够通过纯粹的生物医学手段来“增强”人类道德就变成了一件很可疑的事情——换言之，美德伦理学所要求的伦理生活直接挑战了 MBE 的可能性或可行性。

不过，为了便于论证，我们不妨假设在人类精神能力（包括道德能力）和人脑的神经生物学基础之间确实存在某些可辨别的联系，因此 MBE 原则上是可行的。在这个假设下，我们所要追问的核心问题是：假若 MBE 是安全、有效且普遍可得到的，其本身是道德上可取的吗？对于 MBE 的倡导者来说，回答这个问题的关键就在于表明 MBE 的必要性。对于佩尔松和萨瓦勒斯库来说，MBE 的必要性就体现在如下主张中：若不通过生物医学手段来增强道德动机，人类就无法有效地应对他们所说的“终极伤害”，即那种一劳永逸地使得地球上不再有值得过的人类生活的伤害。在他们看来，我们目前所生活的世界在道德上极度令人不安，或是充斥着大量具有灾难性后果的严重不道德行为，或是集体面临具有灾难性后果的危险或威胁，例如大规模种族屠杀、全球气候变化、严重的经济不平等和全球贫困、在某些地方依然存在的奴隶制、全球恐怖主义威胁以及新冠肺炎之类的全球传染性致命疾病，特别是科学技术的发展使得个人或团体制造核武器、生化武器等大规模杀伤性武器成为可能并变得容易，因此道德上极端邪恶的个体就有可能毁灭整个世界。佩尔松和萨瓦勒斯库相信，我们通过进化而获得的道德心理本身在道德上就具有严重缺陷，传统的道德教育也不能有效地帮助我们纠正这些缺陷，因此，唯有通过使用生物医学手段来干预人类道德能力和道德倾向，我们才能消除或缓解这些灾难性威胁，避免人类毁于自己手中。

按照佩尔松和萨瓦勒斯库对人类道德心理的诊断，我们目前的道德心理具有如下基本特征：第一，我们会大大低估在遥远的未来发生的事情对我们所具有的重要性；第二，我们所能具有的利他主义仅限于亲属以及与我们特别亲密的少数人；第三，我们缺乏同情更多人的能力；第四，导致伤害比拯救生命更容易，对前者的辩护也比对未能拯救生命（或者允许伤害发生）的辩护更难；第五，我们对于一件事情的发生所要承担的责任与我们对其发生所做出的因果贡献成正比，而这意味着在涉及集体行动的问题上，个人的责任意识会被大大削弱。①

如果我们目前的道德心理确实具有这些缺陷，因此致使我们不仅目光短浅，而且缺乏普遍的同情心和利他主义倾向，那么，按照佩尔松和萨瓦勒斯库的说法，我们就无望阻止终极伤害的发生。他们特别以全球气候变化为例来阐明这一点。为了避免全球气候变化之类的大灾难发生，人们就必须从事一种大规模的集体行动，作为公共善游戏（public good game）的一种形式，这种社会合作的成果取决于一些条件。②例如，只有当足够多的人展现了强有力的互惠性时，合作才能得到维护，而为了维护合作，具有强有力的互惠倾向的人们就会惩罚搭便车者，即便他们为此必须付出很大成本；同时，只有当惩罚能够诱导搭便车者为合作做贡献时，集体行动中的惩罚才会发挥作用。为了便于论证，不妨假设进化已经让人们的羞耻感充当了惩罚与合作之间的桥梁。然而，惩罚以及对惩罚的情感回应能够维护合作，取决于在参与合作的各个个体之间存在可靠的信息信号——他们之间在合作方面的信息交流必须是精确的。例如，错误的信念可能会导致真正进行合作的人受到惩罚，对合作细节的无知也会扰乱有效的合作。无知和错误的信念因此就成为有效合作的严重的认知障碍，为了维护合作，首先就需要消除这些认知障碍。然而，在人类目前的道德心理条件下，我们几乎无法克服为了阻止全球气候变化而需要克服的认知负担。这一点可以从人类心理的一个重要特点即厌恶损失中得到说明。在面临严重的不确定性时，人们倾向于保持自己目前拥有的东西，即使放弃这些东西从长远的观点来看是理性的。③因此，当某种公共善的获得要求人们放弃自己目前拥有的某些东西时，假若他们并不知

① 参见 Persson I，Savulescu J. 2012. Unfit for the Future：The Need for Moral Enhancement. Oxford：Oxford University Press：chapters 2，5 and 6.

② 对于这些条件的系统论述，参见 Bowles S，Gintis H. 2011. A Cooperative Species：Human Reciprocity and Its Evolution. Princeton：Princeton University Press.

③ 参见 Tversky A，Kahneman D. 1981. The framing of decisions and the psychology of choice. Science，211（4481）：453-458.

道这样做能够用多大的概率成全公共善，他们就不愿意放弃自己目前拥有的东西。[①]此外，在目前的道德心理条件下，人们的正义感所能发挥的作用取决于他们认识到每个人（至少绝大多数人）在社会合作中都承担自己的公平份额。然而，如果相当一部分人不愿为公共善做出贡献却从中获益，那么，只要那些已经在承担公平份额的人知道这一点，其正义感就会受到破坏，特别是在正义感主要是由理性的自我利益来驱动的情况下。另一方面，既然人被认为只具有极为有限的同情心和利他主义倾向，假若当今所实行的环境友好的政策只是有益于人类后代而不是当今所生活的人们，这种政策就很难得到有效落实。

实际上，在佩尔松和萨瓦勒斯库看来，我们通过进化而获得的正义感不仅与我们对人类未来福祉的关切很不相称，甚至也很难扩展到与我们共同生活在地球上的其他社会或群体的成员。[②]他们进一步论证说，单纯的制度性方案也不可能解决与"终极伤害"相关的问题[③]：甚至西方"最好的"政治制度在应对与"终极伤害"相关的问题上也有其限度——如果自由民主国家不愿放弃其对公民的自由权和隐私权的承诺，如果执政者为了赢得选票而不愿削弱其公民目前的消费主义生活方式，那么就不能合理地指望自由民主国家通过制度变革来应对具有灾难性后果的威胁。一方面，侵犯公民的自由和隐私将违背一个自由民主国家的基本承诺；另一方面，仅仅告诉公民们其目前的消费主义生活方式会产生灾难性后果是不够的，不仅因为他们不愿意牺牲自己目前已经习惯于拥有的大量舒适和娱乐，而且也因为个别人做出的牺牲不会对气候和环境产生显著影响，除非大部分社会成员都做出同样的牺牲[④]，然而，认知障碍和道德心理的缺陷被认为排除了这种可能性。

---

① 参见 Persson I，Savulescu J. 2011. Unfit for the future？Human nature，scientific progress，and the need for moral enhancement. In Savulescu J，Meulen R，Kahan G. Enhancing Human Capacities. London：Blackwell：486-500. 一些学者已经按照社会合作需要克服的认知障碍来论证支持道德增强，参见 Crutchfield P. 2021. Moral Enhancement and the Public Good. London：Routledge.

② 参见 Persson I，Savulescu J. 2012. Unfit for the Future：The Need for Moral Enhancement. Oxford：Oxford University Press：33-39.

③ 参见 Persson I，Savulescu J. 2012. Unfit for the Future：The Need for Moral Enhancement. Oxford：Oxford University Press，chapter 7-9.

④ 参见 Persson I，Savulescu J. 2012. Unfit for the Future：The Need for Moral Enhancement. Oxford：Oxford University Press：79-80.

二、直接调节情感的限度

假如就像佩尔松和萨瓦勒斯库所说的那样，唯有通过采取生物医学手段来增强人类道德，人类才能有效地避免终极伤害，那么我们接下来就需要追问：如何通过生物医学干预来增强人类道德？正如此前所指出的，对这个问题的探究部分地取决于相关经验研究的结果，部分地取决于对于人类道德的本质和目的的哲学分析的结论，因此所能达到的结论也只能是尝试性的。不过，这对于 MBE 的实际应用已经具有一些重要含义，例如，在尝试利用生物医学手段来干预人们的道德行为时，我们既要考虑可能出现的技术风险，也要考虑人类道德生活特有的根本形式以及它为什么会采取这样的形式。

为了确定 MBE 的内容或目标，我们首先需要弄清楚人类道德心理在哪些方面需要在道德上加以改进。佩尔松和萨瓦勒斯库论证说，正是因为人类目前在同情心、正义感以及利他主义倾向方面具有严重缺陷，人类才有可能无法应对终极伤害的发生。对他们来说，MBE 的根本目标就在于进一步增强人类在这些方面的能力，特别是消除人类心理中严重妨碍道德动机的要素。大致说来，我们可以从三个方面增强人类道德①：第一，动机上的改进，即让人们具有更好的动机、品格以及采取道德行动的总体积极性；第二，通过改进的道德见识，即让人们对于正确的事情形成和具有更好的理解；第三，行为上的改进，即让人们更加服从合适的道德规范并因此更多地采取正确的行动。只要人们增强了道德动机和道德见识，其道德行为就可以相应地得到改进，道德进步也就变得可能。这个主张实际上符合传统的道德教育和道德发展模式。因此，当 MBE 的倡导者强调要通过生物医学手段来增强人类的道德倾向、道德能力或功能时，想必他们认为传统的道德教育方式不足以应对人类因其自身的道德缺陷而可能导致的灾难性威胁。

然而，通过生物医学手段来干预人类道德行为首先取决于这种尝试的可行性，例如需要表明这种干预确实能够可靠地影响道德能力的功能运作。

---

① 参见 de Grazia D. 2014. Moral enhancement，freedom，and what we（should）value in moral behavior. Journal of Medical Ethics，40：361-368.

MBE 的倡导者已经引用了神经生物学和认知神经科学方面的一些研究结果来展示其实际前景。例如，除了前面提到的一些例子外，催产素被认为可以促进信任、同情和慷慨之类的亲社会态度，糖皮质激素可以调节大脑中某些部位催产素的释放及其受体的表达，再摄取抑制剂据说可以让受试者变得更加公平和愿意合作，哌甲酯在应用于具有记忆缺陷障碍的人时可以降低暴力攻击倾向。由此看来，似乎通过使用药物和直接干预大脑就可以改变人们的道德倾向。当佩尔松和萨瓦勒斯库将共情（empathy）、同情、利他主义情感以及正义感看作日常道德的核心范畴时，他们也相信这些道德倾向具有生物学基础，这意味着生物医学干预可以“调节”这些倾向，“在动机上激发我们自己去做我们已经相信是正确的事情，克服我们的意志薄弱”。[①]这个结论来自认知神经科学的一些早期研究成果。然而，新近的研究表明，MBE 的倡导者其实大大地低估了情感干预的复杂性。例如，早期的实验结果被认为暗示了催产素可以促进信任等亲社会行为，但最近的实验结果则表明，催产素对于利他主义情感的调节敏感于一个人的集体成员身份：通过调节催产素而产生的亲社会效应仅限于群体内部，只能促进群体内部的信任和合作，高水平的催产素反而会触发受试者对于外群体成员和侵入者的防御及攻击，实际上促进了一种偏狭的种群或种族中心主义。[②]对于共情的实验研究也得出了类似结果：当涉及亲属关系和集体内部的心理时，催产素或者其他被认为可以增强共情的激素的提高就会消失。如果这些结果是可靠的，那就意味着通过生物医学手段来强化共情或利他主义倾向的做法很难跨过不同群体而发挥作用。

那么，如何解释这些实验结果呢？为了回答这个问题，我们就需要考虑情感的本质和来源。既然佩尔松和萨瓦勒斯库等人主要是从进化的角度来说明人类道德心理的限度，我们也将对这个问题的探究限制到进化心理学。人们普遍承认情感与动机具有重要联系，心理学中的一些研究也表明，情感在

---

① Persson I，Savulescu J. 2012. Unfit for the Future：The Need for Moral Enhancement. Oxford：Oxford University Press：123.

② de Dreu C K W，Greer L L，Handgraaf M J J，et al. 2010. The neuropeptide oxytocin regulates parochial altruism in intergroup conflict among humans. Science，328（5984）：1408-1411；de Dreu C K W，Greer L L，van Kleef G A，et al. 2011. Oxytocin promotes human ethnocentrism. Proceedings of the National Academy of Sciences，108（4）：1262-1266.

促进亲社会行为方面发挥了一定作用，例如，尽管合作行为也是由自我利益和贪婪之类的情感来驱动的，但积极情感以及与之相联系的感受可以促进合作。[①]因此，通过直接调节与道德倾向相关的情感来改进道德动机在理论上说似乎是有希望的。但是，一旦我们澄清了情感的本质、来源及其运作机制，我们就会发现问题并不是如此简单。从进化心理学的角度来看，情感是人类祖先为了幸存和繁衍而发展出来的一种内在心理倾向，一旦具有了这种倾向，个体就可以用一种相对自发的方式回应环境刺激和环境条件，以便在幸存和繁衍方面尽可能取得成功。托比和康斯米德斯因此将情感表征为“与自然选择功能的信息处理关系，即程序”。[②]更具体地说，情感是作为一类特殊的生物适应而进化出来的，其本质功能在于协调其他的适应机制，以便促进个体的进化适应性。进化心理学表明，人的精神架构（即我们通常称为“人类心灵”的那种东西）是由进化出来、具有专门功能的程序或模块构成的，其中每个程序或模块都是为了解决人类进化史上出现的不同的适应问题（如面貌识别、觅食、配偶选择、睡眠管理、捕食者警惕等）而“定制的”，也就是说，每一个程序或模块都旨在解决特定的适应问题。然而，假如它们被同时激活，它们就会释放彼此发生冲突的输出，干扰乃至废除各自的功能性产品。因此，它们的同时存在和运作本身就产生了一个适应问题。例如，睡眠和与某个捕食者的战斗要求相互不一致的行动、计算和生理状态。每一个本身具有适应性的功能模块需要在特定的环境刺激或环境条件下才能被激活，而当一只饥饿难熬的豹子的景象在激活被设计的逃避捕食者的程序的同时，假如本体感受线索（proprioceptive cues）也被激活，就有可能产生灾难性的结果。为了避免这种结果的发生并取得更大的适应度，人类心灵就必须配备更加高级的协调程序，以便在某些程序被激活的时候“压制”和“遣散”其他程序。情感就被理解为这种协调和管理程序，其本质功能就是要在正确的时候将每一个更加低级的适应程序调整到适当的配置。

---

① Batson C D，Moran T. 1999. Empathy-induced altruism in a prisoner’s dilemma. European Journal of Social Psychology，29（7）：909-924.

② Tooby J，Cosmides L. 2008. The evolutionary psychology of the emotions and their relationships to internal regulatory variables. InMichael L，Jeannette M H-J，Lisa F B. Handbook of Emotions. New York：The Guilford Press：114-137：116.

按照这种观点，情感实际上是人类心灵中占据高级地位的功能模块。每一种情感在适应中所能发挥的作用部分地取决于对于所面对的环境的确切性质的知觉或认识，部分地取决于对于心灵中其他功能模块的调动和利用。我们不妨以恐惧为例来说明这一点。[①]恐惧是人类祖先在应对危及生命或生存的威胁的历程中进化出来的一种情感。任何一种情感都需要在检测到环境中与其功能的界定相联系的模式化特点的时候才能被激活，例如，恐惧的激活与对有威胁的事物或者相关特征的知觉相联系。因此，一旦你发现了这些事物或特征，你的知觉和注意力就会发生转变，例如，你会关注脚下动物的足迹究竟是哪一种动物的足迹；而假如你发现或推断那是一只成年豹子刚刚留下的足迹，对安全的考虑就占据了优先性，这时候你或许不再对饥饿感到担忧，不再思考失恋给你带来的痛苦，而这意味着你的目标和动机权重发生了变化；你的信息处理程序也会重新作出导向，例如，你会考虑去何处寻求帮助或者可以去哪里逃避危险之类的问题；你的概念框架也会发生相应转变，"危险""安全""躲避"之类的概念范畴会自动地出现在你的脑海中，而一旦这些观念占据了核心地位，记忆也会被导向新的搜索任务，比如说，你会思考哪里有树可以爬上去；特定的推理系统也会被激活，例如，关于豹子足迹的信息可以被注入那只豹子是否看到了你的推理系统中；而如果你在经过推断后认为威胁的确存在，豹子就潜伏在周围，那么你可能就会体验到一种由杏仁核传导的再校准（recalibration），让你决定以后不再去豹子出没的地方，这意味着专门的学习系统也被激活了；当然，当你发现豹子就在周围时，你也会发生一些生理变化，例如心跳加速；最终，按照你对威胁的确切性质的判断，你可能会采取不同的行动规则或方案，例如究竟是要躲藏，还是要搏斗或自卫。总的来说，"情感是一种高级程序，其功能是要引导管理一系列相关的精神过程或精神能力的活动和互动，其中包括知觉、注意、推断、学习、记忆、目标选择、动机优先性、范畴化和概念框架、生理反应、反射机制、行为决策规则、运动系统、交流过程、能量水平和工作配置、对事件和刺激的情感渲染、对概率估计的再校准以及情境评估和价值

① Tooby J，Cosmides L. 2008. The evolutionary psychology of the emotions and their relationships to internal regulatory variables. In Michael L，Jeannette M H-J，Lisa F B. Handbook of Emotions. New York：The Guilford Press：114-137.

判断等”。①

如果对情感的这种论述是正确的，那就表明我们最好将情感理解为人类祖先为了满足更加高级的适应要求而发展出来的协调机制。一种情感在特定的环境条件下的激活以及由此而产生的动机和行为对于个体的成功的生存和繁衍来说具有本质的重要性，而这也说明了情感为什么是用一种相对自发的方式表现出来的，尽管其中涉及其他心理过程、精神活动、生理表现以及运动控制。情感之所以往往被认为“难以改变”，也是因为那种牵涉一系列复杂活动的情感回应对于人类祖先适应环境来说极为重要。即使情感机制可以被理解为人脑中的“软件程序”，因此与大脑中特定的功能单元和神经机制相联系，但是，从情感的进化起源来看，这种特殊的“程序”与环境条件具有更加重要的联系。一旦环境条件发生了实质性变化，原本具有适应性的特性可能就不再具有适应性。例如，正如托比和康斯米德斯指出的，尽管针对性方面的竞争对手而采取的暴力行为在人类早期阶段有利于繁衍，但是，在具有警察和监狱的现代条件下，因为配偶不忠或因为性嫉妒而对配偶或竞争对手采取暴力行为很可能就得不偿失。然而，甚至在现代条件下，进化赋予我们的那种在性方面的嫉妒心仍然在发挥作用，部分原因在于我们有时候会处于那种嫉妒心的设计特点仍然在发挥作用的环境（或者高度相似的环境）中。另外，只要我们同时也生活在与人类祖先极为不同的环境条件下，我们所要面对和应对的适应问题就会变得更加复杂，因为我们同时也会具有与性嫉妒的情感（或者其发挥作用的条件）不同的情感或态度（或者相关条件）。例如，即使一个人思想开明，相信允许自己的配偶与事业上卓有成就的男性同事交往是件好事，但是，假如他发现其配偶与某些男性同事具有亲密举动，他可能仍然无法克制自己的嫉妒心，可能会开始猜疑并对配偶感到不满，但是，假如他充分信任配偶并采取恰当的方式与之交流，他可能就会收回自己的嫉妒心。如果进化需要极为漫长的历程才能产生导致适应性特性的基因突变，那么我们就有理由相信，我们是生活在现代条件与人类祖先生活环境中的某些生活条件交织的环境中，这两种条件不仅同时出现在我们身

---

① Tooby J，Cosmides L. 2008. The evolutionary psychology of the emotions and their relationships to internal regulatory variables. In：Michael L，Jeannette M H-J，Lisa F B. Handbook of Emotions. New York：The Guilford Press：114-137.

上，而且具有错综复杂的联系，因为无论是我们行动的动机，还是我们对美好生活的设想，都无法完全脱离进化的人性已经给予我们的东西，更不用说情感的功能作用与个体及其所面对的具体情境具有重要联系。这种情况下，我们所能做的，就是按照我们的深思熟虑的认识或判断来决定是否要让一种情感表现出来，或者如何让它恰当地表现出来，而这就需要伦理美德和实践智慧。

情感的触发取决于一个人对自己所处的情境中相关特点或环境条件的知觉，这些特点或条件在人类祖先那里反复出现并因此而具有丰富可靠的结构性特征，因此，若不存在其他有可能发生冲突的情感，对相关线索的知觉就会自发地导致一种情感的产生。正如我们已经看到的，情感本身就充当了一种协调机制，每一种情感（或者其实际例示）都会导致各种其他适应程序，激活其中一些程序，遣散其他某些程序，调整另外一些程序的可更改参量，以便整个心理体制用一种特别和谐和有效的方式运作，从而提高幸存和繁衍的概率。就此而论，情感本身就含有“智慧”①，它们在恰当条件下的产生和运作一般来说有助于促进个体的适应度——如果恰当的触发条件出现了，但一个人并未或未能表现出相应的情感回应，那么他很有可能就会招致严重的适应成本。因此，从进化心理学的角度来看，甚至某些被认为是“负面的”情感对于个体或群体的成功生存和繁衍来说也是有价值的。②

在这里，我们不妨以愤怒为例来说明这一点。生存资源的适度欠缺是人类生活的一个本质特点，人们为了争夺生存资源而逐渐产生了“你的”和“我的”之类的观念，并进而具有了“某些属于自己的东西不可僭越或侵犯”的想法（这是自主性观念的一个原始来源）。愤怒可以被理解为一个人在自己至关重要的利益受到威胁、侵犯或剥夺时表现出来的一种情感，其行

---

① 对这一点的相关讨论，参见 Barrett L F，Salovey P.，2002. The Wisdom in Feeling：Psychological Processes in Emotional Intelligence. New York：The Guilford Press.

② 对于违背公认的社会规范的行为或者各种形式的搭便车者进行惩罚是社会合作的一个本质方面，因此似乎可以有力地促进亲社会行为，而在某些情形中，惩罚活动要求实施惩罚的人具有攻击性。一项心理学研究表明，降低攻击性可能会对社会规范产生不利影响并产生不太公平和平等的结果。换言之，从进化心理学的角度来看，出现在人类心理架构中的各种情感都有其独特的适应功能。关于这项研究，参见 Seymour B，Singer T，Dolan R. 2007. The neurobiology of punishment. Nature Reviews Neuroscience，8（4）：300-311.

为倾向表现在攻击、惩罚或报复僭越者。一旦人们开始有了“我的”和“你的”的观念并意识到二者之间的界限，愤怒的触发条件就包括对于某种行为或状况是“不正当”“不公平”的判断或知觉。从这个意义上说，愤怒已经是一种具有道德含义的情感，尽管它一开始并不是直接为了改进社会而产生的。不过，社会心理学的研究表明，这种情感也出现在某些类型的拒绝游戏（rejection games）中[①]，实验结果表明，在这些游戏中，即使旁观者的自我利益并未受到威胁，他们也会对不公平的报价表示愤怒，并愿意付出代价来惩罚这种行为，而这意味着愤怒之类的负面情感提供了惩罚搭便车者的动机，而且，这种动机好像不是出自简单的自我利益，而是旨在改正一种不正义。因此，按照普林茨和尼古拉斯从这些实验结果中得出的结论，即便愤怒不是严格意义上的道德动机，但“愤怒发挥了支持外在地强化道德上有价值的行为的作用，对愤怒的觉察能够为亲社会行为提供进一步的动机”。[②]换句话说，通过激发对搭便车者进行惩罚的倾向，愤怒就可以促进公平的社会合作，因此其至少算得上一个间接的道德动机。

这一点其实得到了研究进化心理学和道德心理学的理论家的普遍承认。[③]从进化伦理学的角度来看，我们几乎不可能把道德与它被进化来解决的社会适应问题分离开来。如果人们由于历史的偶然性而不得不生活在某个特定社会中，那么他们就必须遵守该社会为了解决社会适应问题而进化出来的规范。在人类社会中，任何具有适应性的规范都是生物进化和文化进化的共同结果，因此，即使我们可以鉴定出那些被称为“道德规范”或“道德情感”的东西，并因其独特的重要性而赋予它们以特殊地位，但是这些东西在道德动机和道德行为中所能发挥的作用离不开社会成员所生活的环境条件。也就是说，人们的道德心理不仅是被包嵌在他们所生活的环境中，其所能发

---

① 在这里，最值得注意的是如下实验研究：Fehr E，Gächter S. 2000. Cooperation and punishment in public goods experiments. American Economic Review，90（4）：980-994；Fehr E，Gächter S. 2002. Altruistic punishment in humans. Nature，415：137-140. 对这些研究结果的哲学含义的论述，参见 Prinz J，Nichols S. 2010. Moral emotions. In Doris J M，the Moral Psychology Research Group. The Moral Psychology Handbook. Oxford：Oxford University Press：127-130.

② Prinz J，Nichols S. 2010. Moral emotions. InDoris J. Moral Psychology Handbook. Oxford：Oxford University Press：111-148.

③ 例如，参见如下论著中对于道德情感进化的论述：Krebs D. 2011. The Origins of Morality：An Evolutionary Account. Oxford：Oxford University Press.

挥的作用也取决于特定的环境条件。从最根本的意义上说，社会合作是为了促进社会成员的生存和繁衍而发展出来的，因此，如果人类祖先一开始只是生活在由具有直接亲缘关系的成员构成的小型群体中，只是后来为了更好地生存而扩大其活动和交往范围，那么，每一个社会都必然会进化出同情、利他主义倾向以及某种正义感之类的道德情感，但是，人类祖先在紧密结合的小型群体中发展出来的这些道德情感只能发挥极为有限的作用。例如，共情本来就与偏袒（partiality）具有本质联系，因此，只要群体身份在人们的幸存和繁衍中仍然具有一定作用，当一个人的群体身份受到威胁时，增强共情的生物基础有可能反而会使得道德决策变得更糟，因为催产素之类的神经传导物质所要调节的恰好是那种“照料和防守”式的偏狭的利他主义。[①]由此来看，佩尔松和萨瓦勒斯库所倡导的那种形式的道德增强就面临一个困境：信任和共情有可能只是在人性的本质条件下才进化出来的东西，因此，要求无限制的信任和共情可能本身就是悖论性的，也不是通过单纯的生物医学手段就能做到的；另外，如果他们认为这恰好体现了人性或人类道德心理的本质限度，那么他们就需要说明对人类道德心理的彻底改造究竟在什么意义上是道德上可取的。

当然，佩尔松和萨瓦勒斯库正确地指出，我们现在认识到的道德缺陷可以归因于我们从人类祖先那里继承下来的道德心理，因为这种道德心理本来就是在与所谓“现代条件”极为不同的条件下进化出来的。既然他们相信人类道德的核心特点具有生物学基础，他们就理所当然地认为，通过直接干预与道德倾向相联系或相对应的神经生物机制，就可以有效地促进或增强人们采取道德行为的动机，克服一直困扰人类道德生活的动机不足或意志薄弱问

---

① 参见 de Dreu C K W，Greer L L，Handgraaf M J J，et al. 2010. The neuropeptide oxytocin regulates parochial altruism in intergroup conflict among humans. Science，328（5984）：1408-1411. 值得指出的是，学界对于强化共情的做法及其可能产生的效应具有不同看法，例如，反对者认为提高共情水平会使得人们变得不太公平无私，支持者则认为，对其他人的心灵具有更好的理解会提高我们平等地对待他们的倾向。这个争论显然取决于如何理解共情及其运作机制。关于前一种观点，参见 Bloom P. 2016. Against Empathy：The Case for Rational Compassion. New York：Ecco Books；Prinz J. 2011. Is empathy necessary for morality? In Coplan A，Goldie P. Empathy：Philosophical and Psychological Perspectives. Oxford：Oxford University Press：211-229。关于后一种观点，参见 Sally D，Hill E. 2006. The development of interpersonal strategy：Autism，theory-of-mind，cooperation and fairness. Journal of Economic Psychology，27：73-97.

题。然而，情感的进化心理学和道德心理学表明，他们的主张实在过于一厢情愿了。在这里，指出三点就足够了。

首先，正如我们已经看到的，一种情感在不同的情境中不仅可以发挥不同的功能作用，其发挥作用的方式以及所能产生的效应也取决于与其他心理模块的复杂联系。此外，一个人对自己所处的情境的知觉受到了其经验背景、判断力以及情感轮廓的影响，例如，具有伦理美德和实践智慧的行动者很可能与道德上无知的行动者（或者甚至普通的道德行动者）对同一个情境具有不同的知觉，因此，情感的触发条件及其产生的输出对他们来说可能也是不同的，而这种输出会影响其他心理模块的运作，因此会得出不同的结果。这样一来，即使某种情感被认为具有特定的生物学基础，或者受制于某种神经生物学调控，但单纯的生物医学干预未必能够产生期望效应。这一点对于佩尔松和萨瓦勒斯库的提议来说将是致命性的：如果他们希望对所有人都统一进行某种特定的生物医学干预，例如服用某种药物、提高催产素水平或者直接刺激大脑的某个部位，那么，鉴于这种干预所能产生的结果取决于其他的心理过程或精神机制，干预的总体效应就未必能够（比如说）让人们产生普遍的利他主义倾向，或者在道德判断和道德动机上变得更加不偏不倚；另一方面，如果必须按照所期望的目标对每个单一的个体进行多次干预，那么这不仅会付出极大的社会成本，而且在克鲁奇菲尔德所倡导的“强制性的隐蔽干预”的情况下，也不可能取得富有成效的结果——为了取得这种结果，不仅需要让被干预者充分知情，也需要他们的充分合作和信任。更为严重的是，既然人们的道德心理不可避免地会受到其生活环境和个人经验的影响，生物医学干预的有效性就部分地取决于人们所生活的社会环境，特别是制度环境及其条件。因此，如果社会环境在道德上不可能得到有效改进，那么极有可能的是，等不到生物医学干预对所有个体都取得所期望的结果，佩尔松和萨瓦勒斯库所说的“终极伤害”就发生了。

其次，情感的触发及其所能产生的效应都与认知和理解具有重要关联。正如我们已经看到的，甚至相对原始的、进化上产生的情感的触发也与对环境中相关特点和条件的感知相联系。对于具有进化来源的情感来说，当一个人感知到环境中反复出现的结构性特点时，可能就会导致他用一种相对自发的方式产生某种情感回应，例如感到害怕并设法逃避，或者对入侵者表示愤怒并加以反击。当然，有时候他们知觉到的可能是假象，因此他们表现出来的情感回应在这个意义上可能是非理性的或不合理的，然而，无法否认的是，长期来看，针对环境中某些结构性特点的出现而采取的情感回应确实具有适应效应。进化已经使人类心灵并不只是消极地接受和回应环境刺激，而是被赋予了对环境条件进行辨别、判断以及批判性反思的能力。道德动机更是具有类似特点：假如我们并不认为道德本身是“自成一体的”，而是与人类生活的其他方面以及其他的人类价值具有错综复杂的联系，那么，即使一个人可靠地判断某件事情是道德上应当做的，但他是否能够立即采取相应的行动，或者甚至只是具有相应的动机，也取决于某些其他因素，例如采取道德行动是否与其长远利益相冲突，或者是否与他可能持有的其他道德责任或伦理义务相冲突。如果道德生活并不只是在于僵硬地或简单地遵守道德规则，那么它不仅要求道德判断和实践智慧，也要求一个人具有相对全面地把握和理解道德价值与其他价值之关系的能力。由此来看，即使某些道德上相关的情感确实可以通过生物医学手段来调节，但这本身并不足以保证人们因此就会采取道德上正确的行为，甚至也不能保证他们就能具有正确的动机。

最后，值得指出的是，当 MBE 的倡导者将直接调节情感以及相关的道德倾向设想为 MBE 的一种形式时，他们并未明确地将道德增强与道德治疗区分开来。然而，即便我们不是从生物保守主义者的立场来设想和捍卫这个区分，在道德增强的情形中，将二者区分开来也很重要，例如，正如某些评论者指出的，如何定义 MBE 将会影响对它的评价。[①]假如道德增强可以被一般地理解为通过干预道德能力、道德功能和道德动机来改进道德行为，那么传统的道德教育显然也是道德增强的一种形式。不过，“改进”这一说法可以是有歧义的——对当前的条件或状态的任何正面提高都可以被称为“改进”。道格拉斯提到的那两种需要通过生物医学手段来处理的反道德情感其实只能被称为“道德医疗”，其目的是要纠正产生道德上错误的行为的病态条件。因此，假如我们可以对比医疗来界定增强，我们就可以说，MBE 在于

① 参见 Agar N. 2014. A question about defining moral bioenhancement. Journal of Medical Ethics，40（6）：369-370.

直接改变一个没有任何病态条件的人的生物机能，以便影响其道德行为。如果我们目前认识到的某些认知障碍和情感缺陷妨碍了道德能动性的形成和发挥，那么通过生物医学手段来治疗这些障碍或缺陷或许是可取的，因为在这种情况下，我们至少可以对治疗的可行性和安全性提出合理判断，也不会极端地改变人们的道德心理，从而令我们失去道德行动的基本导向。①然而，如果 MBE 旨在通过生物医学手段让人类具有比我们所能设想的最高水平的道德能力更高的能力，那么它本身或许在道德上就是可疑的，因为我们无法设想那种能力究竟是为一种什么样的道德而造就的。

假如以上论述是可靠的，我们就有理由怀疑佩尔松和萨瓦勒斯库等人的提议：我们可以直接使用生物医学手段来调节一个人的情感而不要求其慎思能力的投入。在道格拉斯这里，为了增强道德动机而需要直接调节的是他所说的“反道德情感”。我们当然可以设想，一旦我们发现某人在某个特定时刻具有暴力攻击的冲动，通过使用生物医学手段来降低或消除那个冲动的生物学根源，就可以阻止他采取暴力行为。在某种意义上说，这就类似于通过某种强制性的物理手段来阻止某人不能按照其动机来行动。然而，这种做法是否就像道格拉斯所认为的那样构成了一种“真正的道德增强”是值得怀疑的，至少因为消除或减弱一种情感在特定情形中的表现并不等于消除或减弱这种情感倾向——除非利用生物医学手段对情感的具体表现的干预最终也会导致根本上消除这种情感及其倾向性表现的结果。然而，这也是可疑的（正如通过服用布洛芬来缓解或消除某种一次性的疼痛并不能使得疼痛永远不再发生，除非我们彻底根除痛感神经，而这将会导致显著的适应损失），因为情感的实际显现及其所采取的方式不仅取决于恰当的触发条件的出现，也取决于其他相关的心理模块和精神活动。

实际上，避免一种情感显现出来的最有效的方式就是避免触发条件的出现，对于道格拉斯所说的“反道德情感”来说，这显然重要地取决于社会环境的制度改变。举个例子，假如每一个国家或社会都能落实其公民的基本人权，那么我们大概就不需要为我们并不具有普遍的利他主义情感和严格不偏

① 阿加尔也将符合人类道德生活的常态的道德增强（在我看来其实是一种道德改进）与超越人类所能具有的最高道德能动性水平的道德增强区分开来，并指出后面这种做法可能是危险的。参见 Agar N. 2014. Moral bioenhancement is dangerous. Journal of Medical Ethics，41（4）：343-345.

不倚的态度而感到担忧。道德动机当然与我们通过进化而获得和继承下来的情感体制具有重要联系，但是，它显然也取决于道德理解和道德见识的成长和增长。例如，假如我们认识到人类在当今世界所面临和承受的诸多灾难和痛苦实际上是由社会和政治因素产生的，如果这些灾难和痛苦落到与我们具有亲密关系或相识的人们的头上，那么我们的同情心和正义感就会得到加强，我们或许也会采取行动来消除或缓解导致它们产生的社会-政治原因。假如我们能够做到这一步，假如世界各国都能够为了消除或减弱人类痛苦的根源而积极合作，我们的道德动机就会得到进一步增强。与此相比，通过生物医学手段直接调节情感的做法，即便原则上行得通，也不可能在道德动机方面导致富有成效的变化，因为只要人类情感具有进化起源，其拥有和表现就与人类的生存条件具有本质关联，因此参与界定了人类生活的基本形式。换言之，在根本上改变人们的情感及其表现形式实际上已经触及对人类生活形式的改变，而我们目前并不知道这种激进的改变究竟要求我们付出多大代价。

三、结　语

MBE 的倡导者对这种形式的道德增强的论证关键地取决于三个主张：第一，人类道德心理本身具有重大缺陷，其存在严重地妨碍了人类道德进步；第二，传统的道德教育以及制度方面的相应改革不足以纠正这些缺陷，特别是不能解决动机不足问题；第三，核心的道德情感具有生物学基础，因此就可以用生物医学手段来调节。即便我们可以承认第一个主张①，后两个主张实际上也是有争议的。例如，就像罗伯特·斯帕罗敏锐地指出的那样，“如果整个人类都没有能力恰当地应对我们现存的技术提出的伦理挑战，那么我们有什么理由指望创造这些技术的个人或机构会为了应对这些挑战而利用任

① 当然，对这个主张的承认实际上也取决于一些限制性条件，例如，如果我们通过进化而获得的道德心理本身就构成了人类生活的一个本质方面，那么在试图超越这些缺陷时，我们也是在设想和追求一种截然不同的生活形式。限于篇幅，我们将不讨论与此相关的一些哲学问题。对这一点的一个相关论述，参见 Nicholas A. 2015. Moral bioenhancement and the utilitarian catastrophe. Cambridge Quarterly of Healthcare Ethics，24：37-47.

何所谓的道德增强技术？”[①]。技术是人类出于特定的目的而发明出来的，它们只是因为与人们的目的或意图相联系而不再是道德上中立的。任何技术发明是否能够真正地造福于人类取决于人类使用者的道德意识、实践智慧以及面对全人类的责任感。因此，即使佩尔松和萨瓦勒斯库所提到的某些终极伤害来源于道德上邪恶的人们对技术发明的利用，但我们也不是根本上没有办法。首先阻止某些人形成道德上邪恶的意图，或者防止已经具有这种意图的人采取相应行动，例如，通过改变社会环境和保障基本人权，我们或许就能降低道德上极度邪恶的事情发生的概率，而无需在根本上改变人类的道德心理。必须承认，很多道德上错误或邪恶的行为是由社会-政治方面的原因造成的。将人类引起的气候变化、战争、恐怖主义以及大规模杀伤性武器的威胁所产生的问题归因于人类通过进化而具有的生物过程和机制，正如斯帕罗所说，意味着“无需提及经济学、社会学或者政治科学，我们就能理解历史与政治”。[②]这显然是一个荒谬的结论，因为我们实际上没有理由相信人类生活的基本形态仅仅是生物进化的结果，即使生物进化可以是人类进化的基础或核心。

当佩尔松和萨瓦勒斯库等人利用进化心理学来说明人类道德心理的缺陷时，他们所依靠的是对道德进化的所谓“标准解释”，这种解释往往将人类道德设想为一种基于自我利益的策略博弈的结果。然而，正如布坎南和鲍威尔已经有力地表明的，当代的人类道德具有更大的包容性，并不是立足于一种霍布斯式的策略博弈。[③]布坎南和鲍威尔提出了三个论据来支持其论点：第一，非人类动物现在也被广泛地看作道德关怀的恰当主体，即使它们并不具有策略博弈能力，也不太可能与人类有任何合作关系，目前，我们是通过认识到非人类动物具有感受性之类的认知属性而认为它们在道德上值得关

---

① Sparrow R. 2014. Better living through chemistry？A reply to Savulescu and Persson on ‘moral enhancement’. Journal of Applied Philosophy，31：28.

② Sparrow R. 2014. Better living through chemistry？A reply to Savulescu and Persson on ‘moral enhancement’. Journal of Applied Philosophy，31：29.

③ Powell R，Buchanan A. 2016. The evolution of moral enhancement. In Clarke S，et al. The Ethics of Human Enhancement. Oxford：Oxford University Press：239-260. 彼得·辛格类似地表明，人类道德不可能仅仅通过生物学来加以说明，参见 Singer P. 2011. The Expanding Circle：Ethics，Evolution，and Moral Progress. Princeton：Princeton University Press.

怀；第二，我们很多人如今都承认大多数道德规范适用于所有人，而不是限制到某个特定的种族、性别、宗教、民族群体；第三，随着人权文化的发展，我们现在广泛承认所有人都有资格拥有基本人权，不管他们属于什么民族或种族，具有什么宗教信仰、性别如何。如果这三个事实显示了所谓的“进化道德异常”，那就表明标准解释不可能是完全正确的。

人类道德并非在人类祖先那里发展出来以后，就在人脑中固定下来而不发生任何变化。实际上，生物进化所产生的一切适应性特性都可以随着环境而发生相应变化——它们相对于环境具有某种灵活性或弹性。例如，只有当在过去与外群体的威胁可靠地相联系的线索被检测出来时，排他性的道德倾向才会发展出来。这意味着，在道德发展期间，如果人们是生活在一个检测不到（或者不能频繁地检测到）这种威胁的环境中，那么排他性的道德倾向就会得到缓解。文化发明可以减缓排他性的道德倾向得以发展的严格的环境条件，产生一种有益于发展包容性道德的条件，只要这种条件得以确立，新的道德规范的引入就可以在更具包容性的方向上转变人们的道德心理。人类道德并不只是生物进化的结果，而是生物进化与文化进化相互作用的产物。倘若如此，道德进步就可以通过传统的道德教育和道德训练来实现。举个例子，气候变化问题之所以难以解决，一方面是因为富裕国家的公民不太愿意放弃消费主义的生活方式，不太愿意为此而弥补他们对其他国家的人民造成的伤害，因此就加剧了各国之间的冲突（外群体威胁的一种形式）；另一方面是因为社会实践本身所固有的认知缺陷，例如，美国之所以反对采取积极行动来缓解气候变化，其中一个重要原因就在于，美国政府相信人类导致气候变化的证据或是不存在，或是含糊不清。这种与道德行为相关的认知缺陷不太可能通过生物医学干预来缓解或消除，因为这种干预不太可能改变复杂的信念网络和认知差别的模式。①

本文只是旨在表明通过直接调节情感来增强道德动机或道德倾向的复杂性，而不是在根本上否认其可能性或可行性，因为这取决于未来的科学发展

---

① 也有一些作者从不同的角度表明，就缓解气候变化是一个集体行动而论，对这个问题的解决要求我们首先解决大规模的社会合作的可能性和有效性需要解决的一些问题，而单纯的生物医学手段不太可能解决这些问题。参见 Handfield T，Huang P H，Simpson R M. 2016. Climate change，cooperation and moral bioenhancement . Journal of Medical Ethics，42（11）：742-747.

和技术进步。然而，我们特别想要强调的是，就情感的功能是在进化上被赋予我们的而论，只要我们当今所生活的环境已经显著地不同于人类在历史上的环境，情感在功能上就确实具有不适应的方面。但是，情感的激发不仅取决于外部的环境条件，也取决于一系列相关的心理过程和精神活动，其中就包括道德认知和道德理解。我们的整个情感轮廓固然构成了行动的动机背景，但是，任何情感的实际显现并非完全抵制理性慎思和道德理解，这意味着传统的道德教育和道德训练在道德行为方面仍然可以发挥一种本质作用。此外，即使我们确实是生活在现代条件下，我们往往也会面对人类祖先所生活的某些环境或条件，这两种条件不仅同时出现在我们身上，而且具有错综复杂的联系，因为无论是我们采取行动的动机，还是我们对美好生活的设想，实际上都无法完全脱离进化的人性给予我们的某些东西，更不用说情感的功能作用与个体及其所面对的特定情境具有重要联系了。这一切都使得通过使用生物医学手段来强化道德动机的做法变得极为复杂。因此，即使这种做法具有某种程度的可行性，我们也需要对它采取极为谨慎和道德上负责任的态度，因为这样做涉及在一定程度上改变人类生活的基本形式，其结果或许会产生一种我们无法理解的“道德”，进而给我们正在致力追求的道德生活带来很大困扰。

The Evolution of Emotions and the Limits of Moral Bioenhancement

Xu Xiangdong　Chen Wei
(Zhejiang University)

Abstract: At present, the ethics of moral bioenhancement has already become a hot issue. On the basis of their acquaintance of the limits of human moral psychology and their worries about what they call ‘the ultimate harm’, Ingmar Persson and Julian Savulescu have proposed to modulate directly the emotions or attitudes of human agents by way of biological-medical means in order to morally better behavior. An essentially similar proposal is advocated by Thomas Douglas. By briefly examining the evolution and functioning mechanism of human emotions and the complexity and openness of moral life in human agents, this paper is aimed to show that the proposal in question is oversimplified so that it fails to do justice with the multiple functions of morality in human life and seriously ignores the complexity of moral judgment and moral motivation. Accordingly, this proposal is immature at least in the present.

Keywords: moral enhancement, ultimate harm, emotion, moral progress

“增强 vs 治疗”的扬弃

——论从医学伦理出发的人类增强伦理研究

计海庆

（上海社会科学院）

摘　要：如何理解“人类增强”中的“增强”概念，是人类增强伦理研究中的关键问题。对此无论是否定派还是肯定派，都应让位于严肃的学术探讨的立场，后者主张：应从医学伦理出发，在与“治疗”概念的对勘关系中把握“增强”概念的实质。在借助医学伦理成熟的研究框架，通过设定限定性条件过滤掉不严谨和非必要的研究题材后，“增强”被理解为疾病和受伤条件下不以恢复原状为目的，提高或增强一种或多种人体素质或能力的干预措施。但是，这个定义并不能解决在“增强”和“治疗”区分问题上描述与规范之间存在的张力，无论是用疾病说、功能模型说，还是专业领域说来区分“增强”和“治疗”，都不能做到与现有观念中对“增强”和“治疗”的价值判断完美地契合。由此，人类增强伦理研究的深入发展要求对“增强”vs“治疗”的两分法判断加以扬弃，通过超越医学伦理迈入更广阔和场景更多元的普遍伦理规范和政策规划的层面，来进一步思考人类增强的伦理挑战。

关键词：增强，治疗，医学伦理，人类增强伦理

一、引　言

近年来，关于人类增强（human enhancement）的研究正在成为应用伦理学中的热点。通常不甚严格地说，人类增强指的是借助技术手段作用于身

体，使人获得超出正常水平的能力和素质，甚至也可能是从未实现过的新型能力。由于这类问题往往是由新兴技术的应用而引发，因此它更多地吸引了科技伦理研究的关注。

自从1998年美国哈斯丁研究中心（The Hastings Center）出版了第一本探讨人类增强主题的论文集以来①，相关的文集和专著日渐涌现，至2020年时已有几十本之多。按说经过了这么多年的讨论，相关的基本概念和问题应该已经足够清晰了，但现实情况恰恰相反，甚至在究竟如何定义"增强"这样的基础性问题上，都存在着对立的观念。否定派的观点认为，"增强"这个词中充满了各种错误的假设，太容易被误用，事实上应避免去使用这个词。②有的否定观点更为激烈，认为生命医学伦理中关于"增强"的讨论更像是一锅大杂烩（hodge-podge），"增强"这个概念本身也充斥着各种含混不清、似是而非的定义。③有观点更进一步指出，即便作为一个普通的词，"增强"的含义也是抽象和不精确的；而当我们把"增强"作为与"治疗"（therapy）相对的概念在生命医学伦理中使用时，这两个词之间也存在着重叠和模糊之处。因此，与其使用"增强"，还不如使用"超越治疗"（beyond therapy）这样间接的排除法定义更具包容性。④

与否定派的观点不同，超人类主义者们热衷于"增强"这个词，并尝试从宏观上把"增强"的意义与人类的进化发展联系起来，提倡所谓的"人类增强"。正如其名称所显示的，超人类主义主张一种超越现有人类物种的"后人类"观。人类物种的存在形态正在发生转变，在不远的未来，人类将进化为后人类，后人类将克服现在人类的生物局限性，具体表现为体力、耐力、认知和情感等方面极大的甚至是超出正常水平的增强。⑤有助于实现这种增强的技术被称为"人类增强技术"。因此，超人类主义的"人类增强"

---

① Parens E. 1998. Enhancing Human Traits：Ethical and Social Implications. Washington：Georgetown University Press.

② Parens E. 1998. Enhancing Human Traits：Ethical and Social Implications. Washington：Georgetown University Press：2.

③ Earp B D，Sandberg A，Kahane G，et al. When is diminishment a form of enhancement? Rethinking the enhancement debate in biomedical ethics. Frontiers in Systems Neuroscience，8（12）：1-8.

④ Leon K. 2003. Beyond Therapy. New York：Dana Press：15-17.

⑤ Ranisch R，Sorgner S L. 2014. Post-and Transhumanism：An Introduction. Bristol：Peter Lang：13.

就是指：借助于技术手段，（个体的）人在身体素质、认知能力乃至寿命上的提高和增长。[①]超人类主义毫不讳言地指出，“人类增强”是其现阶段讨论和关注的重点，其主要的工作就是为人类增强技术的应用进行辩护和论证。[②]超人类主义并不同意否定派在“增强”概念使用上取消或是替换的观点，他们需要这个标签来强调其主张和立场，可称之为肯定派。

与上述两种对立的观点不同，本文采取的是一种建设性的学术探索立场。我们承认，在“人类增强”的名义下存在着不够严肃，且相互间缺乏内在关联的观点和言说。但这并不意味着应该取消“人类增强”这个词的使用，更不意味着由各类新兴技术引发的问题，缺乏伦理学和哲学上的讨论价值。我们也承认，超人类主义借由“人类增强”这个标签提出的是智能文明时代人类如何自我认识的重大问题；但这并不意味着人类增强技术的应用就具有天然的合理性，更不意味着“后人类”未来就是人类历史的必然归宿。

关于“人类增强”，我们提倡的是开放的学术兴趣和严谨的学术立场。开放的学术兴趣提示我们不要放过任何问题，对于那些意义暂时无法充分认识的现象，可以用一个工作定义概括后作为讨论对象；严谨的学术立场则要求我们把问题引入一个较为成熟的领域中进行讨论，用已有的概念和理论进行解读和研究，而不是进行天马行空式的发散思维。本着这一原则，我们提出：关于人类增强的研究应该从医学伦理出发，在与“治疗”概念的对勘关系中把握“增强”概念的实质。借助于医学伦理成熟的研究框架，过滤掉那些不严谨和非必要的研究题材，聚焦人类增强所涉伦理问题的性质和解题思路。这是医学伦理作为人类增强伦理研究出发点的第一层意思。同时，医学伦理也是人类增强伦理研究得以深入进行，而必须扬弃的出发点。经过医学伦理研究的梳理，人类增强中蕴含的新问题和新挑战可以得到清晰和准确的呈现，但我们也将发现：现有的医学伦理框架并不足以解决这些问题，这些问题需要超出某个具体的行业规范的定位后，立足于更普遍的社会伦理运转的视域来把握和解答。因此，作为研究进阶的医学伦理也是一个需要被扬弃的出发点。这是另一层更为重要的意涵。

---

① More M，Vita-More N. 2013. The Transhumanist Reader. London：Wiley-Blackwell：25.

② More M，Vita-More N. 2013. The Transhumanist Reader. London：Wiley-Blackwell：19.

在具体的论证结构上，我们首先立足于医学伦理及其“治疗”的概念，提出了“人类增强”的工作定义，力图刻画出研究对象，并去除那些不适于作为学术问题的枝蔓；其次，从上述工作定义出发，尝试推演出某种规范性原则或理论作为行动的指导，并对其理论的鲁棒性加以考验；最后是一个批判性的总结，指出依托医学伦理来讨论“人类增强”时存在的局限和进一步探讨的研究方向。

二、人类增强：一个工作定义

如果单纯就字面意义而言，“人类增强”涉及了庞杂的内容。由于缺乏经验的可实证性和可重复性，以及存在指代不明确等情况，这些内容中的大部分并不适合作为学术研究的对象。因此，设定“人类增强”定义的第一步工作，就是清理掉围绕于这个词周遭的枝蔓。事实上，前文否定派们的“大杂烩”批评，针对的正是“人类增强”研究在题材和内容上的凌乱、散漫，缺乏明确和统一的标准等问题。为此，我们先行给出了一些筛选标准，即人类增强要研究的是基于现代科技的、以物质的方式产生作用、即时生效的，并且是以与身体相融合的方式发挥效用的人体干预措施，同时本文的“人类增强”是人类个体意义上的现象，并不意味着整个人类物种层面的改变。

其一，从增强的实现手段上看，人类增强特指那些依靠现代科学技术来实现其功能的手段，而不是任何未经科学验证的传统的和民间的方法。不可否认，人类增强自身的愿望由来已久，实现的手段也古已有之。印度的瑜伽术、中国的武术、欧洲 18 世纪和 19 世纪的催眠术，乃至流行于当代西方的冥想术等，都具有使人体魄强健、反应敏捷、思虑清晰等身体和认知方面的增强功能。但这些仅仅是缺乏科学理论支撑的增强方法，有的甚至仅停留在传说层面而缺乏足够的经验证实，因此并不属于本文要讨论的人类增强的范畴。

其二，人类增强自身也可以依赖种种精神的和观念上的提升和转变。例如，接受冥想训练提升专注力等。不排除这些精神层面的提升手段可能会带来身体、感官、认知能力的提高。但我们要讨论的人类增强并不依赖这种精神层面的脱胎换骨，它诉诸的是物质层面的改变，如人机整合、药物服用或是分子层面的基因编辑。注重于精神层面的增强方法或许有效，但囿于其依赖个体精神层面的体验，缺乏可观测和可重复性，因而不将其列入本文的“人类增强”范畴。

其三，通常人类提高或增强自身的素质和能力，要通过经年累月的学习和参悟或是持久的训练才能达成。例如投入各类培训和学习课程，或是进行体操、柔术、瑜伽、武术等的练习，持之以恒才能有所收获。但人类增强的干预与此不同，后者是立竿见影和一劳永逸式的改变。借助于技术效力的发挥，增强效果的显现是迅速和明显的，并不要求参与者付出时间和精力上的成本。

其四，人类增强的实现是以嵌入人体或与人融合的方式来发挥其增强效能的。传统的技术只是外在的使用工具，并不像脑机接口等人类增强技术那样可以成为身体的一部分。也就是说，“人类增强”所强调的是一种特殊的技术作用方式：与人体融合。传统的技术产品只是外在被使用的工具，并不对人体构成直接的改变。或许飞机的发明可以被文学性地描述为赋予了人类以飞翔的能力，但显然这种飞翔并不是鸟类那样的飞翔。飞机的发明只是外在工具的进步，并不意味着人（就其身体能力而言）获得了飞行的能力，后者才是人类增强追求的效果。

其五，本文的“人类增强”特指人类个体意义上素质和能力的提升，而不是整个物种意义上的进化或演变。虽然，超人类主义极力把后一种意思赋予“人类增强”这个词，但是他们关于“后人类”的种种设想的实质，还仅停留在思辨和幻想的层面，并不适合本文设定的讨论标准，我们仅关注超人类主义在个体增强意义上的观点。在以下的讨论中“人类增强”和“增强”是一对同义词，都指人类个体意义上的素质和能力的提升。

至此，通过一系列的筛选标准，我们廓清了“人类增强”概念的外延。这些初步的外延条件的确立，一方面，把围绕在“人类增强”标签上的庞杂内容做了初步的清理；另一方面，也是更重要的方面，它把“人类增强”带进了一个特殊的讨论语境之中——基于现代医学的医疗实践和医学伦理。

首先，从干预手段的性质上看，依赖于现代科技、对人的身体进行干预、具有立竿见影的效果等条件同样是现代医学实践的特质。而人类增强的实质，也是通过对人体进行干预，来实现特定机体功能的改变。这种操作与医疗干预的性质是相似的。其次，从概念的界定来看，现今对“增强”的理解通常是建立在与“治疗”相对立的关系上的，而“治疗”正是一个医学概念，它通常指把由疾病或外来伤害导致的身体功能紊乱恢复到正常状态；相应地，“增强”就是指在健康和正常的基础上实现的提升或超出正常范围的干预。最后，在对“增强”的默认价值判断中，人们也是参照了医学伦理中的预设，即治疗的行为具有积极的和正面的价值，值得去实施，而增强则是非必要的或优先级较弱的，这也是现今众多新兴技术的人类增强应用遭到较多质疑的主要原因。因此，鉴于上述的密切关联，我们尝试对“人类增强”做出的工作定义也是以医学实践和医学伦理为背景，在与“治疗”的参照关系中来描述的。当然，概念上的描述和定义力求简单明了，但实际判断中的情况更为复杂。为了应对现实的多样性，我们利用一组基于功效差别的连续性描述，来对“增强”和“治疗”的区分做更为细致的刻画（表 1）。①

表 1 “增强”和“治疗”的区分

干预类型及描述	性质判定	举例
1. 以恢复原状为准，对疾病或伤害进行治疗	以恢复为目的的医学干预不属于增强	例如，对胃肠功能紊乱进行治疗以恢复正常的食物消化能力。对骨折等外伤进行处理，恢复肌体正常状态和功能
2. 对疾病或伤害进行治疗，但治疗效果超出了原先的功能水平	治疗型增强	例如，截肢患者通过安装“猎豹”假肢获得了更快的短跑速度。后天致盲患者通过植入人造眼球，获得了夜视能力
3. 出于治疗、预防或避免疾病的目的，改变某些先天的身体特征	治疗型增强	在胚胎阶段对某些先天致病基因的修改，或者对某些易患病器官的去除
4. 基于某种与避免器质性疾病无关的原因（心理原因或社会原因）而认为某些身体特征需要改变	非治疗型增强	以美容或塑形为目的的整容或塑形手术。运动员服用兴奋剂
5. 以增强为目的，利用医学或其他技术手段，对身体功能特征进行改变以提高某一种身体能力、认知能力或心理能力	非治疗型增强	服用某种抗疲劳药物，达到无需睡眠而长时间保持清醒。体内植入芯片，获得用意念遥控电子设备的能力
6. 以增强为目的，利用医学或其他技术手段，对身体功能特征进行改变以提高多种身体能力、认知能力或心理能力	非治疗型增强	通过基因重组，获得超级免疫力。通过纳米药物修复老化器官，保持超过自然年限的年轻状态

在现实中，从功效上看，“增强”和“治疗”都可以理解为对某种状态的改善，但为了在实际操作中能找到区分的标准，我们引入了在疾病和受伤

① Coenen C，Schuijff M，Smits M，et al. 2009. Human enhancement study. https://www.itas.kit.edu/downloads/etag_coua09a.pdf[2021-04-20].

条件下“恢复原状”的原则，做到恢复原状的干预是治疗，反之则是增强。“恢复原状”是作为区分增强和治疗的标准，即第1类与其他几类干预的差别。第2、3类“治疗型增强”也算作增强，因为第2类超出了恢复原状的限度；第3类中尽管没有疾病或伤害发生，但却增强了免疫力，不属于恢复原状，所以还是一种增强。治疗型增强与非治疗型增强（第4、5、6类）的区别在于是否涉及器质性疾病，非治疗型增强不涉及器质性疾病，是在完全正常的身体条件下实施的改进。

经过上述分析，我们便可以得到一个关于“增强”的初步定义。“增强”指的是：在医疗实践中，不以疾病和受伤条件下恢复原状为目的，提高或增强了一种或多种人体素质或能力，或者发展出新的人体功能或能力的干预措施。

三、增强vs治疗：描述与规范间的张力

基于医学伦理的背景，给出“增强”的定义只是第一步，接下来是要解决问题，解决围绕“增强”的规范性问题。医学伦理处理的是临床医疗实践中的价值取舍和判断，如医生的义务、患者的权利等；同时，也涉及与医疗活动相关的规范和政策，如不同医疗活动间的资源分配、利益平衡等。而与人类增强相关的医学伦理问题关联的是医疗活动的限度和边界。如前所述，通常在医学伦理的价值判断中，治疗活动是积极和正面的，医生有义务提供治疗，患者有权得到治疗；而增强则是优先级较为靠后的干预，在医疗资源匮乏的条件下去实施增强而非治疗，可能被认为是不恰当或不道德的。因此，与增强相关的伦理规范性问题的实质是：如何通过一个准确和全面的描述性定义，来契合现有观念中对增强性干预的价值判断。这是一个如何消解描述和规范间张力的问题。例如，通常正常人的美容、整形手术被认为是一种增强，而烧伤患者的相应干预则是一种治疗；又比如，通常提升健康人群的免疫力会被认为是与治疗相关，但也有观点认为这应属于增强。于是，一个恰当并具有兼顾性的“增强”定义的作用，便显得十分突出。这是一项通过恰当的描述来满足规范性要求的工作，也是一项精巧的和需要仔细权衡的工作，其目的是通过对现实情况的认定来贯彻和体现某种价值判断。

此外，对“增强”和“治疗”能否做出恰当区分，还牵涉到支持人类增强的立场能否得到辩护的问题。在那些反对人类增强理念的观点看来，“增强”与“治疗”是两种具有不同性质的干预手段，并且是可以得到清晰界定的。在做出明确区分的基础上，对增强性干预便可以实施管控和制约。而像超人类主义那样对人类增强抱有支持或同情态度的立场认为，人类增强和提高自身能力与素质是一种普遍现象，具有天然的合理性，并且无处不在，在医疗活动中也是同样的，“增强”与“治疗”是相互渗透的关系，没必要在两者之间做明确的划分，并贴上非此即彼的价值标签。不难发现，尽管是属于如何认定事实的描述性问题，但在“增强”与“治疗”区分上存在着太多的价值负载，医学伦理中的讨论只是矛盾的一次初步展现。

以下立足于医学伦理的语境，我们给出了“增强”与“治疗”区分的三种方案：疾病说、功能模型说和专业领域说。而检验这三种方案是否成功的标准，是“融贯性要求”，即划分方案的结果能否与主流观念中对特定干预操作的价值判断完美契合。

（一）疾病说

关于“增强”与“治疗”的区分，在医学伦理中较常见的一种方案是疾病说（disease-based accounts）。[①]这派观点认为，所谓“治疗”就是针对由疾病（disease）、身体不适（illness）、伤残（disabilities）、失能（dysfunction）等引起的健康问题进行的干预措施。这里的疾病、身体不适、伤残等也可以用“病症”（maladies）这个概念来概括。[②]而“增强”则是指不存在病症的情况下，仅仅是出于追求健康以外的目的而实施的干预措施。[③]用疾病说来区分“增强”与“治疗”的优势在于简单、直观，符合人们的常识，并能解释大部分的医疗行为。通常病症都可表现为某种可观察的症状或患者对主观感受的描述，即便对于无可感症状的病症，也可以通过医学诊断来发现，例

① Juengst E. 1998. What does enhancement mean. In：Parens E. Enhancing Human Traits：Ethical and Social Implications. Washington：Georgetown University Press：32.

② Clouser K D，Culver C M，Gert B. 1981. Malady：A new treatment of disease. The Hastings Center Report，11（3）：29-37.

③ Daniels N. 1992. Growth hormone therapy for short stature：Can we support the treatment/enhancement distinction. Growth，Genetics & Hormones，8：46-48.

如体液检验或身体透视（X 射线或核磁共振等）。治疗就是针对这些病症所进行的干预手段，如果没有上述情况发生，则属于增强。

在事实认定的层面之外，疾病说也提供了相应的规范性指导，即应该积极治疗病症，但不要去做非必要的增强干预。可以形象地表达为“非破不修”（If it ain’t broke，don’t fix it）原则。[①]举例说明，小柱和华华是两个 11 岁的男生，他俩的身高相同，但较之同年龄的小伙伴却明显偏矮了。经医生诊断，小柱体内的生长激素水平明显低于同年龄儿童，而且他父母的身高也属于成人的中上水平。医生认为，如果排除激素紊乱的原因，小柱成年后的身高应在 160 厘米左右。但是，华华父母的身高则要低于成人平均水平不少，而且华华也没有被诊断出有生长激素水平偏低的症状。于是，医生决定对小柱实施生长激素疗法或其他更为前沿的增强方案，但对华华则仅仅给出了积极锻炼和增加营养的建议。[②]

虽然这个做法似乎对华华有失公允，但在疾病说的区分标准看来却是合情合理。小柱体内的激素紊乱决定了他应享有相关治疗，因为激素紊乱是一种疾病；但华华处于正常范围的内分泌水平促使医生不采用积极的治疗手段，因为这里不存在需要干预的病症。所以，尽管两人身高相同，但造成这种身体状态的原因却分属两类不同的性质，相应于不同的处理方式。推而广之，以是否患有病症为区分标准，可以在“增强”与“治疗”之间画出一道形式上的界线：针对病症的是治疗，无症状的干预是增强。在此基础上，可以制定出抑制和管控增强性干预的规范性要求。

但是细究起来，疾病说的划分方案还是在理论和实践上存在不少问题。首先，是这个假说的逻辑，疾病说并不符合前文提出的“融贯性要求”，也就是说在现有的医疗体系中被认为是合理的医疗干预，在疾病说那里却成为不被鼓励和允许的增强干预。这方面的例子便是后天获得性的免疫力增强，通常的方法是服药、输血和接种疫苗等。利用这些方法增强免疫力，并不需要以存在某种病症为先决条件，是在完全健康的人群身上实施的。这里便缺

---

① Juengst E. What does enhancement mean. In：Parens E. Enhancing Human Traits：Ethical and Social Implications. Washington：Georgetown University Press：32.

② 类似的例子参见 Daniels N. 1994. The genome project，individual differences，and just health care. In：Murphy T. Justice and the Human Genome. Berkeley：University of California Press：111-133.

乏使得这一干预成为医疗手段的条件——“病症”，因而在相应的规范性指导看来是属于不必要的增强干预。但显然这有悖常理。由此，在免疫力增强上，疾病说的划分便和现今通行的医疗观念出现了矛盾。从前文的融贯性要求来看，它称不上是一种逻辑自洽的方案。

可能有的观点会为疾病说提出这样的辩护：存在“病症”这一条件并非仅指已经存在的病症，而是指更广义的可能的、将要存在的病症。增强免疫力的目的是避免将要发生的疾病，因而也称得上是一种“事先治疗”。这一说法貌似合理，但却包含着不可克服的悖论。如果这种增强免疫力的措施是失败的，即没能阻止疾病的发生，也就是说其作为一种治疗手段的条件“存在病症”得到了满足，那么就称得上是一种治疗，值得实施。如果增强免疫力的措施阻止了相应疾病的发生，其作为治疗手段的条件“存在病症”就被取消了，那么它就成了一种不必要的增强性干预了。在这个辩护中，增强免疫力这一行为的合理性被建立在它是一种无效的治疗手段之上了，但显然，我们增强免疫力的目的不可能建立在它是无效的这一条件下。这便构成了一个令人哭笑不得的逻辑悖论。因此，免疫力增强作为“事先治疗”的辩护并不成立。

疾病说划分方案的第二类问题，是在实践上单凭“病症—治疗”的标准并不能真正管控住那些被认为是增强性干预的应用。因为在实际的治疗用药中，往往存在着“标示外使用”（off-label use）的情况，即某种药物具有病症治疗效果的同时，在健康人群身上也有改善身体素质的效果。阿尔茨海默病通常被认为是发生在老年人身上的一种疾病，表现为失忆、抽象思维丧失等认知功能障碍，其原因是中枢神经系统产生了退行性病变。由于在科学上对发病原因还没有完全的理解，现有阿尔茨海默病的治疗药物和治疗方法仅具有对症治疗的效果。研究也发现，这些药物和疗法对健康人群改善记忆和认知同样具有一定作用。[①]显然，健康人群使用这类药物便属于认知增强。由于药物可能存在“双重用途”（dual-use）效应，因此对具有增强效果的药物的管控存在一定的困难，药物的治疗型用途赋予了它流通和使用的合法性。但其最终的使用目的，究竟是治疗还是增强并不能事先得到确认和保

① 伊芙·赫洛尔德. 2018. 超越人类. 欧阳昱译. 北京：北京联合出版公司：137-140.

证。当然，这类药物可以归入更为严格的处方药管理机制中，限制其非必要的流通。但是，由于现今社会网络购物的盛行和大量仿制药的存在，真正的有效的监管还是难以得到执行。

除了由“双重用途”造成的监管漏洞外，疾病说的划分标准无法对增强性干预进行有效管控的另一种情况，发生在心理疾病的治疗中。通常，美容和整形类的外科手术就其本身而言并不属于一种治疗手段，被归入增强性的干预。但是，在欧美发达国家的医疗观念中，心理疾病被认定为是一种需要得到积极治疗的病症。事实上在世界卫生组织对健康的定义中，心理健康也被作为一项必要条件。[①]某些高福利国家便把与治疗心理疾病相关的开销也列入了医疗保险的范畴。由此便可能产生如下情况。某位抑郁症患者坚持认为：其糟糕的容貌是其产生抑郁心理的最主要原因，那么相应的整容手术的费用便可以作为一种必要的治疗手段而被保险公司买单。可见，在引入心理疾病后，美容和整形这类一般观念中非医疗性的增强干预，也可以被认定为治疗手段，更不用说神经增强类药物了。由性格内向导致的不善交际，由性格暴躁导致的社交障碍等的患者，都可以要求使用某种神经调节药物进行干预。但心理特征究竟是性格使然，还是心理疾病的表现，缺乏一个客观判断标准，大多只能通过患者主观的症状表述来诊断。这导致的情况便是：大部分具有调节情绪与认知增强功能的神经作用药物，总可以以某种心理疾病为由，把调解情绪和增强认知的用药动机包装成治疗疾病的需求。

除此之外，疾病说对“增强”和“治疗”的划分方案，还有一个更根本的弱点：病症认定的客观性受到质疑。这直接关系到与之相应的规范性指导的效力和适用范围问题。虽然在普通人的观念中是否“患病”是一个常识性的判断，但常识是否足以成为一种客观性的标准，却是个问题。福柯式的、较为极端的后现代主义观点会认为：心理疾病的定义和诊断，其实质是社会建构的结果。我们认为，即便是器质性的病症或功能性缺失，也未必不可以进行价值上的反向建构。在某些特定社会群体看来，“病症”未必就是一种病，未必需要得到治疗。一个极端的例子便是所谓的“聋人文化”。美国的

① World Health Organization. 2020. Mental health：Strengthening our response. https://www.who.int/news-room/fact-sheets/detail/mental-health-strengthening-our-response[2021-04-20].

某些聋人社团相信耳聋（听力丧失）没什么不好，相反是一种美妙的境界，甚至为了追求达到这种状态，有些怀孕的社团成员还向生殖技术公司定制了先天耳聋的婴儿。[①]举出这个极端的事例，并不是为了肯定这种违背常识的逆向价值选择，而是为了指出：无论是心理疾病，还是器质和功能性的疾病，之所以成为“疾病”，在某种程度上都可以归结为社会共识的产物。如果“疾病”可以是建构的产物，那么建构 A 之于建构 B 在合理性上并非就是可通约的关系。耳聋可以被建构为一种疾病或失能，也可以被建构为一种值得拥有的禀赋。那么，其客观性的限度也仅仅存在于参与建构的群体之中。上述例子只是一个极端的个案，但也确实反映出了“疾病”概念中包含的相当程度的非客观因素。这在某些程度上也削弱了以“病症”标准来划分“增强”和“治疗”的规范性意义。

关于“增强”和“治疗”，疾病说试图把二者的区分建立在“病症”的客观标准上。但在此基础上得出的规范性判断，与现有的医学伦理观念存在不融贯，无法解释免疫力增强也可以是一种医疗干预，在监管上又难免有漏洞，最终其病症的判断标准也不得不面临客观性上的挑战。因此，以是否存在“病症”来区分是“增强”还是“治疗”，并在此基础上来规范增强性干预这一策略，并不足以成为反对人类增强技术应用的理据。

（二）功能模型说

除疾病说外，从标准的客观性着手来对“增强”和“治疗”加以区分的另一选项是“标准功能模型”（normal function model）方案，以下简称为“功能模型说”。这派观点认为：人类这一物种的生物、生理条件和能力水平是可以进行量化表征的，其特征值的分布总是处于某一数值范围之内；尽管不同性别、不同年龄阶段的人群具有的特征值有所差异，但还是可以用不同的数值区间来表征。这些外在的数字表征，反映的是由人类机体构成的理化和生物机制（如新陈代谢水平和身体的能量转化效率等）。因此，人之为人的条件就可以分解为身高、体重、力量、耐力、速度等一系列身体能力和素

① 聋人文化的例子可参见 Buchanan A. 2001. From Chance to Choice：Genetics and Justice. Cambridge：Cambridge University Press：281-284；迈克尔·桑德尔. 2013. 反对完美. 黄慧慧译. 北京：中信出版社：3-4.

质的指标，并用数值区间来表征。而这些量化的数值集合便是区分“增强”和“治疗”的客观标准，以这些量化表征为参照可以判定干预手段的性质，即干预效果处于表征区间内的属于治疗，超出范围的则是增强。①

相对于疾病说，功能模型说的优点在于形式上的公平性。上述小柱和华华的案例中，如果二人的身高确实低于正常男性青少年身高区间的下限，那么他们都享有得到积极治疗的权利，医务人员也有提供相关医疗服务的义务，不管造成这种身高的原因是否包含病理因素。较之疾病说中同样的症状得到的却是不同的待遇而言，功能模型说的处理方案显得更为公平。

功能模型说的第二个优点是兼顾了人类生理特征的多样性。仍以身高为例，如果小柱的身高较之同龄孩子更矮，但并未低于身高区间的下限；而华华的身高却在及格线之下，那么功能模型说会给予华华以积极治疗，但小柱却不能享有。因为对处于正常区间内的生理状况进行干预，属于非必要的增强，功能模型说无法给予支持。生物的生理条件具有多样性，对于正常区间之内的身体特征进行干预有违保护生物特征多样性的原则。要知道功能模型说所强调的并不是统计学意义上严格的中位数或平均值，凡是达不到的都要进行干预，而是对应于一个身体素质和能力的区间，没有必然对处于区间内的个案进行干预。人类生理特征的多样性是自然选择的结果，不需要过度干预。

功能模型说的第三个优点是一定程度上可避免“过度医疗”的发生。前文在定义“人类增强”时曾提出“恢复原状”原则，即做到了恢复原状的干预属于治疗，否则便是增强。而“恢复原状”正是避免“过度医疗”的另一种表达，二者所要针对的都是避免所谓“治疗型增强”的发生。例如，因伤截肢患者通过安装“猎豹”假肢获得了更快的短跑速度，后天致盲的患者通过植入人造眼球，获得了夜视能力。尽管在这些情况中，医疗手段的实施都是合情合理的，在疾病说看来，都存在病症或能力丧失，相应的干预手段也属于治疗，但从效果上看，这些干预也构成了增强，因为其结果超出了标准功能模型的数值区间。疾病说最多只能将之归结为“过度医疗”，但在功能模型说看来则可以定性为是一种增强，即治疗型增强。因为它违背了“恢复

① Daniels N. 1994. The Genome Project，Individual Differences，and Just Health Care. In：Murphy T. Justice and the Human Genome. Berkeley：University of California Press：122-123.

原状”原则。这里的“原状”就是标准功能模型中描述某种身体条件的数值区间中的数值。于是，在疾病说那里无法得到有效规范的治疗型增强，在功能模型说的解释中可以给治疗的效果设定一个合理的范围。因此，功能模型说的完整性还需要“恢复原状”原则作为一个补充限定条件，来避免那些在医疗效果上超出正常范围的增强性干预。

相对于疾病说而言，功能模型说的第四个优点在于一定程度上可以避免由心理因素导致的增强性干预。如前所述，疾病说把心理问题也作为一种疾病形式，相应的干预手段也属于治疗。前述因容貌导致抑郁，并提出整容的要求便是一例。但在功能模型说看来，对心理状态的判断更多是一种性质的断定，用量化数值进行表征是不恰当的，对心理问题的干预只能用心理疏导的方法进行。那种以心理疾病为由，要求对身体和生理进行改变或增强的要求是不合理的。对后者实施干预，只能是在心理问题导致外在身体条件或行为表现超出了正常区间后，才能被认为是合理的，是一种治疗手段。因此，用量化的数值来表征身体能力和素质可以挤掉“治疗”中的另一类“水分”：以心理疾病的名义实施的增强。

最后一点，也是更为重要的是：功能模型说克服了疾病说所面临的“疾病的判定是社会建构”的客观性挑战。即便某些极端观念可以把耳聋美化为值得拥有的禀赋，但是在客观的数据面前，这种追求偏离正常的行为，在必要性和道德意义上是可以质疑的。当听力损失[①]达到或超过 60 分贝后，就可以认定为听力受损，当超过 90 分贝后，就可以认定为是听力失能。无论用怎样的修辞对其进行美化，都无法掩盖这是偏离正常听力水平的现实。

关于“增强”和“治疗”的区分，功能模型说通过诉诸量化的表达，在维护公平、保持多样性、界定非必要的“治疗型增强”上，克服了疾病说面临的种种困难，同时量化的表达也为区分标准的客观性奠定了坚实的基础。在此基础上，大部分的增强性干预能得到合理的判定和规范，但是功能模型说仍有一处“软肋”没有克服，即还是不能解释现有医学伦理中将免疫力增强作为一种合情合理的治疗手段的情况。无论从人体免疫水平的数值区间来

① 听力损失（hearing loss）又称聋度（deafness）或听力级（hearing level），是临床诊疗中用来衡量听觉能力水平的一套量化标准。

衡量，还是从“恢复原状”原则来看，接种后人体免疫能力的提升都应算作偏离正常水平的增强性干预。由此，在融贯性要求的审视下，功能模型说对“增强”和“治疗”的区分仍是有漏洞的，在这种区分基础上的规范性要求也难免受到质疑。既然免疫力可以增强，那么其他方面的素质和能力为什么不能增强呢？因此，这一“阿喀琉斯之踵”式的小纰漏，造成的却是最终无法构建起一堵防洪大坝，来抵御人们增强自身冲动的洪水。

（三）专业领域说

无论是疾病说借助于对病症的常识性判断，还是功能模型说借助身体条件的量化表征，二者或多或少都希望从客观事实的角度着手划分“增强”和“治疗”。但划分带来的种种问题和困难，又不得不令人怀疑寻求坚实的客观基础的路径是否真正走得通。那么是不是可以换个角度，从主观方面上进行尝试，即在承认“增强”和“治疗”的区分是一种社会建构的前提下，来论证治疗的合理性以及增强的非必要。这便是“治疗”和“增强”区分上的“专业领域决定说”，简称为“专业领域说”（professional domain accounts）。

这派观点认为：如果在确定究竟怎样的身体状态属于“病症”，或是确定什么样的心理特征处于不健康状态时，无法建立起客观的鉴定方法，那么就不妨把现有的关于这些问题的判断视为社会建构的结果，它们反映的是与这类问题相关的专业领域内的主流观念和价值判断。[①]由此，实施治疗是医生的义务，进行增强又是非必要的干预等，这些判断的实质都是医学专业人士希望把某一类症状定义为应极力避免的“病症”，而把另一类症状作为相对可以接受的身体特征的结果。例如，专业人士会把预防一种未来的疾病认定为是治疗，因此在人群中实施免疫力增强的干预便是值得推广的；但把改变原有的容貌或大幅度提升人的记忆能力认定为是增强，因为平庸的容貌和不怎么持久的记忆力是相对可以接受的身体条件。但从根本上说，免疫和整容这两种干预的实质，都只是对身体状况加以改变；只不过在某一历史时刻的某一社会群体中，这两种干预被专家们赋予了不同的价值内涵：免疫是积

---

① Juengst E. What does enhancement mean. In：Parens E. Enhancing Human Traits：Ethical and Social Implications. Washington：Georgetown University Press：34.

极的和值得获取的，而整容则是优先级较低或是非必要的。因此，在专业领域说看来，现有的医学伦理中的规范性判断都具有其内在的合理性，都是某个局部范围内力量和观念博弈的结果。

通过否认存在区分“增强”和“治疗”的客观性标准，专业领域说把疾病说和功能模型说所无法解决的免疫力增强的合理性问题消解掉了。增强免疫干预的合理性并不取决于它是否算得上是一种治疗，哪怕它被认定为增强性的干预也不要紧，专业领域的意见已经跨过了“增强”和“治疗”区分这个门槛，直接投票决定了这是一种合理的干预手段。与其在区分标准的客观性上纠缠不清，不如快刀斩乱麻，从观念的社会建构上做个了断。

由此看来，在“增强”和“治疗”的区分上，专业领域说几乎是一服处处管用的“万能药”。但“万能药”其实不是药，专业领域说的这种广谱适用性，导致了其自身更大的问题。首先，这造成了区分“增强”和“治疗”这一做法本身成为非必要的。在判断逻辑上，专业领域说造成了某种因果倒置的结果。也就是说，并不是因为某种干预是“治疗”因而被实施，某种干预是“增强”因而被禁止；而是相反，所有已经被认为是允许的干预都可以定性为“治疗”，而那些不允许的则可以以“增强”为理由打发掉（也可以是其他理由）。因此，这里起决定作用的区分标准已不再是“增强”和“治疗”，而成了可以实施的和不被允许的区别。导致的结果于是成了某种自我论证式的套套逻辑，即因为允许所以合理，因为不允许所以不合理。显然这等于无论证和无理由。

其次，诉诸社会建构最终也将取消“专业领域说”自身存在的合理性。专业领域到底由谁来构成呢？是具有专业知识的专家，还是资本代言人，抑或是管理权威。专业领域中采纳的判别标准又是什么标准呢？是技术性的标准，还是平衡利益的原则，抑或是服从权威。20 世纪 80 年代，美国精神疾病学会把“注意缺陷多动障碍”列入《精神疾病诊断与统计手册》，而导致百优解、哌甲酯等药物以“治疗”的名义被滥用的案例，揭示了医学共同体的疾病定义受到了制药公司等利益相关方的渗透。[①]同样 2020 年底，联合国麻醉药品委员会把大麻从《麻醉药品单一公约》中删除，紧接着 2021 年 3

① “注意缺陷多动障碍”的例子参见弗兰西斯·福山. 2017. 我们的后人类未来. 黄立志译. 桂林：广西师范大学出版社：51-52.

月，美国纽约州宣布娱乐用大麻（适量）合法化，从而拉升了相关股票的价格。①专业领域中对药品及其用途的相关定义，将产生重要的经济影响。②大量事实表明，这类结果和大麻行业对专业团体和立法机构进行的政治游说有着重要的关联。③可见，在医学领域中对疾病、对药物用途和功效等的认定，其影响因子往往是超越了单纯专业范围而涉及经济发展、社会管理、利益均衡等多方面，专业领域只是这些因素集中表征的场所。

因此，当我们把“增强”和“治疗”的区分标准还原为专业领域的建构之后，问题并没有简化，而是呈现出了更多、更错综复杂的决定因素。当面对这些来自方方面面的利益和力量时，仅仅限于专业性的医学伦理和相应的价值判断来对“增强”和“治疗”进行区分这一路径，已经难以胜任了。

四、增强 vs 治疗的扬弃：人类增强的研究走向

英国伦理学家约翰·哈里斯（John Harris）曾提示道，如果跳出医学伦理的范畴来看，“增强”和“治疗”并不总是相互排斥的。在某些条件下，治疗和增强可以描述同一种干预，这取决于你从什么角度来进行判断。④因此，这时的关键因素是判断者所基于的立场和原则。当我们说接种疫苗增强免疫力是积极的，值得向大多数人推广时，做出这一判断的依据并不是由于疾病或者物种的标准功能模型，而是基于某种效果论的和功利主义的判断原则，即预见到这一行为将挽救大部分人的生命，并避免可能出现的巨额公共医疗支出；当这些收益远远超过了增强免疫可能带来的风险及其代价后，才做出了相关的决定。尽管增强免疫的实质确实是一种增强，但也可以认定为

---

① Halley J. 2021.3 pot stocks that will benefit from New York's legalization of adult-use marijuana. https://www.nasdaq.com/articles/3-pot-stocks-that-will-benefit-from-new-yorks-legalization-of-adult-use-marijuana[2021-04-20].

② 纽约州政府预估：娱乐用大麻合法化将导致税收每年增加 3.5 亿美元。参见 Governor Cuomo signs legislation legalizing adult-use cannabis.https://mjnewsnetwork.com/legal/new-york-governor-cuomo-signs-legislation-legalizing-adult-use-cannabis/ [2022-09-30].

③ Rashidian N. 2020. Who is newly lobbying on cannabis?https://cannabiswire.com/2020/10/26/who-is-newly-lobbying-on-cannabis/[2021-04-20].

④ Harris J. 2009. Enhancements are a moral obligation. In：Savulescu J，Bostrom N. Human Enhancement. Oxford：Oxford University Press：141-143.

是一种与治疗相关的手段。[①]同样，当我们谴责某些运动员通过服用兴奋剂来获得优异的比赛成绩时，或许更多是因为比起个人从中获得的利益，导致整个赛事由于失去公平而无人参加的后果更加令人无法接受。当然，上述基于后果的功利主义判断原则，只是各种可能的立场和原则之一。我们也可以诉诸行为本身的性质，如根据不欺骗、不伤害等义务论的原则来做出基于不同理由的价值判断。

因此，哈里斯的观点“增强和治疗并不总是相互排斥的”，其实是给出了一个重要的提示，即对人类增强技术的应用所引起的价值判断上的困扰，不要再拘泥于医学伦理中如何区分“增强”和“治疗”而展开了，它需要放在一个更为广泛的社会层面来考虑。这构成了扬弃医学伦理中“增强”和“治疗”区分的第一个理由。这种视野上的拓宽，将把人类增强的伦理讨论带入一个更广的伦理学语境中加以考察，并充分利用功利论、义务论、美德论、契约论等不同的观点加以检视，以加深对问题意义的理解。因此，当扬弃了医学伦理判断上“增强 vs 治疗”的二元两分后，人类增强的伦理讨论需要面对的是诸如如何实现社会平等、如何保障个人自主权利、如何确保个体的本真性不受异化等更为一般也更为普遍的伦理拷问。人类增强的伦理讨论，迫切需要从这些更具普遍性的问题中探寻更大的应对格局。

跳出医学伦理来考察人类增强技术伦理的另一个理由在于，人类增强技术的发展、应用和普及速度已经超出医疗的领域，扩展到了体育、商业、军事等各种应用场景中，单纯的医学伦理或公共卫生政策方面的分析框架对这些领域并不适用。试想一种情况，某个高科技公司推出了一款游戏头盔，它具有增强现实的功能，能让用户在游戏中产生种种超现实的感官体验，例如和远在地球另一端的另一位用户实现全息的实时互动等炫酷功能。这个公司在完善游戏体验的名义下，又推出了各种更加不可思议的基于脑机接口技术的植入性的装备。显然，这一情境下，游戏装备的使用及规范与医学伦理并不具有直接的关联，后者对此也无从规范，因此，我们需要医学伦理之外的规范对增强技术通过游戏产业走进现实生活的情况做重新设定。

---

① Kamm F. 2009. What is and is not wrong with enhancement. In：Savulescu J，Bostrom N. Human Enhancement. Oxford：Oxford University Press：105-106.

这个例子凸显出：增强技术在医疗实践外的广泛应用，促使我们必须结合更加细分、更加多元化的应用背景来做相应的伦理审视。新兴技术的增强性应用，要结合特殊的语境来做多元化和开放性的价值判断，而不仅仅是非此即彼的是非判断。医学伦理中“增强 vs 治疗”的价值两分法及其遭遇是必须加以认真解析的经典案例，并从中获得教训和启示。这也是“扬弃”这一经典辩证方法的题中之义。

最后，任何对人类增强的伦理规范性研究，最终都将走向或面对政策制定层面的考量。政策性考量的关键之一，是从国家层面来评估当前的综合效益和中长期发展利益间的协调。如果现有的医学伦理中“增强 vs 治疗”的价值两分法代表的是当前的一种价值设定方案，那么扬弃“增强 vs 治疗”意味的是：借助于一个更加长远发展的视角，从将来的时态回溯性地检视当前的研究及其判断。以是观之，历史的演变发展或许最终会冲淡非此即彼的价值两分。

The Sublating of the Dichotomy of “Enhancement” vs “Therapy”
—On Biomedical Ethics as the Starting Point of Human Enhancement Study

Ji Haiqing
(Shanghai Academy of Social Sciences)

Abstract: How to understand the concept of “Enhancement” is a key problem in the study of human enhancement, and neither the negative nor the positive views on this issue should give their way to a serious and academic approach. The latter proposes that “Enhancement” is the counterpart of “Therapy” in biomedical ethics and biomedical ethics should be the starting point for those normative claims on human enhancement. After a screen with some restrictive conditions from biomedical ethics, “Enhancement” is obliterated from those invalid and non-essential views and is defined as any interventions to improve or enhance one or several human capacities without the intention of treating disease or refraining from injury. However, this working definition cannot loose the tension between describing and prescribing the definition of enhancement, whatever the distinguish standard is setup by disease-based accounts, normal function accounts or professional domain accounts. All the efforts fail to match the distinction on the conventional value judgement on enhancement and therapy. This challenge results in a shift on the methodological level to Aufheben the dichotomy of "Enhancement" vs "Therapy" in biomedical ethics and resets the horizon for the philosophical study of human enhancement on a more wide and multiple scale.

Keywords: enhancement, therapy, biomedical ethics, human enhancement study

遗传数据共享中的群体隐私保护

——问题与策略*

陈泓邑[1]　王国豫[2]

（1. 云南大学；2. 复旦大学）

摘　要： 涉及人的生物医学研究中，隐私保护的重要方式之一是利用统计学工具使数据处在群体层面或聚合层面，聚合层面的数据无法识别到个人，因而传统上认为其共享利用不涉及隐私。对群体隐私的讨论表明，由于聚合层面的数据仍然可能揭示一个群体的特征，因而上述手段不能完全规避隐私问题。因而亟须探索一种既能够保护群体隐私又不阻碍数据共享的路径。本文以遗传数据为例，分析三种共享利用遗传数据可能涉及群体隐私的情况，并进一步提出“代表知情同意”、“建立机构审查制度”和“尊重共同体自主”三种路径，以推动基于情境的数据流通与使用规范。

关键词： 群体隐私，聚合，匿名化，知情同意

医疗和生物大数据的共享利用，是建立一种更加精确的分子病分类的知识网络，提升预防、诊断和治疗水平，从而实现根据个体差异精准医疗的必要路径之一。传统上，涉及人的生物医学，要共享和利用数据，其保护隐私的策略之一是使数据匿名化。匿名化的重要手段之一是利用统计学工具，使数据脱离具体个人层面而能表征群体的特征，通过将个人隐匿在群体中保护个人隐私。聚合作为“统计披露限制”（statistical disclosure limitation，SDL）的其中一种方式（Karr and Reiter，2014），一直被用于保护个人隐

---

*　资助项目：国家自然科学基金应急管理项目“科研伦理与科研诚信治理研究”（71843009）。

私。然而，弗洛里迪（L. Floridi）等学者们指出，存在无法将保护群体隐私还原到保护个体隐私的情况。聚合层面的数据由于揭示了某个群体的特征，因而依然可能涉及群体隐私问题（Mittelstadt and Floridi，2016）。仅仅强调通过匿名来保护个人隐私，而遗漏保护群体隐私，是伦理上不充分的。

问题在于，聚合层面的数据起到的作用不仅仅是使个人匿名化，它还有另一个重要作用，即形成一般性的知识。以基于遗传数据的研究为例，单个的个人基因组序列不是知识，揭示特定人群遗传特征的数据才是知识，比如某基因变异在特定人群中发生的比例显著高于其他人群。要形成这些知识，必须在队列研究的基础上，利用统计学工具处理原始数据，依据地域、家系等对人群进行分组，在聚合层次上考察不同因素之间的相关性，并在不同的科研人员之间共享并验证。当代基于信息技术的数据平台支撑下的共享，利用现代信息技术手段，允许实验室在世界范围内共享其发现的群体层面的遗传变异和解读其所依据的证据（Riggs et al.，2019），从而形成关于基因变异与表型之间关系的可靠的、一般化的知识。

可见，包括遗传学在内的生物医学要形成知识，必然要求共享聚合层面的数据。但如果共享聚合层面的遗传数据涉及侵犯群体隐私，由此导致揭示群体特征的数据无法被共享，那么生物医学一般性知识生产的可能性实际上就被取消了。所以有必要回答如下问题：什么才是合适的保护群体隐私的方式，使保护群体隐私不至于使得常规的聚合层面的数据共享被阻碍？

一、遗传数据共享利用中哪些行为涉及群体隐私？

在基因组学的时代之前，人们一度将人类基因组视为人类的“共同遗产”，而不是某个特定的个人或群体的“隐私”。随着遗传学的深入发展，科研人员发现人群中不同的亚类具有不同的遗传学特征，研究所聚焦的群体越来越小，但依然是在群体层面上开展研究和工作的。即使是在当代的个性化医疗（personalized medicine）或精准医疗（precision medicine）中，其“个性化”也并不意味着精准医学是在个体层面上展开的，而是该个体所属的一个更小的亚群体。开展遗传学研究或者利用遗传学提供的工具开展其他研究，依其本性就是在群体层面上开展工作。有必要具体澄清遗传数据共享中的群体隐私问题，表明何种数据用途涉及侵犯群体隐私，侵犯了哪种类型的群体隐私，如何进行保护，从而促进数据共享。本文举出三种利用遗传数据开展研究可能涉及群体隐私的情况，并在随后讨论它们分别涉及了何种类型的群体隐私，需要采取何种方式保护群体隐私。这并没有穷尽所有情况，举出它们是由于其涉及多方面的伦理问题，在文献中受到了广泛的讨论，我们突出其涉及的群体隐私问题。

第一类为祖源学研究。通过遗传数据研究祖源，可以揭示出一个家系在历史中的演化过程。如果祖源学研究所揭示的信息是家系成员不愿意暴露的，就可能对整个家系造成伤害。因为一旦涉及数据所揭示的意义，就涉及文化和伦理问题。一个典型的例子是，美国一个印第安部落提供的用于糖尿病研究的样本，其中提取的遗传数据被用于祖源学研究后，研究结果显示的该部落在北美的起源，与该部落关于自身起源的神话相违背，使得该部落所有成员都受到研究所揭露的信息的伤害（Garrison，2017）。研究过程中科研人员并没有尝试对该部落中的某个自然人进行识别。在该例子中，不能通过对每一位个体进行匿名化来保护群体隐私。

但并不是所有的祖源学研究都如此。这是由于不同的人、不同的文化对隐私与何种信息会对自己造成伤害的观念不同。有的群体对科研人员用生物人类学的方法揭示其祖源的结果感到骄傲，而不是感到被冒犯，比如说被揭示出某人是某名人的后代的话。也有可能有这样的群体，其成员愿意提供数据用于祖源研究，但对研究会产生何种结果并不关心。有的群体并没有群体身份认同，其成员甚至不知道自己属于该群体。从目前来看，只有当祖源学研究涉及有明确社会文化身份认同的特定族群时，才会难以通过对个体匿名化来保护该群体。

第二类为法医学排查。由于个人的遗传数据可以揭示家系成员的健康相关信息，如果某个人的真实身份与他的遗传信息（如基因变异信息）相关联，那么无论谁披露其基因信息，都可能连带揭露其家系成员的相关信息。这意味着，如果在犯罪现场提取的样本中获得一份档案库中没有相应记录的遗传数据，依然可以通过亲源排查（familial searching）寻找档案库中是否已有其亲属的档案，通过排查亲属的社会关系识别嫌疑人。美国的金州杀手案和中国的白银杀人案都是通过此种方式告破的（Advisory Board，2018）。遗传学研究某个重大家系，提取其遗传信息，获得关于家系的一般性知识，例如某个位点变异在该家系中出现的频率会高于家系外人员。此类知识可以在法医学排查中缩小排查范围。假设在犯罪现场提取到一份不知名的DNA样本，并从中提取了DNA档案，在档案库中既没有与之匹配的档案，也没有与之有亲缘关系的档案，如果发现该样本来源于男性，又获知其属于哪个家系，就可以获知样本来源的姓氏（这是由于在我国文化中，大部分时候，姓氏中男性后辈与男性长辈都相同，且男性后辈的Y染色体也是从男性长辈那里“继承”来的）与来源地域。这将缩小排查范围，帮助识别该自然人（Nuffield Council on Bioethics，2007：77-87）。在排查过程中，该家系的其他成员的遗传信息，实际上起到了帮助识别该个体的作用，而这一切可能是在该家系其他成员不知情的情况下做出的。

以上过程涉及利用群体（家系）层面的数据识别个人，打破个人隐私（后文将表明这可以是在伦理上能够得到辩护的），在如下层面上涉及了群体隐私：每一个个体提供的遗传数据在聚合层面上形成关于该群体的一般性数据或知识后，被用于识别新的属于该群体的成员的真实身份。

第三类是生物医学中的队列研究。队列研究是将某一特定人群分为不同的亚组，对其是否暴露于某可疑因素或暴露程度进行追踪观察，比较各组之间结局发生率的差异，从而判定这些因素与该结局之间有无因果关联及关联程度的一种观察性研究方法。这是流行病研究常用的方法之一。同样一种症状，例如发热，通过检测获得并观察更多的医疗表型，可以被分类为不同的疾病。若对同一种症状进行更深入的表型分型（Robinson，2012），甚至细到基因型层面上，以个人独特的基因变异来对疾病进行分类，就可以提供更加个性化的医疗服务。开展上述工作需要根据不同的表型、基因型或行为方式为不同人群建立队列。例如为某种特定罕见病建立队列，研究该疾病的遗传基础。要确保研究人员或医生对基因变异的相应解读是可靠的，每一位科研人员就需要借助比照其他该方向的科研人员或医生在对自己的病例的研究中提供的数据。在病例极少，不同国家和地区患病率都较低的情况下，就需要全世界范围内的数据共享，共享的数据可以揭示依据特定标准划分的队列的行为特征、生活环境特征。

二、“群体隐私”的分析框架

接下来分别考察在上述例子中，如何保护群体隐私，以便达到使每一个群体中的个体及相应人员不受伤害的目的。在具体给出如何保护隐私的方法之前，需要一个有别于传统的基于个人隐私的分析框架。

之前已经提到，传统上保护隐私（数据）的方式主要是：对数据进行匿名化处理或者在使用隐私数据之前征求知情同意。这种对隐私的保护是在如下对“隐私”的分析框架中给出的：保护隐私，是保护个人对自己的数据的访问和使用的控制（privacy as control）。依据保护隐私就是确保控制的理论，能够识别到某个自然人的数据是该自然人的数据，他可以通过同意授权使用这些数据，从而控制数据的访问与使用。不能够被识别到某个自然人的数据（匿名数据），就不是他的数据，其共享和利用就不再需要征求其同意授权，实际上也无法征求其同意（因为面对匿名化数据的科研人员自己也不知道数据源身份）。对群体隐私问题的讨论表明，上述分析框架是存在问题的。目前，存在多种试图超越“保护隐私就是确保控制”的对“隐私”的分析。比较典型的两种对隐私保护的分析分别为：保护隐私就是保护情境完整性（contextual integrity）、保护隐私就是保护数字身份（digital indentity）。①根据保护隐私就是保护情境完整性理论（Nissenbaum，2004，2010），数据总是在特定情境下产生的，它的流通与使用也应符合该情境的规范，当数据跨情境流通与使用时，不应打破其产生时的情境的规范。比如，在医疗情境中产生的数据，在科研情境中流通与使用时，不应打破医疗情境的规范。根据该理论，造成侵犯群体隐私的缘由在于，群体产生的数据在流通与使用中打破了原初情境的规范。②根据保护隐私就是保护数字身份理论（Floridi，2014，2017），数据可以在一定程度上构成个人与群体的身份。根据该理论，侵犯群体隐私意味着数据的流通和使用破坏了群体以及个人的数字身份，即使匿名化的数据也构成了个体或群体的数字身份，因而根据保护隐私就是保护数字身份理论，传统的保护隐私就是保护个人对（可以识别到）自己的信息的控制是不充分的。

对以上两种理论进行归纳总结可以发现，其共同目标是使数据在共享利用中符合一定的规范，从而避免破坏“情境完整性”或“数字身份”。两种理论都意识到，要实现上述目标，依靠匿名化和个人对（可以识别到）自己的数据的控制这两个手段是不充分的。但这并不意味着传统的通过同意授权的方式控制隐私数据的方式在所有情况下都是无用的。下一节考察如何综合利用各类手段，使遗传数据的共享利用尊重“情境完整性”并保护“数字身份”。

三、在祖源学研究中实行“代表知情同意”

在祖源学研究中，如果所涉及的群体在社会中具有高度的自我认同，并且会由于研究所揭示出的群体层面的信息而感到被冒犯，那么对个体进行匿名化和向个体征求知情同意以保护隐私的手段，对于保护群体隐私而言，实际上是无效的。无论是基于保护隐私就是保护情境完整性理论，还是基于保护隐私就是保护数字身份理论，分析祖源学研究侵犯群体隐私的案例，都可以得出相同的结论。根据保护隐私就是保护情境完整性理论，印第安部落提供数据的原始语境是医疗，部落希望数据能够提供关于本部落为何糖尿病高发的知识，从而促进本部落的健康。当数据被用于揭示祖源（尽管进行了匿名化），就违背了数据产生的语境的规范。根据保护隐私就是保护数字身份理论，祖源数据构成了该部落的身份，该部落对自己的神话提供的祖源有极强的身份认同，研究被用于祖源时就打破了其数字身份。

那么，在祖源学研究中，应该如何避免侵犯群体隐私呢？由于研究所涉及的部落或民族其本身形成了一个社会群体，该群体可以有合法代表或法人，因而可以直接在群体层面进行告知和同意的过程。研究人员需要与该群体的合法代表或法人商讨数据可以被用于何种用途，表明当数据被用于祖源学研究后可能揭示出何种信息，事先确定该群体对特定种类的研究是否存在“忌口”。监管机构的责任则是，当发现祖源学研究涉及研究某族群的祖源时，需要将此类研究判断为敏感研究（Grady et al.，2017），仔细确认知情同意程序中是否已经告知该群体合法代表或法人祖源学研究可能暴露何种信息，确认群体了解这些信息是否会对自己造成冒犯。如果群体在社会中没有明确的身份认同，比如虽然都是某个大家系成员，但每个个体成员并没有因属于该家系而凝结为一个社会群体，无法形成合法代表或法人，在这种情况下，只需要数据的流通和使用没有违背产生数据的个人的意愿即可。这可以通过传统的、个人层面上的同意来做到：在知情同意书中表明是否将对数据进行匿名化后不再征求同意地用于祖源学研究。这也符合生物医学历来的传统：研究特定人群产生一般化的知识，只需要招募到足够的受试者即可，不需要全部人都同意参与。

四、在法医学排查中建立机构审查制度

无论是个体的，还是群体的隐私对于维系公共生活都有重要价值，但不是唯一价值。在实际生活中，它总要和其他价值之间相互平衡。比如，虽然每个个体都有隐私权，但公共部门依然可以为了维系社会或他人的安全与隐私，合法地对威胁到社会与他人安全的人的身份进行识别，在该过程中需要使用揭示群体特征的数据就可以是伦理上得到辩护的。当需要利用群体数据识别个人身份时，如果进行识别的理由清楚，比如这个目前不知其真实身份的人确实犯下了重罪，危及了公共安全等，而且不利用群体层面的数据就十分难以识别其身份，利用群体数据识别个人身份就是伦理上可以被接受的。此类识别需要一个案例、一个案例地讨论，考察案例中的具体条件是否使得开展识别个人身份和利用群体数据的工作成为伦理上可辩护的。所有这些排查必须满足一定的隐私保护条件，经过伦理委员会的审议和备案。辩证地说，要合法地打破隐私，就需要在该过程中严肃地考虑人们的隐私诉求（Taylor，2012：29-33），以防止过度使用信息或信息滥用。

五、共同体自主规范

由于开展个性化医疗需要建立非常多的队列，每个人都成为某个群体的一部分，就需要人与人之间的团结（solidarity）才能真正维系队列研究（Prainsack and Buyx，2017：123-142）。理论上说，可以由某个群体自下而上地、自主决定其提供的数据的流通和使用规范，而不是被动接受自上而下的保护隐私的模式。这在实践中已经存在。比如白血病患者群体会自发地公开

自己的各类信息，以促进对该群体的关注以及对白血病的研究。团结在一起的共同体可以自发形成对如何共享使用群体提供的数据的规则，而不是被动接受传统的、基于保护个人隐私而订立的一系列规则。由于群体在基于“团结”的模式中，原则上可以从一开始就自行决定所提供的数据的使用所需遵守的规范，个体可以选择是否愿意加入该共同体，所以理论上说可以从一开始就防止“情境完整性”被打破。传统的基于个人隐私而制定的一系列保护个人隐私的规则，将个人看作一个个分散的个体予以保护，而没有把个人视为可以团结起来自行决定群体所提供的数据的使用和流通所需遵循的规范的个体。从理论上讲，允许群体自行组织决定自己提供的数据的流通和使用规则，可以体现对“共同体的自主性”而非“个体自主性”的尊重（Evans，2018）。

此种基于“团结”的模式需要克服的问题在于，不同的人因某种特定疾病而团结为一个群体，群体可能会更愿意自己提供的数据只被用于研究该疾病而不是其他疾病。但我们之前已经提到，队列研究中，难免需要人们同意将数据用于不确定的目的。对于自然人群队列尤其如此，这是由于自然人群队列提供的数据在对各类疾病的研究中，都可能会被作为对照组。这意味着，群体要一开始就同意自己的数据可以被用于一个泛化的目的。但是，某些疾病，例如精神分裂症，在社会中负载着污名化的价值判断，群体可能会由于得知自己提供的样本和数据被用于研究精神分裂症而受到伤害，即使该疾病覆盖在了该群体原初所同意的泛化的目的内（Garrison，2017）。群体也可能对队列研究和个性化医学研究的性质不够理解，不理解什么是对照研究，不理解为什么医学关于某些疾病的知识还是不稳定的，需要进一步的探索。因此，如果群体要自主决定提供的数据的流通和使用规范，至少对于自然人群而言，还需要大量的对疾病去污名化工作和科学普及工作，如此方能降低群体受到信息伤害的可能性。

六、结　论

在包括遗传学研究在内的所有生物医学研究中，科研人员共享聚合层面的数据是学科形成知识的内在要求，如果这些数据涉及人，就有可能面临群体隐私问题。这些问题在精准医学时代变得更加突出。传统保护隐私的策略以保护个体隐私为基础，不认为群体层面的数据涉及隐私。传统的隐私保护策略的好处在于，它一方面保护了个体隐私，另一方面促进了数据共享和知识的形成：利用统计学工具使数据处在聚合层面而不是可识别到个人的层面，这既是形成知识的必要步骤，也是脱敏化的重要手段。任何处理群体隐私问题的方案都应该保留传统隐私保护策略的好处。本文分析了三种遗传数据共享利用中可能涉及群体隐私的情况，并分情况提出了不同的解决策略。需要指出的是，这一分析并没有穷尽所有可能涉及群体隐私的情况，只是表明，尽管共享利用群体层面的数据可能会涉及群体隐私，但只有具体问题具体分析，才能既防止群体受到伤害，又促进生物医学研究和公共健康。

参 考 文 献

Advisory Board. 2018. Your DNA is not your own：How the golden state killer hunt reveals the limits of medical privacy. https://www.advisory.com/daily-briefing/2018/04/30/dna[2021-04-24].

Evans B J. 2018. Big data and individual autonomy in a crowd. In：Cohen I. Big Data，Health Law，and Bioethics. Cambridge：Cambridge University Press：19-29.

Floridi L. 2014. The Fourth Revolution—How the Infosphere is Reshaping Human Reality. Oxford：Oxford University Press：59-128.

Floridi L. 2017. Group privacy：A defense and an interpretation. In：Taylor L. Group Privacy. Switzerland：Springer：83-100.

Garrison N. 2017. Evolving consent：Insights from researchers and participants in the age of broad consent and data sharing. In Lynch H. Specimen Science：Ethics and Policy Implications. Massachusetts：The MIT Press：185-200.

Grady C，Eckstein L，Berkman B，et al. 2017. Broad consent for research on biospecimens. In：Lynch H. Specimen Science：Ethics and Policy Implications. Massachusetts：The MIT Press：167-184.

Karr A F，Reiter J P. 2014. Using statistics to protect privacy. In：Privacy L J. Big Data，and the Public Good. Cambridge：Cambridge University Press：276-295.

Mittelstadt B，Floridi L. 2016. The ethics of big data：Current and foreseeable issues in biomedical contexts. Sci Eng Ethics，22（2）：303-341.

Nissenbaum H. 2004. Privacy as contextual integrity. Washington Law Review，79（119）：119-158.

Nissenbaum H. 2010. Privacy in Context：Technology，Policy，and the Integrity of Social

Life. Stanford：Stanford University Press：129-231.

Nuffield Council on Bioethics. 2007. The Forensic Use of Bioinformation：Ethical Issues. Cambridge：Cambridge Publishers Ltd.

Prainsack B，Buyx A. 2017. Solidarity in Biomedicine and Beyond. Cambridge：Cambridge University Press.

Riggs E R，Azzariti D R，Niehaus A，et al. 2019. Development of a consent resource for genomic data sharing in the clinical setting. Genetics in Medicine，21（1）：81-88.

Robinson P N. 2012. Deep phenotyping for precision medicine. Human Mutation，33（5）：777-780.

Taylor M. 2012. Genetic Data and the Law：A Critical Perspective on Privacy Protection. Cambridge：Cambridge University Press.

Strategies for Protecting Group Privacy in Genetic Data Sharing

Chen Hongyi[1] Wang Guoyu[2]

(1. Yunnan University; 2. Fudan University)

Abstract: Statistical techniques such as aggregation has always been used to protect privacy in biomedical research involving human subjects. Traditionally, sharing aggregate-level or group-level data raises no privacy concerns since those data are not identifiable. Yet current debates on group privacy have shown that sharing aggregate-level data can not avoid privacy concerns since those data may still reveal groups' features. An acceptable approach must be established to balance the need of data sharing and group pricacy protection. The paper uses genetic data as an example to illustrate which uses of genetic data may raise group privacy concerns. We provide the following means to solve the problem and facilicate data sharing and utilization in contexts with different norms: surrogate informed consent, establishing an institutional review board, and respecting communities' autonomy.

Keywords: group privacy，aggregation，anonymization，informed consent

预先指示、痴呆症及医生协助死亡

保罗·门策尔[1]　邦妮·斯坦博克[2]
（1. 太平洋路德大学；2. 纽约州立大学奥尔巴尼分校）
闫雪枫　译

摘　要： 俄勒冈州和华盛顿州的医生协助死亡法要求当事人目前具有行为能力，并且被诊断为绝症。在荷兰，安乐死需要满足自愿和承受不可忍受的痛苦两项条件。相比最后几个月的疼痛和痛苦，许多人更关心多年严重痴呆导致的自主性和独立性的丧失。为了解决这一问题，人们可以写下在患有痴呆症时要求医生协助死亡的预先指示。而当患者不再有能力，也不会得绝症或遭受难以忍受的痛苦时，这种指示是否应该被执行？我们认为在许多情况下它应该被执行，自主性和享受能力的浮动量表为决定何时执行提供了最好的理由：当由以前知情且有能力的人撰写时，这种指示的权威性会随着后来的人产生新的关键利益和享受能力下降而增强。这种合法化协助死亡的扩展是建立在自愿的核心价值之上的，而这一价值也是目前较为有限的合法化的基础。

关键词： 痴呆症，预先指示，自主性

一、介　绍

几乎所有认定医生协助死亡（physician-assisted death，PAD）[1]合法的司法都要求提出需求的个人具有在被协助时做出医疗决定的能力[2]。对同时能力（contemporary competence）的要求旨在确保 PAD 的使用仅限于那些真正想要结束生命，并且拥有对如此重大的选择做出最终决定的认知能力的人。

同时能力与被定义为预计将在六个月内死亡的绝症（terminal illness）一同被视作防止错误和 PAD 滥用的重要保障，可以说是对 PAD 合法化最有力的反对。

对同时能力的坚持是存在问题的。它意味着患有痴呆症的人被排除在 PAD 的候选人之外，即使他身患绝症并且承受着可怕且无法减轻的疼痛。它同样把那些强烈而坚定地拒绝生命在痴呆症中结束的人排除在外。和对在生命快结束时持续数月的痛苦的恐惧相比，很多人更害怕在重度痴呆的状态中生存几年[3]。他们认为，为了避免长期生活在阿尔茨海默病中，自己有权选择死亡，就像在身患绝症时有选择死亡的权利一样。

随着世界人口的老龄化，这一问题将变得尤为紧迫。到 2040 年，85 岁以上的人口数量将接近 2000 年时的四倍[4]。研究显示，在 85 岁以上的人群中，四分之一到接近一半的人有某种形式的痴呆[5]。大约 540 万美国人患有阿尔茨海默病，这是最常见的一种痴呆形式。未来几十年这一数字还将不断上升。因此，我们必须直面这一问题：在重度痴呆时，有行为能力的（competent）①人是否拥有决定自己在患有痴呆症时被协助死亡的权利？

这个问题在荷兰引发了大量讨论，在荷兰协助自杀和自愿安乐死均从 2002 年起被成文法规定为合法[6]。必须有两个医生证明患者的决定是自愿且知情的，并且结束生命的欲望来自“毫无希望且无法忍受的痛苦”。下面我们将回顾 2011 年的一个重要的荷兰案例，这一案例尤其提出了自愿要求是否需要同时能力的问题。

预先指示（advance directive，AD）可能是满足自愿要求的方式之一。撰写指示的人需要是有行为能力的个人，表达了在痴呆时被协助死亡的愿望，以及不再具有做出医疗决策的能力。在允许安乐死的司法管辖地区，比如荷兰，这样的指示被称为“预先安乐死指示”（advance euthanasia directive，AED）。显然，在安乐死不合法的地方，不能存在有效的预先*安乐死*指示。然而即使在允许协助死亡但不允许安乐死的司法中，在有行为能力时个人可能被允许写下要求在严重痴呆时被协助死亡的预先指示。在本文中，我们认

① 《元照英美法词典》中将 competent person 译作“具有行为能力的人”，本文采取此种译法是沿用了法律术语的表述方式。

为这样的指示应当被允许，并且在很多情况下应当被遵从。不应该对同时能力做出要求。当患者谨慎书写时，要求协助死亡的预先指示可以满足自愿要求，这是同时能力所要求的逻辑依据。从技术上讲，如果是在协助死亡为合法而安乐死为非法的国家，这样的指示会成为“要求协助死亡的预先指示”（advance directive for aid-in-dying，ADAID）。我们用更简短的词语“AED”来代替使用这个笨拙的新词。

尽管我们将会论证 AEDs 在道德上可以被辩护，但问题仍是复杂而多面的。一个难点在于认知能力的范围以及痴呆时的生活质量。在一些情况下，痴呆患者的想法可能会由更愿意结束生命转变为在痴呆状态下活着。在这种情况下对于自主性的尊重要求我们不要保留其 AED。此外，在其他一些情况下，即使没有想法的改变，出于对痴呆症患者最大利益的考虑，同时也是社会的考虑，会倾向于不执行 AED。因此，有关人们是否应当有能力做出 AEDs 来避免在痴呆时被延长生命并非有一个简单的是或否的回答，而是取决于案例的细节。

在余下部分中，我们首先通过简单回顾支持 PAD 的主要论证来提供背景信息。结果是它不只适用于绝症，也适用于避免在痴呆时延长生命。接下来我们描述与此高度相关的荷兰的发展状况。第 2 部分包括了一些关于痴呆症的基本信息。第 3 部分考虑了关于对在痴呆状态下生活的态度的“残疾批评”（disability critique）。第 4 部分和第 5 部分介绍了丽贝卡·德雷瑟（Rebecca Dresser）和约翰·罗伯逊（John Robertson）对预先指示的重要挑战。在第 6 部分和第 7 部分我们详细阐述罗纳德·德沃金（Ronald Dworkin）和阿格涅斯卡·贾沃斯卡（Agnieszka Jaworska）关于自主性的争论，并且论证二者中没有一个完全正确地解决了问题。在贾沃斯卡的部分我们开始勾勒出自己观点的轮廓，并在第 8 部分与第 9 部分中将其具体化。

支持 PAD 的基本道德论证

支持 PAD 的两个基本论证聚焦于痛苦和自主性。前者坚持在痛苦无法被根除或充分控制，并且没有诸如使患者恢复健康的意义时，强迫一个绝症患者在临终前持续承受可怕的疼痛是残忍的。很显然，由痛苦而来的论证不局限于有行为能力的个人；与认知能力更强的人相比，那些痴呆患者可能要承受同等甚至更多的痛苦。由自主性出发的论证关注人们在不受状态干扰的情况下对自身生命走向做出关键决定的权利。在美国，拒绝医学治疗的权利，包括维持生命的医疗手段，是良好地建立在习惯法和里程碑式法院判决之上的，包括昆兰（Quinlan）[7]、克鲁赞（Cruzan）[8]，以及布维亚（Bouvia）[9]这些判例。许多人认为，隐含在拒绝维持生命治疗的权利之下的自主性价值同样包含在选择死亡的权利之中。他们认为，法律允许人们通过拒绝进食[10]或拒绝支持生命的治疗而确定或加速死亡，但不允许他们选择让医生为他们提供一种快速、无痛的死亡是不合理的[11]。

对 PAD 的反对可能基于生命的至高无上、关于医生的合适的角色等观点，或者对于误用和滥用的风险的顾虑[12]。我们不讨论这些反对意见，把那些关于 PAD 合法性的一般性论辩放到一边。我们关注 PAD 是否能够经由用于痴呆情境的 AEDs 来被正当地扩展开来。这样一种扩展可能意味着丢弃全部的要求：同时能力和六个月之内会死亡的预测。现在我们转向荷兰法，在那里 PAD 在这两方面都得到了扩展。

荷兰法

在荷兰，一场激烈的关于严重痴呆症患者安乐死资格的“痴呆症辩论”已经进行了 20 年以上[13]。对要求安乐死的人需要做出自愿选择且经过谨慎考虑这一要求，荷兰医生的传统解读是把痴呆症患者排除在外。之后，在 2011 年 3 月有报道称一名处于严重痴呆中的荷兰女性接受了安乐死。

这名女性的姓名未被报道，但我们会用“洛蒂”（Lotte）指代她。洛蒂 64 岁，是一名荷兰安乐死法律的长期支持者。她在完全有行为能力时写下了预先指示，表达了与进护理院相比更想结束生命的意向。随着时间的推移，洛蒂向她的家庭医生多次重申自己的意愿，该意愿也得到了她的丈夫和子女的支持。随着痴呆症不断恶化，她只能记起指示中极少的部分。然而在与医生的每次谈话中，她都谈到与其住进护理院宁愿结束生命。与此同时，她似乎正忍受着痛苦；她很生气、困惑，时常哭泣。因此，有关医生认为自愿和无法忍受的痛苦的法律要求都已被满足。由于此案非常敏感，五个相关区域委员会都对其进行了审查；所有人都得出结论，认为她的医生的行为符合应有的注意标准。[14]

不久之后发生的事情放大了洛蒂所做决定的意义。2011 年 6 月，荷兰皇家医学协会（the Royal Dutch Medical Association，KNMG）签发了一份重要的立场文件，包括理解 2002 安乐死法案（the 2002 Euthanasia Act）的新指导方针。一个显而易见的顾虑是，把安乐死扩大到早期或晚期的痴呆症患者或慢性精神病上可能出现滥用的情况。KNMG 指出了这一问题，称这类案例尤为困难。“……对促使提出这种请求的考虑以及对痛苦是否确实无法忍受和持久的评估，在这类患者中通常要比那些由于身体问题和疾病而遭受痛苦的患者复杂得多……医生的反应‘需要’十分谨慎和克制……”[15]

除了不可忍受的疼痛，患者的意志在荷兰法中也是至关重要的。新的指导方针指出，即使患者不再有行为能力，自愿要求仍然可以通过安乐死是患者所欲求的证据得到满足。一个人愿望的最清晰的类型之一是经过仔细考虑的预先指示。指示在这个人仍然有行为能力时所书写，围绕当下的状态，并且随着时间的推移被多次重申，尤其是人在痴呆症早期对于在痴呆症中生活意味着什么大概有更清楚的认识。[16]当我们在本文中问有行为能力的个体是否有权利创造 AEDs 时，我们是在考虑符合这些标准的指示，包括在痴呆症早期时做出的重述。

二、痴呆症的阶段和种类

任何对于把 PAD 扩展到痴呆症预先指示的负责任的讨论都需要充分了解痴呆症本身。

痴呆症指的是一种广泛的认知损伤和记忆缺失，其严重程度足以影响日常生活所需的正常功能。痴呆症的范围从轻度到重度/晚期，体现在评价测试中一系列的严重缺失中（例如，分期测试功能评估[17]）。在“轻度”（mild）痴呆症中这种缺失影响日常生活中诸如支付账单、做饭、做家务，以及旅行等活动。处在“中度”（moderate）痴呆症中的人在一些更为基本的日常活动中需要帮助，如选择衣服。在“中重度”（moderately severe）痴呆症中的人难以穿衣服、洗澡、上厕所，并且具有泌尿问题或大小便失禁。“重度”（severe）痴呆症患者每日无法说总计多于 5 个或 6 个单词，或是清楚地说出超过 2 个单词，并且缺少走路、坐下、支撑头部或微笑的能力。对于一个特定的人来说，在某个特定的时间点上，可能会出现通常只表示轻度或中度痴呆的缺陷与一些重度的痴呆结合在一起的情况，这使得在任何特定时间点上从轻度到重度的阶段分配是较为模糊的。

一些程度量表定义了一个更为晚期的“非常严重”（very severe）阶段。在存在已久（自 1982 年起）的“七阶段全球恶化量表”（seven-stage global deterioration scale）中的第七阶段，“所有的语言能力都丧失了……这些患者……上厕所和吃饭都需要帮助。他们……丧失了精神运动技能”，正如似乎大脑“不再能够告诉身体应该做什么”[18]。其他作者则将这一阶段称为“晚期”（advanced），并且补充了无法认出熟悉的面孔或无法行走，并且大小便失禁的说明。[19]

各种痴呆症阶段在人群中的患病率尚未被确切地建立起来。加拿大和澳大利亚的研究表明，65 岁以上人口中痴呆症——轻度、中度和重度——的总患病率锁定在 6%至 7%之间。在这些患有痴呆症的 65 岁以上人口中，1/3 到 1/2 的人患有轻度痴呆，略多于 1/3 的人患有中度痴呆，1/6 到 1/4 的人患有重度痴呆。在 65 岁以上的全部人口的患病率中，这些数字被转换成 2.3%—3.5%的轻度痴呆、2.1%—2.7%的中度痴呆，以及 1.1%—1.7%的重度痴呆。[20]

痴呆症造成的损伤对生活质量的影响在程度上差异很大。精神生活的认知程度当然会被改变，然而痴呆症对于情感气质造成的影响的范围可以从非常消极到积极。有些痴呆症患者持续性受到惊吓，或者在某些时刻极度惊恐，或者焦虑且易怒，甚至具有暴力倾向。另一些痴呆症患者则会明显变得高兴，从参与他们仍旧有能力进行的活动中获得愉悦。

由于丧失的能力多数时候可能会在暂时的清醒中短暂重现，所以痴呆症对人格的影响程度是复杂的。这些时候有可能可以决定个体是否仍然持有之前在预先指示中或贯穿其生活的行动中表达出的信念或价值。患者可能会展示出“以前的他自己”，即使在重度痴呆中也提供了连续人格的证据。

即使是在如阿尔茨海默病这样特定的种类中，要想使得为未来痴呆状态所做的预先指示能够有较为周全的信息，也必须考虑痴呆症的多样化和不可预测性。没有人能提前知道他会处在“快乐的痴呆”还是可怕的惊吓不安中。这些限制可能会影响一份预先指示的知情程度，从而影响到它能承载多大的道德权重。

三、残疾批评（the disability critique）

写下一份应用于痴呆症的知情的AED的困难不只来自痴呆症阶段及其影响的难以预测的变化。残疾社群的成员有力地陈述了一个相关问题：人们总是期望可以找到一个特定的残疾状态是“无法忍受”的或“比死还糟糕”的，但只有在他们真正经历的时候才能发现这个状态，而且它并不像他们想象的那么糟糕。

这一部分可能是因为对于生活会是何种面貌的想象的失败。人可能只关注自己会失去怎样的能力和愉悦的体验，而不能意识到生活在永恒的当下中的积极方面。举例来说，罗伯特·莱勒（Robert Leleux）写了有关他祖母乔安（Joann）的故事。乔安与自己的女儿关系疏远。当患上阿尔茨海默病时，随着记忆和时间感的丧失，积怨与陈年的受伤感也消失了。她只是忘记了让自己生气的事，并且和女儿重归于好。[21]

一个与此有关的方面是“适应”（adaptation）现象，这在心理学文献中得到了多次确证。[22]当人们经历了面对变得残疾而丧失主观幸福感时，在相对较短的时间内他们往往能重拾与此前程度相当的快乐。另外，适应可以被培养。一个在对预期的适应一无所知的状态下写出的AED可能似乎是不完全知情的，并且因此具有更少的道德力量。

残疾批评的另一个方面关注来自无知和偏见的态度。开明的人不再把带有严重残疾出生的婴儿称为“怪物”。家长们不再被例行建议把他们患有唐氏综合征的孩子放在机构中，或者被告知他们的孩子再也不能走路、学习，或者认识自己的父母。一些对痴呆症的反感，尤其是对失禁、流口水、丧失行动能力，以及对痴呆症带来的依赖性的反感，可能源于同样不开明的态度。[23]

除此之外的一个事实是，一些人毫无疑问把活在痴呆症中看作是比死更糟糕的命运，这是因为护理院常常被令人惋惜地描述成条件不佳的地方。不用说，这样的状态是不可接受的，需要采取措施改善痴呆症患者在这些方面的生活状况。

然而，以死亡来避免持续的痴呆症的愿望，不需要来自无知和偏见、缺乏想象、不能欣赏到适应中的好处，以及对于糟糕的护理院照料的恐惧。正如后文即将清楚阐述的那样，它可能是基于有关一个人生命意义和叙事的深刻信念。当它是这样的时候，它值得被尊敬。此外，痴呆症对自我有深远的影响，这使得痴呆症和其他残疾的情况有所不同。

这种对比是阿希（Asch）在解释有多少患有对自身影响深远的残疾的人可以通过被帮助过上充实而有意义的生活时说出的：

> （有了）私人助理，他们住在自己的房子里，或是和家人朋友一起。他们生活在社区里，而不是机构中。他们有工作，参与志愿活动，拜访朋友……而且普遍参与正常的家庭、公民、社交生活。轮椅并不禁锢他们……而是解救他们……使用私人助理的服务和技能帮助他们上下床……或是去下一场约会，并不比非残疾人更加感到耻辱或尴尬……重视技工的专业技能……[24]

这些很少被应用在重度痴呆症中。他们没有工作，不参与志愿活动，或者与家人朋友的社交活动。另外，决定一个人的生命应如何继续下去的有关自身利益的想法，包括它如何结束，是“暂时有能力的”（temporarily-abled）人和残疾人共同享有的。

四、预先指示：德雷瑟和罗伯逊的挑战

对 ADs 更深层且更普遍的反对意见是，使 ADs 生效的条件，即无能力参与医疗决策，往往极大地改变了个人的利益，从而削弱了指示的权威性。丽贝卡·德雷瑟和约翰·罗伯逊据此批评了被他们称作美国法庭的“正统方法”（the orthodox approach）的进路，即在先前有行为能力的患者那里撤销或者终止医学治疗。[25]

在正统方法中，有行为能力的患者有权拒绝医学治疗，包括挽救他们生命的必要治疗，而且当他们变得无行为能力后也仍然保有这种权利。法庭进而“假设对无行为能力患者的尊重，要求给予这些患者和那些有行为能力患者同等的拒绝治疗的权利”。[26]拒绝治疗是基于患者个人的意愿，或者通过预先指示说明，或者通过患者指定的代理人或家人及亲友决定。据称，这既尊

重了现在无行为能力的人的自主性，也避免了过度治疗——患者不想要的治疗。

德雷瑟和罗伯逊认为这种方法建立在虚构之上。现在无行为能力的人不是一个有自主性的选择者；制定预先指示的那个有自主性的选择者不存在了。此外，现在我们面前的无行为能力的个人可能与之前有着较为不同的利益。他可能不再有像之前那样保持控制权和自主性的利益，或不依赖照顾者，避免成为照顾者的负担。“一个对于有行为能力的人来说似乎是降低身份且不可接受的存在可能对于无行为能力的患者仍然具有价值，后者的能力、欲望和利益被极大地收窄了。”[27]

在某种程度上，德雷瑟和罗伯逊对正统方法的批评基于认识论的考虑：“即使可能做到，有行为能力的个体想要预测他们未来在无行为能力时治疗的处境中的利益也是困难的，因为他们的需求和利益会发生根本的改变。”[28] 他们还认为强调心理连续性（psychological continuity）的哲学同一性理论可能被用来支撑他们的观点。例如，德里克·帕菲特（Derek Parfit）[29] 认为一个人的生命可以由一系列连续的自我组成，并且随着个体经历、信念、欲望、记忆和意图的重大变化涌现出新的自我。如果连续的自我不是同一的，先前的自我之于之后的自我的权威就是值得怀疑的。

五、同一性（identity）是问题吗?

撰写指示的人是否与后来那个患有痴呆症的人完全是“同一个人”，从而使指示在新的状态下具有权威性？德格拉齐亚（Degrazia）简明易懂地把这个问题称为“其他人”问题。[30]

如果心理连续性是“号数上的同一性”（numerical identity）——使人随着时间的流逝仍然是同一个人——的基础，那么人的信念、欲望和顾虑发生的剧烈变化能够影响同一性本身。并且如果后者和之前写预先指示的人不是同一个人的话，为什么之前人的愿望可以控制将要发生在后来的人身上的事？总体而言，心理学的解释由此威胁到了预先指示。毕竟，触发预先指示的事件是丧失行为能力，尤其在罹患痴呆症时，可能会涉及足以影响同一性的剧烈变化。

玛戈（Margo）的案例充分说明了痴呆症中的一个完全不同的自我的现象，这个案例因为罗纳德·德沃金[31]的文章而受到广泛关注。安德鲁·菲尔利克（Andrew Firlik）是一个医学学生，曾多次拜访阿尔茨海默病患者玛戈。每一次到来玛戈都表现得好像认识他一样，尽管从没使用过他的名字。她说她阅读神话，但是菲尔利克注意到“她读的地方每一天都是随意跳跃的……她自己坐着发出嗡嗡声就感觉很好，随意地打盹，偶尔换到新的一页”。参加为痴呆症患者举办的美术课时，她实际上每次都画一样的画。她在简单的动作中获得充足的快乐，比如吃掉花生酱果冻三明治。菲尔利克写道：“不考虑疾病的话，或者可能正是因为这种病，玛戈显然是我见过的最快乐的人。”[32]我们对玛戈过去的生活和关注的事物知之甚少，但它们无疑与她现在的生活和关注的东西不同。尽管这种前后差异相当之大，但现在是否使得她成为了一个不同的人？

预先指示概念背后的基本直觉是，它们代表了人们对自己之后生活的控制的声明；未表达出的假设是，无行为能力的个体和先前有行为能力的个体是同一个人。违背这一普遍的假设会造成各种各样的困难，尤其是在法律上，有些甚至是德雷瑟和罗伯逊承认的。[33]从实用的角度来看，与任何心理连续性标准相比，基于那些划界问题和主体间相互区分的困难，身体的同一性（bodily identity）作为同一个个体的身份（same-individual identity）的标准有着巨大的优势。[34]从人际关系的角度看，人们在遵守合约、责怪或者表扬他人、识别罪犯和刑事责任等活动的时候使用身体上的同一性。[35]当然，人们同样会谈到“变成一个不同的人”，但他们通常指的是*性格*（personality）变化，而非从一个人的存在中脱离出来变成另一个。因此，作为一个探讨 ADs 的权威性的现实框架，我们将假设玛戈（举例来说）从号数上来说和患痴呆症前的她是同一个人。然而，考虑到由痴呆症所导致的性格的巨大变化，这一点并不能解决她的 AD 的道德权威性的问题。

跟随德格拉齐亚[36]和谢特曼（Schechtman）[37]，我们把这些和性格相关的维度看做“叙事同一性”（narrative identity）概念的一部分。完整的自我涉及这种同一性，而不仅仅是号数上的同一个个体的连续性。“你是谁”的问题需要一个与通常被用于号数上的同一性不同的回答：一些关于过去、经历、信念、价值和其他使得你成为你的心理特征。在身份的叙事角度，人们作为记忆和期望的持续性主体进行思考并产生出关于他们生活的自传式的叙事（“故事”）。这并不需要复杂的或哲学上的反思。即使是意识能力减退的人，也常常对自己的生活有第一人称视角的看法，包括记忆和预期。

尽管随着叙事同一性的大量减少，玛戈发生了巨大的变化并且变得更加不自我，但她没有被其他叙事元素替代，玛戈（现在患有痴呆症）仍然是玛戈，是之前写下预先指示的那个人。即使采用帕菲特式的理解，同一性的心理连续性观点因此被否定，玛戈仍然是玛戈，然而德雷瑟和罗伯逊的重要挑战依旧存在：玛戈的利益是否在痴呆症中变化得如此剧烈，以至于她之前的指示不再有意义，应该被忽略？

六、德沃金的观点：自主性和最佳利益

罗纳德·德沃金[38]承认在痴呆症中人的利益可以发生巨大的变化。但他同时坚持这并不能削弱预先指示的道德权威性，包括关于安乐死的指示。在这一部分我们将会解释德沃金对经验利益和关键利益做出的区分，以及它们在他有关 AEDs 的辩护中起到的作用。

自主性与关键利益

自主性指的是正常的成年人具有的做出关于自己生命的重要决定的*能力*，以及为自己做出此种决定的*权利*。由于婴幼儿缺少权衡不同且常常互相冲突的因素并做出自己决定的意识能力（mental capacity），把这种自主权利给他们毫无道理。同样，呼唤对从出生起就受到严重损伤，从未具有行为能力的成人的自主性的尊重也是荒谬的。在这种情况下，做出决定的相关基础是最佳利益。

对于曾经有行为能力而现在无行为能力的人而言情况则是不同的。他们在还是有自主性的选择者时具有的信念、欲望和价值组成了德沃金所说的“关键利益”（critical interests）。这些是二阶的利益，涉及某种层次的思想和反思。举例来说，它们包括有关“总体来说什么能帮助创造一个好的生活”的信念。[39]它们和其他一些价值有着这样一些事态作为其对象：这些事态是当人们不再有行为能力或不再活着的时候获得的。经验利益（experiential interests）只有在一个人正在经历时才能持续存在，而关键利益则不被局限于有意识的体验。无论是否被满足，甚至是在一个人不再经历它们之后，关键利益始终存在着。

因此，尽管去世的人和那些在持续性植物状态（persistent vegetative state，PVS）中的人不再有经验利益，他们仍具有关键利益。如果有人在乎自己的财产、家庭或声誉在死后发生了什么，他就在这些事上拥有关键利益。违背他的意愿安排他的财产，违反预先指示的条款，在他死后不公正地玷污他的名誉——这些都是在伤害和不公正地对待他人。我们能做出这种类型的判断就是那些非经验的、关键利益存在的证据。

去世的人和永久无意识的人只有关键利益，而痴呆症患者同时拥有经验利益和关键利益，而且两者可能相互冲突。[40]设想玛戈写了一份有力的预先指示，其中明确要求在与她现在的痴呆症同等或更为严重的任何程度的痴呆症中实施PAD，但现在的生活里她是一个十分快乐有活力的人。她现有的对于活着的经验利益和不在痴呆症中生活的关键利益的矛盾该如何解决？根据德沃金的观点，对自主性的尊重要求我们尊重AD，因为它代表了"对他想要过的生活的大致轮廓的一种判断"[41]。忽视AD，用牺牲一个人的关键利益去满足他的经验利益，是对其自主性的侵犯。特别是"使某人以其他人认可的方式死去，但这种方式却被他视作自己生命中可怕的矛盾，是一种毁灭性的、可憎的专制形式"[42]。

最佳利益

然而在德沃金看来，为了满足一个人的经验利益而牺牲她的关键利益，不仅是对自主性的侵犯，还是对于什么是她的最佳利益的曲解。

假设玛戈之前描述过预先指示，并在自己有行为能力的时候写了下来。如果我们只考虑她的经验利益，我们就不会遵循指示。玛戈现在很快乐，享受自己的生活，而且大概不记得自己写过AD。然而根据德沃金的观点，对玛戈最好的不是由她的经验利益决定的，而是她在有行为能力时就形成的关键利益。

> 如果我在有能力时决定不在严重和永久的痴呆状态下继续活着对我

> 来说是最好的，那么被委托人只能通过行使一种不可接受的道德上的家长制来反驳我……一旦我们排除了这种形式的家长制——一旦我们接受我们必须像玛戈在有能力这样做时那样判断她的关键利益——那么自主性和有益之间的冲突似乎就会消失。[43]

关键利益不只反映了自主性对于完整性和反思的、二阶欲望的关注，在构成什么是一个人的最佳利益时，它们超过甚至战胜了经验利益。关键利益在二阶的程度得到加强，它们是人最重要的利益，是关于究竟什么对他们来说是最紧要的利益。因此德沃金总结认为，玛戈的最佳利益和自主性支持是对她的 AD 的遵循。

七、贾沃斯卡的批评：新的关键利益

贾沃斯卡同意德沃金认为关键利益占支配地位的观点。她解释道：

> 在一个普通的有行为能力的人的案例中，当他的关键利益（他的判断和价值）与他的经验利益（将会为他带来最好的精神状态的东西）产生矛盾时，我们毫不犹豫地把优先权给他经过慎重考虑的价值和判断，而且我们承认总的来说，这对他是最好的……对于痴呆的人来说情况也是一样的：在他正在发生的经验利益和关键利益中，优先权同样给后者。[44]

贾沃斯卡不同意德沃金的地方在于痴呆患者产生出新的关键利益的能力的问题，包括那些有关生命价值的。这种冲突因此不只是经验利益和关键利益之间的（在这种情况下关键利益胜出），同时也是新旧关键利益之间的矛盾。

为了表明患有痴呆症的人可以产生出新的关键利益，贾沃斯卡呼吁把价值和欲望区分开来。欲望是更基础的，是一阶的概念。相反，价值涉及反思。我们并不总是重视我们所想要的——想尝试打破一种习惯。重视某件事不仅仅是想要它，而是认为它是好的，是一种二阶的评价。对德沃金而言，要想形成关键利益，一个人必须具有什么使得生活——一个人自己的生活——整体是好的的信念，但这正是贾沃斯卡所否认的。在她看来关键利益来自于“关于拥有什么是好的的信念，这种信念不需要理解或者回顾一个人的一生的能力”。[45]

贾沃斯卡提供了 D 夫人（Mrs. D）的例子，她被诊断出可能患有阿尔茨海默病，现在属于中度到重度损伤。D 夫人自愿参加了医学研究，并且这样解释自己的决定：“……我可以说‘不’，但是相信我，如果我可以帮助我自己和我（后来的）那些人，我会做的。”这说明 D 夫人考虑了自己的决定并且认为拒绝是错误的，这是一个很明显的二阶活动。D 夫人不只有欲望和经验利益，她还有价值。贾沃斯卡写道，“……在患有痴呆症的情况下，只要（这个人）还拥有价值，他就是……有能力自我管理的”并且可以形成新的关键利益。[46]

贾沃斯卡的重点在于通常发生在痴呆症患者身上的是他们价值的*改变*。鉴于他们的能力不断下降，得了痴呆症的人：

> ……有欣赏和感激……单纯的愉悦……的自然倾向。因而，在患有阿尔茨海默病之后，即使是之前趣味高雅的知识分子，也开始重视，或者更加重视听音乐、做园艺、瑜伽、简单的艺术创作、给孙辈讲别出心裁的故事的快乐……[47]

贾沃斯卡认为，这种改变对于评价预先指示的效度是至关重要的。一个人写 AD 对处于永久无意识状态下的自己的治疗是一回事，写一份应用于痴呆症的 AD 又是另一回事，因为在前者中后期并不存在当前这样活动的行动主体，AD 有着充分的权力；而在后者中评估者仍然存在，尽管他的利益已经与之前不同。“……执行痴呆症预先指示的人更像是一个预料到自己的价值观在未来会变差的人，试图通过让别人承诺在未来某个时间违背他的意愿执行他目前的价值观来让未来的自己遵守他的价值观。”[48] 贾沃斯卡提出问题：什么能够为先前价值的特权提供辩护？我们当中很少会有人愿意保持自己十几或二十几岁时拥护的价值观。罗杰·达尔特雷（Roger Daltrey）在 21 岁时唱到“希望我在变老之前死去”[49]；他在如今 68 岁的年纪不大可能还抱有这种想法。那么，为什么痴呆的人应该保持她不再抱有或记得的价值呢？

贾沃斯卡认为，德沃金没有意识到痴呆症患者产生新的关键利益的能力。然而，在对关键利益做出如此不同的解释时，德沃金和贾沃斯卡很大程度上是在自说自话。对于贾沃斯卡，任何有能力产生二阶欲望的人都是价值评估者，而且正因如此他们也有能力产生新的关键利益。对德沃金而言，关键利益并非只是任何价值或二阶欲望；它们固有地涉及如性格特质、终生的信念等概念，以及“什么使得生命整体上是好的”的观点。因此，贾沃斯卡没有证明德沃金认为痴呆症患者不具有形成新的关键利益的能力这一观点犯了*事实错误*（*factually mistaken*），而是提供了关键利益的一个新概念，这个概念并没有处理德沃金提供给其重要性的那些原因——它们根植于性格、终生的信念，以及一个人把自己的生命视作整体时的价值。

然而，贾沃斯卡正确地指出一个人的价值观和自我概念是可以改变的，而且是彻底改变的，当然是在一生中，也许是在痴呆症中，至少在早期阶段，人们开始欣赏以前不感兴趣的活动。这是贾沃斯卡极富才智的祖母的力量，我们将称她为海伦（Helen）。她对瑜伽、园艺、简单的艺术创作和讲故事的新欣赏，不仅表明了新的价值观，而且也许是对什么是生活的价值的心态的改变，即使她不再有足够的记忆来考虑她的生活的整体。

我们说“也许”，是因为海伦具有某种新价值观和对某些活动的新的欣赏的事实并不是她在痴呆症中改变了自己关于生命价值的想法的确凿证据。它可能表明她仍然具有改变关于AED想法的能力，但这种能力与她没有实际上改变想法的关联性是有限的（我们将在第9部分中进一步讨论想法的变化）。此外，即使海伦在她所描述的状况下，可以合理地被解释为改变了她的想法，但在某些时候，痴呆症患者无法在相关意义上改变他们的想法。正如罗恩·伯格曼斯（Ron Berghmans）尖锐指出的那样，患有痴呆症，“……在你最有可能‘改变想法’（关于你的指示）的时候，你已经没有足够的思维去做出改变了”[50]。在那时痴呆症患者的唯一关键利益是之前产生的。如果贾沃斯卡关于玛戈落入了某人有能力产生新的关键利益的分类的论断[51]是令人信服的，也是因为玛戈不是重度痴呆。贾沃斯卡的批评至多适用于那些轻微或中度痴呆的人。

对于一个患有严重痴呆症的人来说，分析是非常不同的，他不再有能力进行任何形式的评价，当然也不会产生新的关键利益。这是一个有关被我们称作露丝（Ruth）的人的案例，她患有重度痴呆症。露丝不反思自己的欲望，或者认为它们是好是坏；她只是简单地拥有它们，就像一个婴幼儿一样。露丝并不像玛戈一样积极参加各种活动，但她也没有像洛蒂那样饱受煎敖（在第 1 部分中描述的荷兰女性）。实际上，露丝表现出了快乐的种种迹象，或者说至少是满意的。她吃得开心，经常微笑，在被抚摸和交谈时发出明显的赞赏声，而且她很享受拥抱自己的毛绒玩具。

假设露丝有 AED，并且反复重述过要求在她变成重度且永久痴呆时停用一切维持生命的救助以便自己能够结束生命，但如果实际情况是她根本不需要生命维持救助，也就无法通过停用救助来协助她死亡，我们还应该遵循她的指示吗？德雷瑟和罗伯逊会说不，因为他们关注露丝现在的利益。出于对她的自主性的尊重和最大利益的考虑，德沃金大概会说一个人的最大利益根本上是由其关键利益决定的。我们并不完全清楚贾沃斯卡对这个问题会做出什么回应，因为她没有考虑到这种情况。鉴于她同意德沃金在决定最大利益时关键利益胜过经验利益的观点，在这里她似乎会同意德沃金的观点，并将露丝看作一个应当遵从 AED 的案例。不管露丝如何高兴，她并不重视自己的满意；因此，即使对贾沃斯卡来说，她也不会产生新的关键利益，而这些关键利益可能与她仍然拥有的、在她的 AED 中表达的利益相冲突。

在这一点上我们可以看到除了对于关键利益的根本性分歧，德沃金与贾沃斯卡之间的辩论取决于他们各自给出的关于痴呆的不同的描绘。贾沃斯卡倾向于关注那些处在早期痴呆和痴呆症中间阶段的人。早期的代表是她举的患有阿尔茨海默病的朱利安（Julian）的例子。在一次晚宴上，朱利安将因其在科学领域的成就而受到表彰，他想做一个致谢演讲。当他想写的时候，他只能写出一些不连贯的短语。然而，通过耐心地与他谈话，他的妻子能够写出他想要的演讲稿，讲述他为什么热衷于科学，但现在要结束他的工作。“他需要他的同事知道他为什么离开。他也想让他们知道，阿尔茨海默病患者仍然是‘普通人’。”[52]

尽管这个例子很动人，但显然没有为德沃金的观点提供一个反例。朱利安的问题不是他不能反思自己的终身价值，或者他的性格特质发生了巨大的变化。他唯一的问题在于不能找到词语来表达他的想法和价值。因此尽管朱利安在生活的很多方面需要帮助，但严格来说他是自主的，正如德沃金一定会承认的一样。我们不知道朱利安在早期的生活中对于痴呆症的态度是怎样的。但是，即便他曾经有一次认为变得痴呆是无法忍受，并且使得生活变得不再值得继续的，他关于想要人们知道阿尔茨海默病患者仍然是“正常人”

的评论还是暗示了他可能改变了想法。像朱利安一样的人*能够*在生活值得过下去时改变想法。与露丝不同，他改变了想法。

与朱利安明显不同的，海伦或者玛戈，是德沃金关于晚期阿尔茨海默病患者的角色刻画：

> 晚期的患者……基本上失去了他们早年生活的全部记忆，并且除了偶尔以碎片化的方式，不能认出或是回应其他人，甚至是那些之前与他们很亲近的人。他们可能不能说出两个以上的词。他们往往失禁，总是跌倒，或者根本不能走路。他们没有能力维持计划、项目或欲望，即使是非常简单的结构……一位专家把这种退化的发生描述为“逐渐而不可抵挡的，通常导致（患者）在发病 4 到 12 年后，在严重衰弱、无法移动的状态中死亡”。[53]

显然，在晚期进行性痴呆症中的患者不再具有任何程度的自我管理能力和自主性。

但这对于他们的价值和道德地位来说要紧吗——它应该要紧吗？这些人当然还有价值，必须被有尊严地对待，而且有资格被尊重。尽管适用于痴呆症的尊严概念和现在的能力更为相关。我们尊重一个人，部分是因为她曾经是谁——一个自主的、自我建构有自我意识的叙事性自我，也因为她仍然具有的叙事性身份。但我们尊重这个人，同样是因为她在晚期痴呆症中剩余的意识，也因为她在人际关系中持续的角色。痴呆症患者仍是某人的丈夫或妻子，某人的母亲或父亲、祖母或祖父。痴呆症并没有把人从人类家庭，或者他们更直接的家庭中驱赶出去。

在德沃金和贾沃斯卡关于谁拥有新的关键利益以及能够在相关的意义上“改变主意”的问题的基础上，另一个问题因此保留：我们如何能最好地证明对有 AED 的痴呆症患者的尊重——通过遵循指示还是忽视指示？在后面的部分我们主张由于许多复杂的因素，对这个问题没有是或否的回答。

八、在痴呆症中生活的价值

心理连续性和叙事同一性两个因素从根本上影响了在痴呆症中生活的价值。

在重度痴呆症中，经验利益还保留着，但很少有期望或者记忆。没有了它们，一个人主观生活的心理连续性就是微弱的。这对那些继续存在的人的利益而言有着极为重要的意义。[54]这个人生活在一种永恒的现在之中，没有展望他的未来存在或者想要它的能力。在这种状态下幸存的价值*在这一时刻对于这个人*被极大地削减了。考虑露丝的情况，她的愉悦从多种多样的体验中得来。在最原始的感觉上她想要获得这些体验，并且从这个意义上说她想继续活着，因为活着是她拥有这些体验的条件。但是不能说她重视自己的生存，或者说因为其继续存在而有着一种重大利益，因为认知缺陷使她无法预料到这一点。作为她的未来存在，生存对她来说现在无关紧要。而当她真的到了她无法预料的未来那一刻，她也无法将其视作*她的生存*，因为她对早先的存在没有记忆。

在这一方面，她和婴儿具有可比性。然而，婴儿是在快速成长为一个将与自己的未来有着强烈心理联系的存在。相比之下，露丝的心理连续性会逐渐变弱，而随着这种变弱，她自己继续活着的利益也会随之减少。对玛戈来说也是如此，尽管玛戈的经验性利益——她对于种种活动的享受、她生活的能量——比露丝要大得多。玛戈要继续活下去的经验利益与她不活在痴呆症中的关键利益的冲突，正如在其 AED 中表述的，比露丝的例子中的冲突更为强烈。

有一个人出现了不同的情况，我们把他称作沃尔特（Walter），沃尔特患有和洛蒂与露丝一样严重的重度痴呆症，但他既没有受病痛折磨（像洛蒂表现出的那样），也不是一个“快乐的痴呆者”（像露丝一样）。沃尔特已经丧失了感受性。他没有表现出从活动和体验中获得享受，这种状态在痴呆症末期并不少见。和露丝一样，他生活在永恒的现在之中，但和露丝不同的是，他似乎不能从自己的体验中获得快乐。因此，沃尔特现在的经验利益并不与他不生活在重度痴呆中的关键利益相冲突（假设他也有一个明确的 AED）。

没有理由忽视他的指示。

除了心理连续性在一个人生存利益的强弱中起到作用外，叙事同一性同样影响着在痴呆症中生活的价值。生命的主观的个人价值不单是作为一个特定的生物有机体继续存在。如果是的话，我们继续生活在 PVS 中将有很重大的利益，根本没有任何主观的体验或者意识。然而对于大多数人来说，在被诊断为 PVS 的状态中生存的价值（至多）是零。除了极低的恢复意识的可能性，对一个人来说继续生活在 PVS 中根本没有价值。对很多人来说关键的不是简单地作为一个生物有机体存在，而是作为一个有意识的生命存在。此外，我们继续存在的利害关系在很大程度上是作为我们所设想的个人而存在的，也就是我们的叙事性身份。未来离我们构想的自己和我们生活的故事——我们的个性、承诺、价值——越远，我们在其中的利益就越弱。这种利益甚至可能是负面的。对许多人来说生活在重度痴呆症中毫无价值，甚至是可怕的，是因为他们想到自己将失去这种身份：他们不再是自己，但其他人不得不把他们联系在一起。所以比起失去叙事自我，他们更愿意接受生物学上的死亡。

总而言之，如果经验性的利益，如正在经历严重和不可避免的痛苦的人的例子中那样，与之前在 AED 中表达的关键利益不冲突，那么尊重指令的情况就很清楚。困难的是那些经验利益与关键利益真正冲突的情况。在这种情况下，我们对有 AED 的痴呆症患者体现尊重的最佳方式，是遵循指示，还是忽视它？在下一部分中我们概述了必须考虑的因素，并提供了一个权衡这些因素的浮动量表。

九、在重度痴呆症时实施 AED 的理由

人们如何结束生命是他们生命意义的一个重要部分。对人的尊重包括让他们控制这种结局。预先指示使他们能够做到这一点，而且一般来说应该得到遵守。在这一点上我们同意德沃金和罗登的意见。

然而，不是所有的预先指示都有同样的道德力量。基于对事实的现实评估并反映个人持久价值的经过深思熟虑的 AED 比不具备这些特征的 AED 具有更大的道德力量。想要通过预先指示来避免重度痴呆症的人必须让自己了

解痴呆症的各个阶段，以及在这些阶段的生活会是什么样子。这就包括了这样一个事实，即很可能无法知道一个人会快乐地痴呆，还是会恐惧、焦虑和困惑。在指示中人们必须对其特定指示所针对的痴呆症阶段和情感特征表达清楚。在痴呆症相对早期的阶段，当人仍然能够理解指示时，重申指示能够增加其道德重量。所有这些都给想要写针对 PAD 的预先指示的人增添了负担，而且是不合理的负担。[55] 毕竟 AED 给其他人带来了沉重的负担：它要求他们结束一个人的生命！

经过慎重考虑的 AEDs 不应该仅仅是偏见或不假思索地认为痴呆症患者的生活是不折不扣的恐怖，他们也不应该表达其他类型的公然不合理的偏好。对于迪格尼塔士（Dignitas，瑞士一家满足外国人来瑞士进行安乐死的机构）的创建者路德维希・米内利（Ludwig Minelli）而言，人们为什么想结束生命并不重要；唯一的价值是自我决定。[56] 相反，我们认为这很有关系。正如罗登所指出的，“当他们开始说，‘如果我不能做高等数学就杀了我’，我们就不得不认真地担心先前的自主性的局限”[57]。

即使指示是在对痴呆症有充分了解且不带偏见的情况下撰写的，使用 PAD 来避免生活在痴呆症中的实质性问题也没有一个简单的是或否的答案。在第 7 部分讨论过的一个复杂的因素是，那个宁愿死亡也不愿生活在痴呆症中的 AED 作者有可能会改变想法。如果想法真的发生了改变，那么把她与她之前的价值捆绑在一起就是错误的。可以说，海伦就是这样一个人。[58]

贾沃斯卡把玛戈看作一个改变了想法的例子。但是从玛戈明显地享受生活这一事实来看，她是否已经改变了对痴呆症患者的生活价值的看法？有人可能会认为玛戈对各种活动的享受证明现在的生活对她而言有一定的价值，而这是她在写 AED 时没有料到的。在这种解读中，玛戈改变了有关相比活在痴呆症中宁愿死亡的想法。如果是的话，让她坚持之前的价值观显然是错误的。然而我们也可以说，虽然玛戈还保留着享受的能力，但她已经没有认知能力去考虑或反思什么才是她整个生命的价值，因此她没有能力修改或拒绝她在 AED 中表达的先前的价值观。

在最后的分析中可能并不清楚玛戈是否就生命的价值改变了看法。但是要注意，她可以在写 AED 时澄清这一点。设想玛戈特意在指示中提到在痴呆时她有可能会有一段时间享受自己的生活，但是即使在这种状态下她也想要结束生命，因为考虑到最深层次的价值观和性格特质，她将死亡看作是比在愉快的痴呆中维持生命更可取的事。一旦变得痴呆，她就不再记得自己写的 AED，但 AED 表达了玛戈反思的偏好和相关的关键利益。对玛戈自主性的尊重支持对她的 AED 的遵从。

但是在这种情况下对玛戈的决定比上述情况更困难，因为自主性并非唯一要考虑的因素，玛戈在继续生活中同样也有经验利益。她越快乐，她活着的经验利益就越强烈，就越难证明结束她生命的正当性。

更进一步的考虑是遵循一个快乐的痴呆者的 AED 是否能被社会容忍。协助死亡不仅仅牵涉接受者一人，它还涉及参与的医生个人，以及整个医学界，因为它为负责任的使用提供了指导方针和保障措施。作为痴呆症患者人际关系中的一部分，同样还涉及朋友、家人和其他照顾者。允许人们接受协助死亡的决定是一种社会决定，因此在决定是否允许协助死亡以及在什么条件下允许协助死亡的时候，社区的价值观发挥作用是完全恰当的。简而言之，我们是否希望社会成为这样一个社会：在这个社会中，当有人仍然享受他们的生活且他们很显然希望继续这种生活时让他们死亡？

德沃金自己也承认拒绝遵从某个快乐的痴呆者的 AED 有正当理由，即我们可能拒绝生活在一个官员执行这种指示的社区。[59]德沃金只是坚持认为，如果拒绝执行这一指示的正当性是可辩护的，"……我们不能声称是为了*她的*利益而行动"[60]。正如在第 6 部分中提到的，德沃金认为，当我们考虑快乐的痴呆者的关键利益时，我们意识到从各方面考虑，执行指示*符合*她的最佳利益。

我们同意德沃金说的执行玛戈的 AED 会尊重她的自主性，但我们怀疑这是否是她的最佳利益。德沃金认为答案是肯定的，因为根据他的观点，关键利益一贯是胜过经验利益的。但对于*一贯*的论证是什么呢？[61]为什么有着充足数量和强度的经验利益不能胜过更少或者更弱的关键利益？即使我们承认有一种基于自主性的权利，可以选择不作为一个快乐的痴呆者生活，但坚持认为一个快乐的痴呆者如果仍然对生活有真正的热情，那么他最好还是死了，这是不可靠的。

当个体在经受严重而且不可治愈的痛苦时遵从 AED 的理由是最充分的，正如洛蒂的例子那样。但是我们同样拒绝完整的荷兰标准。难以忍受的痛苦可能是自愿安乐死的充分条件，但它不应该是必要条件。想象一下沃尔特，他既不快乐也不悲惨，留下了一份清楚且经过慎重考虑的 AED。即使玛戈被认为有能力改变她的想法——这一点我们没有解决——像沃尔特这种情况的人肯定是不行的。像他一样处在痴呆症晚期时是没有足够的思想用来改变的，因此仅存的被用来考虑的价值只有之前那个有行为能力的人的价值。在沃尔特具有自主性并且把自己的一生作为一个整体进行反思的时候，发现死亡相比于完全依赖他人生活的前景更可取，这种生活中没有其他补偿性的愉悦，不能认出家人和爱人，更别提跟他们对话了，而且耗尽了所有他最后很想留给特定的人和事业的资源。此外，设想一下他在生命的最后阶段反复重申了那个选择，包括在轻度痴呆的时候。那么他的选择应当被尊重，这既是对他自主性的尊重，也是认识到他继续活着的利益正减缩到微不足道。坚持沃尔特正在经历“无法忍受的痛苦”只会是论证实施其 AED 的正当性的一个借口。实施它的正当性不在于他正在遭受痛苦。其正当性在于他从未想要生命以这种方式结束，以及他现有的继续生存的经验利益没有大到能够正当地忽视他之前的愿望这两件事的综合。

这些多样的考虑可以通过把道德情境视作一个浮动量表来汇集，在这个量表中，自主性和享受能力都得到了考虑。[62] *一份针对PAD 的预先指示，由一个知情的、有行为能力的人书写，随着这个人产生新的关键利益和享受能力的下降而获得权威*。即使在没有痛苦的情况下也是如此，就像沃尔特一样。相比之下，如果一个人仍然保持着重视和产生新的关键利益的能力，并且有各种迹象表明她在享受生活，那么 AED 的权威就会降低。这一点在海伦和玛戈的例子上得到了体现。在这些情况下，不遵循 AED 或许显得是为患者的最大利益考虑。另外，在此类情况下反对执行 AED 的社会原因是决定性的。很难想象一个有同情心的医生愿意参与杀死一个仍然活跃在活动和关系中，既不想死也不记得自己要求被结束生命的患者。

然而在应用这种量表时，可以为露丝提供一种实施 AED 的理由。露丝不像玛戈那么快乐，也不像海伦展现出的那样对生活有很大热情。但她的生活中并非没有愉悦和享受，就像沃尔特的一样。应该遵从露丝的 AED 吗？这取决于相关的关键利益和经验利益的强度。如果露丝不生活在痴呆症中的想法很强烈——比如说像洛蒂一样——她的 AED 就应当被遵从，因为她继续活着的经验利益相对来说比较弱。在这个方面，露丝与玛戈或海伦都十分不同。因为她的痴呆程度比海伦和玛戈都要严重，她自己生存的利益更小。因此，如果露丝有强烈的愿望，不希望在严重的痴呆症中活着，因为这与她对自己生命的观念相违背——她坚信自己没有改变，也不再有能力改变——那么就应该尊重她的自主性，并尊重她的AED。

对于像露丝这样的人来说，可以十分有力地做出这种判断。如果只允许对沃尔特那样的人实施AED而不对露丝这样的人实施的话，就会对自主性和最大利益之间的平衡说一些惊人的、不可接受的说法。在露丝的指示中，自主性和有关某人整个生命的问题是明确的，它们不会被任何她现在具有或表达出的新的价值所削弱或修改。如果坚持认为即使如此，这些价值仍然被对她来说大大降低的生存价值所抵消，那就等于说自主性以及对一个人的整个生命的深刻信念是非常不重要的——事实上是如此不重要，以至于我们会把无能力但以前有能力的人当作一个从来没有过能力的人来对待。因此，从沃尔特（我们应该实施他的AED）回到露丝的路径很清楚：露丝的AED我们也应该实施。

不过现在，另一个方向的比较需要我们关注：从玛戈到露丝。我们曾怀疑过玛戈的AED是否应该被实施。她或许有新的关键利益，尽管可以说微不足道，但这与由她的AED所代表的关键利益相矛盾。作为一个价值评估者，她仍有少量的自主性和自我管理能力。最重要的是，她的生存对她来说不仅仅是在反复出现的当下有价值——比如说，她十分期待她的下一次美术课，至少是在上课之前和之后的瞬间里。即使是现在的生活对她来说也比对露丝来说更有价值；有时她真实地投入生活当中，而不仅仅是满足于此。我们应该能认识到在真实生活中，一个渐变的光谱在玛戈和露丝之间来回，而最困难的情况就在两者之间。我们对露丝所说的事情突然适用，而对玛戈所说的事情则不再适用，这之间并无明显的界限。此外，重度痴呆症患者在发展到露丝的状态时可能会有暂时清醒和参与的时刻；根据这些时刻所表达的内容，它们可能会使对关键利益的判断复杂化或清晰化，这些关键利益体现了一个人的整个人生信念和自主性。

这种等级划分并没有损害浮动量表的有效性，因为它是适用于严重痴呆症患者的适当道德视角，更确切地说，是这些分级确认了用浮动量表来看待情境的必要性。在现实生活中，在痴呆症加深的过程中，可能很少有明确的区分线。我们必须认识到这一事实，但它不应该误导我们，使我们无法辨别实施 AEDs 的道德差异，因为从玛戈到露丝的过程中，道德差异确实是在不断积累的。

目前来看，也许会有反对意见认为这种浮动量表不能提供充分的指导。我们如何知道露丝之前表达的不在痴呆症中生活的愿望有多强烈？由谁来做这个判断？最后，如果可以根据其他人的评估而无视预先指示，那么预先指示又有什么用呢？

我们承认存在这些问题，但我们注意到，医护人员总是要对 AD 进行解释，以确定当事人的想法以及如何最好地实现她的愿望。在试图理解 AD 的含义时，医护人员通常会与家人交谈，他们通常最了解当事人一生中的选择和决定。他们将能够提供一些指导，说明这个人的价值观的力量，以及如何平衡这些价值观和她当时的利益。解释 AEDs 的任务与解释其他 ADs 的任务没有明显的不同。[63]

最后一个问题更难回答，如果可以不考虑 AD，那么 AD 有什么价值可言。制定 AD（具有法律效力的文件）的全部意义在于有一种手段来确保一个人的意愿得到尊重。建议 AED 有时不应被遵从似乎与制定 ADs 的初衷是相矛盾的。我们的回应是双重的。首先，我们承认改变想法的可能性。如果一个人之前一直都认为死亡比痴呆更可取，现在似乎认为生活在痴呆中并不像她所担心的那样糟糕，那么就没有理由让她坚持以前的价值观。贾沃斯卡在这一点上是正确的。第二，即使在没有明确改变想法的案例中，我们仍然认为继续活着的强烈的经验利益可以压倒死亡的弱的关键利益。允许人们制定 AED 的论点并不是要求它们在*每一个*案例中都被实施的论证。

十、结　论

遵循痴呆症患者的预先指示，包括撤回维持生命的治疗和死亡援助，都有充分的*表面证据*。预先指示使人们能够在一定程度上控制他们的死亡方式，而他们的死亡方式是对他们生活方式的重要反映。我们无法给出比罗登更好的表述：

> 当我们把无行为能力的患者当作他们从未有行为能力一样对待时，就会出问题了……做出事先指示的人将自己视为人类生命的统一主体。她认为她对自己身体、目标或家庭的关注超越了她的无能力……尊重人的一个……组成部分［是］我们将他们视为他们自己。如果我们要做到这一点，我们就不能忽视他们之前的选择和价值观。[64]

与此同时，还有一些反面的因素需要考虑。我们在本文中已经列出了这些因素。在结论部分我们希望强调以下三点。

（1）预先指示的信息量越大，考虑得越周全，并以事实为依据，它的道德权威就越大。这说明需要建立稳固的医疗服务提供者和患者之间的关系，包括认真讨论患者的价值观和承诺。

（2）在出现严重且无法减轻的病痛时，遵从 AED 的理由是最充分的。2011 年 3 月在荷兰接受安乐死的晚期痴呆症妇女洛蒂的案例就证明了这一点。

（3）对于其他案例，将自主性和享受能力纳入参考范围的浮动量表提供了确定何时应遵循 AED 的理由。一份由充分知情且有行为能力的人写下的 AED 将随着这个人新的关键利益的产生和享受能力的衰退而获得权威性。

在我们讨论的六个案例中，除了洛蒂之外，还可以用这样一个浮动量表来得出结论。最简单的两个案例是朱利安和沃尔特，他们处于痴呆症的两端。朱利安仍然完全能够有深刻的信念，并把自己的生命作为一个整体来看待。他可以对自己的生存价值产生新的关键利益；他可以改变自己的想法，即是否希望被允许或被帮助死亡。由于这个原因，他可能创建的任何预先指示都会被他目前的愿望所取代，这些愿望可以通过与他的耐心交谈来确定。另一方面，沃尔特重申的有力的 AED 应该被执行。他没有能力产生新的关键利益，而且他在生活中几乎没有任何享受。

D 夫人和海伦是我们道德结论中“还不行”的案例。在这种时候她们的 AED 不应当被遵从。尽管她们都有严重的痴呆症，使她们没有能力对自己的关键利益改变想法，但她们不仅享受而且很显然珍视自己在过的生活。她们甚至仍然可能对整个生命做出一些反思，尤其是海伦，已经以新的利益和真实的对生活的热忱适应了痴呆症。因此，她们强烈的生活的经验利益超过了她们不在痴呆症中生活的关键利益。事实证明，这时的痴呆症原来并不像她们预测的那样可怕，尽管随着痴呆症不可阻挡地恶化这种情况可能会改变。

这就是露丝所处的阶段。诚然，她很满足，也许甚至可以说是适度的快乐。不像洛蒂和沃尔特，她在继续生存中有一些经验利益。但由于她没有能力产生任何新的关键利益，而且她的生命对她自己的价值由于她既不能记忆也不能预测而大大降低，一个实质性的道德决定变得很清楚：她的 AED，假设是她的性格和她生命的最深层价值的明确指示，应该被执行。

六个案例中（算上洛蒂的话是七个）最难的是玛戈。她可能仍然重视一些特定的体验，而且对于很多体验她显然是享受的。然而不清楚的是，她是否能够充分地观察生活或者对它进行仔细的考虑来评价它，她表现出不具有把生命作为一个整体进行回顾的能力。如果她有一份有力的且经过反复重述的、针对她现在所处的中重度痴呆症阶段的 AED，她就体现了自主性和关键利益与当前的经验利益之间的尖锐冲突。玛戈记忆和预料的能力产生出了相当多的生活乐趣。鉴于这种享受，总体来说，社会会坚定地对她说“还不行”。

最后，我们对 AEDs 的更大的法律背景提出两点看法。首先，AED 的出现在道德上是可以接受的，它有不止一个合乎逻辑的法律归宿。其中之一是荷兰，安乐死在荷兰是合法的，这一点从洛蒂的真实案例中可以看出。在荷兰，除了无法忍受的痛苦，自愿也是被许可进行安乐死所需要的条件，一份有力且被重申的 AED 可以被解释为使得安乐死具有自愿性。然而，AED 的一个同样合乎逻辑的归宿是俄勒冈州、华盛顿州、不列颠哥伦比亚省和瑞士的合法死亡援助。在那里对自愿的强调也可以被合理地扩展到包括 AED。当然，那些司法管辖区的法律必须要重写，但是现有的对六个月内临终预后和目前具有行为能力[65]的要求与协助死亡对自愿的基本强调是不一致的。这些司法管辖区的法律和道德框架也可以很容易地纳入精心实施的 AEDs。

其次，我们对实施阿尔茨海默病预先指示的分析既适用于拒绝维持生命的治疗，也适用于医生协助死亡。在解释思想变化、权衡关键利益和经验利益方面也出现了同样的困境。我们对所有患有痴呆症的人进行了分析，并得出了关于执行 AED 的结论，这些人也可能有拒绝生命支持的 ADs。[66]据推测，任何一个在 AED 中不以长久生存为目的的严重痴呆症患者都希望在他们的指示中不仅包括 PAD，还包括暂停和撤回饲管，例如拒绝从护理院到医院住院治疗。这种拒绝治疗的“常规”医嘱在逻辑上与 AEDs 配对，而在 AEDs 现在不被法律允许的情况下，明确的医嘱通常是指拒绝痴呆症患者的生命支持。这有很大的实际意义。护理院中大量的晚期痴呆症患者出现了感染性疾病和进食问题，许多人由于急性危机每年多次住院治疗。[67] 例如，像露丝和沃尔特这样的患者已经在执行拒绝生命支持的 AD，而且我们确信执行这样的 AD 是合理的，它们为最终接受 AED 提供了重要的先例。

致　谢

作者感谢 Brocher 基金会［瑞士赫尔曼斯（Hermance）］为本文的撰写提供的支持，我们在 2012 年 4 月访问了该基金会。我们从对日内瓦大学医学院生命伦理学研究所 Samia Hurst 博士的咨询中受益匪浅。在世界卫生组织伦理与健康部门和斯坦福大学生命医学伦理中心的座谈会，以及 2012 年 11 月在纽约法学院举行的“生命尽头的选择自由”研讨会上，我们都收到了关于论文部分的宝贵建议。

注　释

1. “医生协助死亡”（PAD）包括医生协助自杀（PAS）和安乐死。在 PAS 中，患者服用医生处方提供的致命药物；在安乐死中，医生通常通过注射用药。“医生协助自杀”一词在俄勒冈州已经不再受到青睐。支持者希望将其与一般的自杀区分开来，通常更喜欢“协助死亡”（aid-in-dying）。这两个概念我们都使用。
2. 根据法令，在美国俄勒冈州和华盛顿州，PAD（或 PAS）是合法的：俄勒冈州《尊严死法案》，或者 Rev. Stat. §§ 127.800-897（1997）；华盛顿州《尊严死法案》，华盛顿州修订法典§§ 70.245.010-904（2009）。根据蒙大拿州最高法院的裁决 Baxter v. Montana No. DA 09-0051（2009）是合法的。在不列颠哥伦比亚省，根据不列颠哥伦比亚省最高法院的命令，自 2012 年 6 月起有条件地合法：*Carter v. Canada（Attorney General）* 2012 BCSC 886（2012 年 6 月 15 日），可在 http://thaddeuspope.com/images/2012bcsc886.pdf 获得（上次访问时间为 2013 年 1 月 28 日）。在瑞士，法律规定 PAS 和协助自杀合法，不受绝症的限制；但仍然需要自愿的自我管理（即只允许协助自杀，不允许安乐死）：S. A. Hurst and A. Mauron，“Assisted Suicide and Euthanasia in Switzerland：Allowing a Role for Non-Physicians，” BMJ 326，no. 7383：271-273。在比利时，由医生实施安乐死是合法的，患者在提出要求时仍必须具有法律行为能力和意识。参见

2002 年 5 月 28 日的比利时安乐死法案，在 *Ethical Perspectives* 9，nos. 2-3（2002）：182-188. 中被翻译为英文。最近，比利时引入了立法，将安乐死扩大到未成年人和患有痴呆症的人，见 http://www.google.com/hostednews/afp/article/ALeqM5jLP19K4BFQ-IdHPAhZwzLruOyt2CQ（上次访问时间为 2013 年 5 月 28 日）。

3. 即使在俄勒冈州和华盛顿州，请求协助死亡的三个最常见原因是失去自主性、从事使生活愉快的活动能力下降以及失去尊严，疼痛控制不足较少被提及。参见俄勒冈州公共卫生部报告，第 2 页，可在 http://public.health.oregon.gov/ProviderPartnerResources/EvaluationResearch/DeathwithDignityAct/Documents/year14.pdf 获得（上次访问时间为 2013 年 5 月 1 日），以及华盛顿州卫生部 2011 年《尊严死法案报告》，第 1 页，可在 http://www.doh.wa.gov/portals/1/Documents/5300/DWDA2011.pdf 获得（上次访问时间为 2013 年 1 月 28 日）。
4. Retirement Policy.org，见 http://www.urban.org/retirement_policy/agingpopulation.cfm（上次访问时间为 2013 年 1 月 28 日）。
5. 较高的估计来自美国国家神经疾病和卒中研究所（NINDS），可在 http://www.nindsnih.gov/disorders/dementias/detail_dementia.htm 上获得（上次访问时间为 2013 年 5 月 1 日）。2007 年澳大利亚的一项研究引用了 22.4%的数字；参见澳大利亚健康与福利研究所（AIHW）报告，*Dementia in Australia：National Data Analysis and Development*，Cat.no. AGE 53（Canberra：Australian Institute of Health and Welfare，2007），at 56，可在 http://www.aihw.gov.au/publication-detail/?id=6442467941 获得（上次访问时间为 2013 年 1 月 28 日）。
6. 《应要求终止生命和协助自杀（程序审查）法》（2002 年），可在 http://www.eutanasia ws/documentos/Leyes/Internacional/Holanda Ley2002.pdf 上查阅。（上次访问时间为 2013 年 5 月 1 日）。法律中规定的程序反映了荷兰自 1973 年以来的医疗实践，当时医生开始根据要求公开提供安乐死。
7. 在 *In re Quinlan*，70 NJ 10，355 A. 2d 647（NJ 1976）中，新泽西州最高法院认为，新泽西州最高法院认为，无行为能力的患者并没有失去其隐私权，包括拒绝维持生命治疗的权利，而且这一权利可以由监护人代表他们行使。
8. 在 *Cruzan v. Director，Missouri Department of Health*，497 US 261（1990）一案中，美国最高法院支持监护人停止对永久植物人患者进行维持生命治疗的权利，包括呼吸器和饲管，同时也支持各州要求提供患者事先意愿的明确和令人信服的证据的权利。
9. 在 *Bouvia v. Superior Court*，225 Cal. Rptr. 297（Ct. App. 1986）一案中，加州法院认为有行为能力的患者有权拒绝管饲，不得违背其意愿强行喂食。
10. 有关这条通往死亡之路的广泛辩护，请参见 S. A. Terman（与 R. B. Miller 和 M. S. Evans），*The Best Way to Say Goodbye：A Legal Peaceful Choice at the End of Life（Carlsbad，CA：Life Transitions Publications，2007）*。有关其法律依据，请参阅 T. M. Pope 和 L. E. Anderson，"Voluntarily Stopping Eating and Drinking：A Legal Treatment Option at the End of Life，" *Widener Law Review* 17，no. 2（2011）：363-427.
11. R. Dworkin，*Life's Dominion：An Argument About Abortion，Euthanasia and Individual Freedom*（New York：Alfred A. Knopf，1993），at 184，and D. W. Brock，"Voluntary Active Euthanasia，" *Hastings Center Report* 2，no. 2（1992）：10-22.

12. 有关相反意见，见 H. Hendin and K. Foley，“Physician-Assisted Suicide in Oregon：A Medical Perspective，” *Issues in Law and Medicine* 24，no. 2（2008）：121-145.

13. M. P. Cees，M. Hertogh，M. E. de Boer，R. Droees，and J. A. Eefsting，“Would We Rather Lose Our Life Than Lose Our Self? Lessons from the Dutch Debate on Euthanasia for Patients with Dementia，” *American Journal of Bioethics* 7，no. 4（2007）：48-56.

14. M. Cook，“Informed Consent in Netherlands：Euthanasia，” BioEdge，November 12，2011，见 http://www.bioedge.org/index.php/bioethics/bioethics_article/9826.

15. Koninklijke Nederlandsche Maatschappij tot bevordering der Geneeskunst（KNMG，Royal Dutch Medical Association），“Position Paper：The Role of the Physician in the Voluntary Termination of Life”，June 2011，at 7，见 http://knmg.artsennet.nl/Publicaties/KNMGpublicatie/Position-paper-The-role-of-the-physician-in-the-voluntary-termina-tion-of-life-2011. htm（上次访问时间为 2013 年 5 月 1 日）.

16. 在“Legal Euthanasia：Ethical Issues in an Era of Legalized Aid in Dying，” *Journal of Medicine and Philosophy* 18，no. 3（1993）：297-322，Leslie P. Francis 提出如果要授予任何有关安乐死的指示以权威性，它们应该事先被反复重申，并且患者现在确认时机已到。

17. Medical Care Corporation，“Functional Assessment Staging Test，” 2010，见 http://ihcs.msu.edu/pdf/FastOver-view.pdf（上次访问时间为 2013 年 5 月 1 日）.

18. B. Reisberg，S. H. Ferris，M. J. De Leon，and T. Crook，“The Global Deterioration Scale for Assessment of Primary Degenerative Disease，” *American Journal of Psychiatry* 139，no. 9（1982）：1136-1139，at 1138.

19. S. L. Mitchell，B. S. Black，M. Ersek，L. C. Hanson，S. C. Miller，G. A. Sachs，J. M. Teno，and R. S. Morrison，“Advanced Dementia：State of the Art and Priorities for the Next Decade，” *Annals of Internal Medicine* 156，no. 1（2012）：45-51，at 47.

20. 见 Australian Institute of Health and Welfare，*supra* note 5，at 54 and 61-63. The Canadian study is reported in J. E. Graham，K. Rockwood，B. L. Beattie，R. Eastwood et al.，“Prevalence and Severity of Cognitive Impairment With and Without Dementia in an Elderly Population，” *The Lancet* 349，no. 9068（June 21，1997）：1793-1797. 加拿大对轻度/中度/重度痴呆症的估值百分比是我们根据 Graham 等人报告的略有不同的硬数据的估计值。

21. R. Leleux，The Living End：A Memoir of Forgetting and Forgiving（New York：St. Martin's Press，2012）.

22. S. Frederick and G. Loewenstein，“Hedonic Adaptation，” in D. Kahneman，E. Diener，and N. Schwarz，eds.，*Well-being：The Foundations of Hedonic Psychology*（New York：Russell Sage Foundation，1999）：302-329；P. T. Menzel，P. Dolan，J. Richardson，and J. A. Olsen，“The Role of Adaptation to Disability and Disease in Health State Valuation：A Preliminary Analysis，” *Social Science and Medicine* 55，no. 12（2002）：2149-2158；and D. Arnold，A. Girling，A. Stevens，and R. Litford，“Comparison of Direct and Indirect Methods of Estimating Health State Utilities for Resource Allocation：Review and Empirical Analysis，” *BMJ* 339，no.b2688（July 22，2009），见 http://www.ncbi.nlm.nih.gov/pmc/articles/PMC2714630/（上次访问时间为 2013 年 5 月 1 日）.

23. A. Asch，“Recognizing Death While Affrming Life：Can End of Life Reform Uphold a Disabled Person's

Interest in Continued Life？” *Hastings Center Report* 35，no. 6（November-December 2005）：S31-S36.

24. Id.，at S32-S33.
25. R. Dresser and J. S. Robertson，“Quality of Life and Non-Treatment Decisions for Incompetent Patients，” *Law，Medicine & Health Care* 17，no. 3（1989）：234-244. 有关应对德雷瑟众多其他著作的这一挑战的深刻而全面的处理，请参阅 L. W. Sumner，*Assisted Death*（Oxford：Oxford University Press，2011）：at 102-117。Sumner 还详细阐述了德沃金的立场，包括在德沃金的讨论中占据中心地位的玛戈案。
26. *Id.* （Dresser and Robertson），at 235.
27. *Id.*，at 239.
28. *Id.*，at 239.
29. D. Parfit，*Reasons and Persons*（Oxford：Oxford University Press，1985）：199-379.
30. D. DeGrazia，“Advance Directives，Dementia，and ‘the Some-one Else Problem，’” *Bioethics* 13，no. 5（1999）：373-391，and *Human Identity and Bioethics*（New York：Cambridge University Press，2005），at 159-202.
31. 见 Dworkin，*supra* note 11，at 220-232.
32. A. D. Firlik，“Margo’s Logo，” JAMA 265，no. 2（1991）：201.
33. See Dresser and Robertson，*supra* note 25，at 236.
34. H. Klepper and M. Rorty，“Personal Identity，Advance Directives，and Genetic Testing for Alzheimer Disease，” *Genetic Testing* 3，no. 1（1999）：99-106，and N. Rhoden，“The Limits of Legal Objectivity，” *North Carolina Law Review* 68，no. 5（1990）：845-865.
35. 即使是拥护同一性的心理学理论并否认同一性本质上基于身体连续性的人，也可以坚持认为现在精神错乱的人与以前是同一个人。例如，在 Jeff McMahan 的心灵本质主义中，只要个体具有意识能力，就满足了号数同一性的标准。由于痴呆症患者有意识，他们的号数同一性保持不变。见 J. McMahan，*The Ethics of Killing：Problems at the Margins of Life* （New York：Oxford University Press，2002），at 3-94.
36. 见 DeGrazia（2005），*supra* note 30.
37. M. Schechtman，*The Constitution of Selves* （Ithaca，NY：Cornell University Press，1996）.
38. 见 Dworkin（1993），*supra* note 11.
39. 见 Dworkin（1993），*id.*，at 201.
40. *Id.*，at 192.
41. *Id.*，at 226.
42. *Id.*，at 217.
43. *Id.*，at 231.
44. A. Jaworska，“Respecting the Margins of Agency：Alzheimer’s Patients and the Capacity to Value，” *Philosophy & Public Affairs* 28，no. 2（1999）：105-138，at 112.
45. *Id.*，at 113.
46. *Id.*，at 134.
47. *Id.*，at 120.

48. *Id.*，at 137.

49. The Who，“My Generation”（song），1965. 引用 Daltrey 的是我们，不是 Jaworska。

50. R. Berghmans，“Advance Directives and Dementia，” *Annals of the New York Academy of Sciences* 913（January，2000）：105-110，at 107.

51. 见 Jaworska（1999），*supra* note 44，at 135.

52. *Id.*，at 132.

53. 见 Dworkin（1993），*supra* note 11，at 218-219.

54. 见 McMahan（2002），*supra* note 35，at 503. 在那部更大的著作中，McMahan 发展了一个关于死亡危害的时间相对利益描述（TRIA）：危害不仅仅取决于一个人失去了多少美好的生活（就数量和质量而言），还取决于一个人在心理上与自己的未来联系在一起的程度。对于 TRIA 的简明陈述和辩护，见 D. DeGrazia，*Creation Ethics：Reproduction，Genetics，and Quality of Life*（New York：Oxford University Press，2012），at 29-34.

55. 我们的建议是，AED 应传达其作者打算触发实施的痴呆症的相关特定阶段和情感特征，并且一个人应定期重申该指令，最好是在痴呆症的早期，与一个好的痴呆症预先指示中需要解决的所有其他方面相比，这是一个相对小的负担。参见 L. Brodoff，“Planning for Alzheimer’s Disease with Mental Health Advance Directives，” *Elder Law Journal* 17，no. 2（2010）：239-308，and the Alzheimer’s Disease/Dementia Mental Health Advance Directive devised by L. Brodoff and R. Miller that is provided by Compassion & Choices of Washington［state］at http://compassionwa.org/wp-content/uploads/2012/12/Alz-dir-secure.pdf（上次访问时间为 2013 年 5 月 1 日）.

56. A. Gentleman，“Inside the Dignitas House，” *The Guardian*，November 18，2009，见 http://www.guardian.co.uk/society/2009/nov/18/assisted-suicide-dignitas-house（上次访问时间为 2013 年 5 月 1 日）.

57. 见 Rhoden（1990），*supra* note 34，at 860.

58. 不同于 D 夫人和朱利安是以真实人物为原型，海伦是一个虚构的例子。海伦有多真实？我们应该指出，当我们中的一个人介绍这篇论文时，听众中有一位对痴呆症患者有经验的医生说，他从未见过像海伦这样的痴呆症患者。

59. Dworkin 在“Ronald Dworkin Replies，” in：J. Burley，ed.，*Dworkin and His Critics*（Oxford：Blackwell Publishing Company，2004），at 370 中回应 Seana Shiffrin 时提出了这一点。

60. 见 Dworkin（1993），*supra* note 11，at 232.

61. 对关键利益主导地位的类似保留体现在 Sumner（2011），*supra* note 25，at 115-116 中。

62. 浮动量表的概念是 A. Buchanan 和 D. W. Brock 在“Deciding for Others：Competency”，*Milbank Quarterly* 64，no. 2（1986）：67-80 中使用的。我们纳入浮动量表当中的部分影响因素是 L. P. Francis，“Decisionmaking at the End of Life：Patients with Alzheimer’s or Other Dementia，” *Georgia Law Review* 35（winter，2001）：539-592，at 588 and 592 中使用的。

63. 另一种方法是规定 AED 只能在痴呆的最新、最晚期阶段实施。这样做的好处是不需要临床医生对欲望的强度做出主观决定；他们将根据明确的医学诊断决定是否支持 AED。此外，这种方法将达到我们推荐的相同结果，支持露丝、沃尔特和洛蒂的 AED，但不支持玛戈或海伦。然而从哲学的角度来看，我们的浮动量表给为什么有些 AED 应该实施而另一些不实施提供了道德原因。

64. 见 Rhoden，*supra* note 34，at 860.

65. 在瑞士，只有现在的能力。

66. 可以说，包括从口中喂食物和水。有关这种拒绝的法律依据，参见 Pope and Anderson，*supra* note 10，at 422-426，包括他们关于通过预先指示完成拒绝的讨论。

67. 在一项针对 323 名患有晚期痴呆症的护理院住院者的研究中，45%的人活了 18 个月以上，86%的人出现了饮食问题，并且在生命的最后 90 天里平均转院次数为 1.6 次。参见 Mitchell et al.（2012），*supra* note 19，at 45-46，and S. L. Mitchell，J. M. Teno，D. K. Kiely，M. L. Shaffer，R. N. Jones，H. G. Prigerson，L. Volicer，J. L. Givens，and M. B. Hamel，“The Clinical Course of Advanced Dementia，” *New England Journal of Medicine* 361，no. 15（2009）：1529-1538.

Advance Directives, Dementia, and Physician-Assisted Death

Paul T. Menzel[1]　Bonnie Steinbock[2]
(1. Pacific Lutheran University;
2. University at Albany-State University of New York)

Abstract: Physician-assisted suicide laws in Oregon and Washington require the person's current competency and a prognosis of terminal illness. In the Netherlands, voluntariness and unbearable suffering are required for euthanasia. Many people are more concerned about the loss of autonomy and independence in years of severe dementia than about pain and suffering in their last months. To address this concern, people could write advance directives for physician-assisted death in dementia. Should such directives be implemented even though, at the time, the person is no longer competent and would not be either terminally ill or suffering unbearably? We argue that in many cases they should be, and that a sliding scale which considers both autonomy and the capacity for enjoyment provides the best justification for determining when: when written by a previously well-informed and competent person, such a directive gains in authority as the later person's capacities to generate new critical interests and to enjoy life decrease. Such an extension of legalized death assistance is grounded in the same central value of voluntariness that undergirds the current more limited legalization.

Keywords: dementia，advance directives，autonomy

大数据伦理与人工智能伦理
Big Data Ethics and AI Ethics

技术与生活的融合?
——关于人类和技术系统间接合点的概念阐释

克里斯托夫·胡比希
(斯图加特大学)
赵易安　译

摘　要：目前的辩论正以一种相当抽象的方式处理超人类主义的核心概念和方案。这些辩论为了达到说明目的而引用了很多例子，但是却并未对更普遍概念的案例研究和指导原则之间的关系进行精确分析。因此本文探讨了人类与技术系统之间，也即人类-系统互动中可能出现的关系类型。此外，本文还概述了系统性能和人类对这种互动认识的局限性。这些局限性也尤其关系到明显向超人类主义发展趋势中的合法性和正当性。既然我们不能理所当然地以“进化”称呼这一发展，那么我们也必须经过探讨才能使用“天性”“技术”“文化”这些概念来标记我们与世界的关系，在承认这一判断的基础上承担相应责任，并进行反思。

关键词：技术，生活，超人类主义

目前出现了关于由技术引起的人类向可能的“后人类”状态转变的公开辩论，其问题在于，这些辩论是以黑格尔意义上的“抽象得糟糕”的方式进行的。它们不仅有计划地使用极具概括性的醒目标题，还引用备受关注的、通常是挑唆性的例子作为证据，以刻意唤起狂喜或厌恶的印象。之所以认为这些讨论和争端显得“抽象得糟糕”，是因为标题的用词（如“转变”“增强”“赛博格化”等）和例证之间的过渡往往在概念上并不明确，或者对于概括的*标准*、具体例证的*相关性*，以及总体上技术和自然状态与意图观点构成的内部结构，阐释得不够彻底。

由此，我将在下文的论述中“上升到具体”（如果我可以从另一个知名的讨论背景中借用这一表述的话），“具体”在这里并非如特殊概念一般从属于普遍概念，而是如这个词的词源所表明的一样，根据特定的相关性在普遍构想中“浓缩”自己，使其“凝集”和融合。因此，由马克斯·韦伯提出的“理想类型”能够在此作为概念性构想，即根据相关性标准指出需要把握的对象的指定特征，并将其理想化和系统化（Weber，1968，43 及以下几页）。无论如何，哲学在此都不应像格奥尔格·齐美尔所指责的那样，去充当“概念警察”，去规范形成普遍概念过程中对特征的考量。但是，作为一切事物的基础和归宿的“相关性”到底是什么呢？由于相关性本身不是所要把握的对象和过程的属性，而是涉及主体和其对象间的*评价*关系，因此我认为哲学的任务在于重构这一关系，并批判性地揭露理由和论证中的不一致和不协调之处。

我将首先基于新公布的人类技术类型，简要论述不久前提出的古典文化技术与其接替者之间的差异，前者向后者过渡或者说被其取代，并由此解释新发展支持者的出发点和反对者想坚持的角度。然后，我想在第一个具体步骤中提出人类和技术系统之间互动的*四种理想类型*：经典系统技术、行为载体的混合化、给予自主系统的授权和“超人类主义”系统技术。第二个具体步骤的重点将放在各自系统固有的*限制*上，并避免对系统可能出现的高估。另一方面，人类状态也存在不应被忽视的限制。基于认知的局限性，我们注定要采取*承认*的行为，而且只要这种构成是在我们认知的界限内形成的，我们就无法将对自己认知的辩护托付给如进化、天性等外在构成。因此本文将在结论中提出，人类天性、技术和文化不应该被视为可认知的实体甚至构成，而应该将它们看作策略，我们能够借助这些策略将自己置于与某些特定对象领域的关系之中。

一、文化技术和人类技术

虽然我无法在此概述技术发展的问题史，但我至少能够通过将“文化技术”象征性地归于“雅典娜技术”来对其进行简要描述。一方面，雅典娜开创、传授和保障了掌控外部自然的*现实技术*（如农业、编织、造船、防护建筑等）；另一方面，她（在最广泛意义上）代表智力技术并掌控了内在天性，例如通过处理情感（根据品达的说法，她将痛苦和悲叹与声音联系在一起，由此引导舞者的步态）。在《奥瑞斯提亚》中，她讨论了符号的使用（例如克吕泰涅斯特拉只是被称为母亲，还是符合“母亲”这一概念），从而使得基于符号的记忆和抽象行为成为可能，并且她宣扬了对天然（母系）社会关系的克服（同样在《奥瑞斯提亚》中，她主张判决权和民主决策，或者例如在《奥德赛》中，她作为冲动的阿瑞斯的对立面，主张采用协调的战略方法，并为受她保护的奥德修斯提供进一步的方法）。因此在接下来的传统中，文化的概念超越了其现实技术合理性，被扩展到 cultura animi①（西塞罗）和社会单位下的 cultura②。应该指出的是，不同于普遍的误解，这些文化技术从一开始就作为系统技术出现，超越了奥尔特加·伊·加塞特（Gasset，1949，90-105）所说的狩猎者和采集者的“偶然技术”，因为文化技术一直都是为了保证行动能够实现，并应对在行动中第一自然，无论是外部自然还是内在天性所产生的干扰（关于这方面的详细说明，见 Hubig，2006，章节 2.1）。

与此不同的是，理想类型化的人类技术旨在通过使用所谓的 NBIC 技术（纳米、生物、信息和认知技术）作为“会聚技术”，实现系统内自我组织的优化和网络化，并最终取代系统中的个人意向行为载体，从而改造和超越人类行为载体本身，并消解其界限。类似于将文化技术类比成从宙斯的头脑中诞生并打破了克洛诺斯自然秩序的雅典娜，我们可以想象一个由克洛诺斯本身所产生的后人类存在，它恰恰不是第一自然和第二自然间的断裂，而是克洛诺斯所代表的第一自然发展倾向的一致延续。

这两种技术理念的共同点在于，它们的目的都是为了克服 homo inermis③，即人是有缺陷的存在。当然必须强调的是，相对于在小生境内拥有具体和专门能力的其他生物，人类只是在乍看之下有缺陷的存在。更确切地说，人类正是因为手、语言、智力和理性等未被明确的能力以及与此密切

---

① 意为“灵魂的耕种”。

② 即“文化”。

③ 意为“无防护的人”。

相关的对世界的开放性，才比这些生物优越。

正如托马斯·阿奎纳（*Summa Theologica*，I，Qu. 76，Art. 5）、雨果·冯·圣维克多、皮科·德拉·米兰多拉、休谟、康德、黑格尔（见Hübner，2014，41-44；Hubig，2017，136-139）和第一位技术哲学家恩斯特·卡普（卡普将人类视作“最强大的动物”，见 Kapp，1877/1978，35）所强调的那样，“缺陷”只是相对于本来天性的实现而言的。文化技术现在将对原始自然（以及与之相关的“偶然技术”）不足之处的补偿，视作在自主的“第二”自然中的一种补充和延伸，同时也是以自我掌控的形式进行的约束和放弃。这种第二自然的形成基于辨别过程及其结果，主体由此反射性地改变自身并转移到调整环境。与之不同的是，人类技术似乎也旨在通过对自然禀赋的长期优化、补充、修改和消除界限来弥补原始自然的不足之处，但这是建立在一定的认知过程及其结果之上的，即将生命体优越的自然状态作为其构成来看待。无论如何理解进化过程，主体总是处于选择压力下，并在保证生存的适应过程中反射性地调整自己。以上两种理想类型之间的划分当然可以形成一种分级，因为文化技术也旨在对主体进行反思性的自我塑造——这不仅在尝试用定义对其进行描述中得到体现，还在涉及一些尚无定论的问题，例如应该在何时谈论混合性存在，或者赛博格化从何处开始（见Birnbacher，2006，章节 7）。

二、人类-系统互动的理想类型

让我们首先把目光转向具体问题：人类和技术系统之间关系的变化。作为对人类-系统互动进行类型化的出发点，我们首先将经典系统技术视作第一个理想类型。主体（作为个人或作为得到批准的、承载个体的组织/机构）在此首先设计了一个行动方案来实现目的。这是根据其通过某种方法的*可实现性*来计划的（否则就是单纯的愿望或幻想）；而这种方法本身却并非通过可实现性，而是根据其对目的的*有用性*来计划的。在第一级系统理论/控制论中，这种计划过程被称为控制过程。一个方法（输入）是为了实现一个目的（输出）；因此，方法和目的不能独立地决定彼此（推论性联系）。如果一个具体的目的是通过真实的方法作为客观的工作来实现的，那么计划的（主观的）和客观的目的两者间的差异经验则通常以失望或积极惊喜的形式出现；来自系统环境的决定因素在此发挥着关键作用，并在系统中随之受到调节。在最广泛的意义上，作为对抗干扰变量的行为，*调节*可以通过三种方式实现（Ashby，1956/1974，290）：最简单的形式是遏制（从围住牛场到建立隔声墙或防御墙，再到控制核电站）。更精细的调节形式则是所谓的“扰动前馈”，即针对在系统中作为模式被记录下来的干扰来作出补偿性的预防或适应反应（从干旱期间进行灌溉到寒冷天气下临时隔开，这一点我们也可以从冰块接近皮肤时的反应中观察到，再到即将发生交通堵塞时的交通分流，或是疫苗接种）。第三种也是最复杂的调节方式，现在只用来指代狭义上的调节［根据德国标准化学会（DIN）制定的标准］，即通过反馈来进行调节：调节器根据实际值和理论值之间的差异，借助返回控制脉冲来调整控制，直到达到理论值。

经历计划目的（理论值）和实现之间的差异后，意识能够超越对象的单纯表现，从而形成区别于这些对象的他物，因为正如黑格尔所表述的那样，意识不会在工作中丧失自我，而是将自己的构成归因于“在其中移动的中介”，将自己反映为它的创作者。按照黑格尔的说法，这就是“理性的狡计”所在（Hegel，1813/1969，398，详见 Hubig，2006，章节 4.4）。

人类-系统互动的第二个理想类型是在行为载体的混合中发现的。过于宽泛地说，如果用技术方法来实现目的，就已经可以认为混合化发生了。人类和技术在此对应同一个功能要求；我们也许应该在这里谈论分割的*行为*载体，但如果我们狭义地将混合化理解为共同的行为载体，这意味着系统的技术方面已经参与到主观动作图式的创建及其执行/更新之中。当技术系统通过传感器获取信息库以及根据信息情况进行处理的布局时，指的就是这种情况。与之相对立的则是具备自己偏好和信息库的主体。由此，我们就可以从严格意义上谈论互动，因为系统信息库包含了通过跟踪获取的用户行为信息，并借助其规律性假设了用户偏好；反之，从用户层面则假设并期望系统拥有特定布局和信息库。因此，正如马克斯·韦伯和尼克拉斯·卢曼明确提出的，这是一个*对期望的期望*，是社会理论构想中互动的必要条件（Luhmann，1984，412；Weber，1968，182 及以下几页）。诚然，这种互动是不对称的，因为：①通常系统对用户的感知与用户的自我感知不同；②系统的信息库及其布局对用户来说往往是不透明的。在这种情况下，如果在特定情境背景下（例如在人与机器人的互动中）触发了一项行为，就能实现行动的效果，但从用户的角度却对创作者的某些部分无法得出明确的归纳（推理性）结论。虽然我们能够基于预期中新环境相对于旧环境的差异经验去采取行动对系统的信息库和布局施加影响，例如在需求意向上修改和更新系统记录，也可以对系统施加刺激或巧妙地欺骗它，然而这一过程却由于接合点缺乏透明度而显得尤为困难。此外，系统对用户习惯的定位（缺乏替代方案）往往导致这样的后果，即为了达到监管目的，在用户方面获取信息时总是优先考虑已完成的行动，以此来减少刺激和意外，至于行动的相关性和成功与否则交由后续行动的完成程度来衡量。这样就不必事先考虑和质疑将要发生的行为，以这种方式形成行动也能够减轻负担，并且结果也是优化的；我们将在后文再重新回到这一点（关于研究情况的讨论，见 Hubig，2019，288-290）。

人类-系统互动的一种极端化趋势体现在，不再通过分割的行为载体来实现目的，而是委托系统设计并实现行动方案，而系统则是以自我组织的形式运作的，这就是我们所说的第三种理想类型。人类由此被纳入了系统的机器学习之中，主体不再根据价值或目标*直接*控制或调节系统。与此相反，是通过塑造系统环境来诱导它们自己发展出控制和调节进程。最近我们将这种类型的控制称为“媒介控制”，从字面上解释即运用媒介，相当于通过改变空间内的可操控的、较为容易调节的气氛或布局来影响交流或运动行为。

机器学习是决策权下放的先决条件，或者用一种仍存疑的表述，即把责任下放给系统。这里有三个主要策略。在监督学习中训练系统学习传感器数据的特定属性，把它们用作解释内容的指标；在无监督学习中（特别是在大数据技术领域）让系统自动开发特定模式的表征，并要求系统进行说明；在强化学习中让系统开发出内部的所谓奖励函数，以此优化系统反应（介绍见 Alpaydin，2008；Kotsiantis，2007；Lake et al.，2016）。如果在以上策略的基础上将决策权下放给系统，可以将其理解为将*实践*决策权转让给根据效率和效益选择的最佳*方法*。我们在许多领域的辅助系统中都能发现这种根据给定目的和情况选择最佳方法的形式。此外，这种权力下放还体现在战略规划和决策领域：针对给定的一系列目标，根据实现的机会和风险对它们进行评估、优先排序和时间安排，选择直接实现或是迂回执行，以及在边际效用原则下根据消耗程度确认或放弃目标，并对实现程度进行设置，以决定何时停止遵循目标。现在对于智能工厂的短期或中期生产计划，在某些领域中就可以让战略自主系统在适当的参数下自动运行。这种自我组织的系统运转或决策产生的结果将*完全*满足或辜负决策授权主体的期望；由于系统内部过程的黑箱特性，我们无法以控制或调节的方式直接干预系统，只有通过修改中间控制和保证退出点的方式才可能进行干预。我们不能像有时想的那样，天真地要求保持算法透明，也不能假设算法部分透明，因为高度互联的处理使每部分的干预都有很大的风险，这将导致操作基础不再可靠。（这里提出的类型化的更详细的介绍见 Hubig，2015，章节 3.1.1，以及 Hubig，2019，281；相关研究也可见 Schilling et al.，2016，338-344。）

迄今为止所概述的这些理想类型仍然处于最广泛意义上的文化技术领域内，而超人类主义或后人类主义的系统技术则旨在改造主体本身，这类主体将不再被视为原有的创作者，也无法对结果产生差异化经验。无论将主体视为马克斯・莫尔的外在主义意义上的个人（More，2013），还是在技术专家政治主义导向的超人类主义意义上，将其看作如约翰・德斯蒙德・贝尔纳所构想的起推动作用的组织或机构（Bernal，1929），它都促使系统生效或将自己委托给了系统。从最初以信息技术为中心的角度来看，我们发现在这样的系统中存在符合第二种理想类型的混合性行动和符合第三种理想类型的授权行为，两者通过补充万维网媒介控制都会导致主体转化。我认为在这样的“超人类主义”设计方案框架下，仍然存在可以借助差异化经验进行调整之处，只要自然主体还能获取相应被转化主体的外观和效果，那么他们就能在此基础上判定是否有发生变化的意愿。然而在一些生物中心主义，特别是“后人类主义”乌托邦中，则将这一过程理解为把主体状态委托给进化进程，自然在此作为“优越的和完美的构造者”（Lem，1976，36）能够根据主体候选人的进化成功/失败处理其进一步发展。正如前面提到斯坦尼斯拉夫・莱姆曾经说过，由此将会造成“信息繁殖”，自然将信息提供给正经历转化的主体，同时验证他们的信息获取，并将自己添加进不断更新的信息库之中（Lem，1976，398）。此外，按照古典系统技术和混合化的人类-系统互动理想类型，主体通过基因操纵和基因替代的方式来推动新转化主体的出现，这些主体应该能够拥有如拓展感官、肢体再生、延长寿命等能力（Lem，1976，Kap. iv-vii）。

从以信息技术为中心的方案出发形成了各种组合，就连精神功能的扩张和稳定化也都是可设想的，并被纳入了考虑范围之中。由于基因干预极大程度上限制了主体后续变化的选项，在此基础上几乎无法设想通过任何形式将调节选项反馈给原有的创作主体；主体地位被移交给了进化过程本身。

三、系统边界和“人类边界”

为了得出准确的结论，我们必须讨论这四种互动类型的效用和限制，在此首先讨论它们的限制。一般来说，我们要先注意到以下几点：技术系统总是在*表征*的范围内运作，即其在系统处理过程中被确定为*某种东西*的呈现，并成为动因、回忆（系统“记忆”）或期望/预测的对象。从现象学中将身体作为中心的角度看，回忆和期望在这里被用在了一个相当薄弱且不真实的意义上；我认为在并且只有在这样一个薄弱的意义上，高等物种和机器才可以在处理表征能力的意义上被赋予意识。只要人类能够通过抑制和抵抗经验认识到自己是作为处理表征的主体，并且对象的形成相对于他的要求而言是“消极的形成”（Hegel，1808/1952，146-150），那么他就不会受到上述限制。当人类-系统接合点的透明性和可用性这一前提条件丧失以后，形成自我意识的可能性就自然达到了其边界（Hubig，2005）。因为对主体地位的外展/推论不再可能成为相对于被表征物的他物而存在。

最先对这一命题提出的反对意见可能是，智能系统能够很好地以自我模型的形式呈现。智能系统能够在决定论算法的基础上表征其系统状态、环境输入处理状态和学习进程状态，也能够预测未来状态。然而，由此却产生了著名的自我参照的悖论并被强烈简化，可以用朱利安·尼达·吕梅林对物质实现系统的观点（类似于针对心理能力的自然还原主义观点）总结如下：

让我们假设大脑在 t 时处于 z 状态，并进一步假设每一个信念都是在神经生理层面上实现的，那么对于大脑现在处于 z 状态这一信念也是如此。因此有两种可能性：一种可能性是 z 涵盖了这个信念的神经生理学相关性，那么信念就是真实的，但是认为大脑不在 z 状态下的信念同样是真实的，因为这个信念会相应地改变 z。反过来说，另一种可能性是 z 没有涵盖这个信念的神经生理学相关性，那么我认为大脑现在处于 z 状态的信念将是错误的，同时也是其矛盾的反面。因此，涉及自我大脑状态的信念具有奇怪的属性。自我反省显然是自然主义决定论中不可逾越的界限。（Nida-Rümelin，2006，5-6）

对于“信念”来说，我们可以在智能系统中使用“自我表征”这一表述，也可以用相应 IT 技术的实现来替代系统状态中的“神经生理学相关性”。

为了避免这种或其他类似的悖论，我们必须假设系统可以在客观层面上表征其系统状态，但只有表征本身除外。如果系统再对表征形成更高层面的表征，例如在时间点 t_2 的信息状态，那么虽然可以表征这些表征，但不能表征更高层面的表征本身，以此类推。一个不管什么类型系统中的“我”，作为超/后人类主义改造主体的“我”，都不能借助表征与“我”的创作者身份建立联系，只能与表征结果相关联。正如康德所强调的那样，“我”能够甚至必须伴随着总是向着更高层次的表征过程，但“我”不能表征这种伴随本身，或者像康德所说的“认识”自身，即把经验首先转变成构成综合体的概念（Kant，1787/1956，131 及以下几页）。

除了认知到自身与表征的联系以外（在处于功能准则的情况下），人类主体被迫参与到对表征的决定和处理中，并最终被迫承认自己是这些过程的构成。越来越高层次表征的倒退无法证实这一点，甚至像一些超人类主义者提到的自然主义决定论也不能填补这一空缺。因为对于每一个被揭露的神经生理学的、社会的、遗传性质的决定性关系都迫使主体声明立场，并决定处理或接受（即避免处理）“如果”的成分。正如康德强调，我们无法找到最终的决定因素，因此他尖锐地提出：“（它）必须是最坚定的宿命论者（或决定论者）……在任何时候都要像是自由的一样行动。”（Kant，1969，12）因此，这关系到承认（而非认知）自我是行动创作者，关系到自我分配责任（主体在此作为不可委托的*道德*自主，而非上文提及的可委托的*操作*和*战略*自主权），以及从承认中产生的实际理由。这种实际理由被称为“实际”，是因为它是行动的必要条件，其在意志中的创作者身份（不要与波动的需求和变化的欲望相混淆）恰恰不是神经哲学家格哈德·罗特（Roth，2003，第562页）所假设的“物理状态”，也不是我们所说的决定；更确切地说，意志和决定的基础是主体与无论以何种方式产生的物理状态的关系，这种关系在承认的状态下以自我归属的形式得到表达。因此，为了摆脱想象自我（作为自我模型）的多种选择，黑格尔在著名的“主人和奴隶”一章中更详细地揭开了承认的过程。一方面，为了将行动概念化，要求、指标和想法是必要的，黑格尔将其比喻为意识的“主人一面”。此外，为了实现这种作为工作的要求，必须制定计划并使之生效，这就是黑格尔所说的意识的“奴隶一面”。两方面都必须“承认自己是在承认的”（Hegel，1808/1952，143），以便行动能够发生；在这个行动经历阻力的过程中，或者用黑格尔的表述，在自我意识被“对象”所“抑制”的过程中，它才得以在其“真实”目的中经历自我：因为自我意识“只能从行动中了解”其“现实”（此处超越了单纯的概念化），以便能够把它自己准确地定位为失望或成功喜悦的承载者，例如以“这是我想要的”或“这不是我想要的”或“那不是我”的方式（Hegel，1808/1952，288及以下几页）。

在NBIC领域正在开发侵入性技术，由于接合点缺乏透明度和可用性，随着这些技术的干预程度不断加深、变化的不可逆转性逐渐增加，导致了接合点的（主观性）丧失。因此，形成超越自我模式的自我意识的核心前提消失了：因为在经历阻力的过程中，不再可能有对有问题的决定因素的诱导和推论（此处“诱导和推论”是与承认对立的），因此也不再可能与物理状态产生关系。这仅仅是由于方法的构成不正确，或对方法的处理不恰当吗？在追求目标的过程中是否出现了错误？是否因为想法中存在的问题只有在实现时才会完全显现出来，使得那些有问题的想法得到了认可？如果最终得到了相反的效果，是否应该将其看作集体行动，认定为系统开发者和用户之间复杂互动的结果？是否存在监管策略未涵盖的环境等影响因素？如果为了减轻负担而有意识地减少阻力，那么透明度和可用性的损失是可以接受的，这在援助系统领域和对应的混合行为承载者领域中是理所当然的事。然而，我们必须考虑到，原来在阻力中得到训练并更新的能力和技能在此过程中是退步的。自我意识的一个重要方面正是假设的技能，因为只有借助这种能力，世界才会作为提供阻力的抵抗者和他物呈现。吉尔伯特·赖尔将与人类作为缺陷性存在相对的能力称为“多轨”能力，用来和那些由固定类型的先决条件引发实现的单一素质进行区分（Ryle，1969，49-73，以及章节5）。这样的专项技能，例如在给定的临时功能系统中操作的能力，当然可以在处理系统时得到训练和优化（正如我们在年轻一代中可以看到的那样）；但这样一来，当然就无法意识到可能存在的问题，也无需承认系统效果的总体关联性。

如果以批判性意图看待这些特定的侵入性技术，质疑它们能否扩展或替代人类自然禀赋，就必须仔细区分它们，特别是根据它们的发展模式：例如，目前正在开发的视网膜植入物（仍未具备聚焦能力）绝不符合这种判断，因为肯定有希望找到适当的接合点；大脑控制的“智能”假肢也可以针对这种批评进行辩护，因为在原则上仍然可以想象在控制主体和器官之间的接合。

我们仍然要问，一些超人类主义者或后人类主义者提出的具有内部动力的进化，难道不能像尼克拉斯·卢曼所说的那样，使自我意识从“旧欧洲”角度归属其中吗？若是如此，我们将不得不遵守这些程序，反之则会受到灭亡的威胁。在这种情况下应该注意并想到，进化（有别于发展、成长或类似事物）的体现并不明显。更确切的是，我们发现存在许多不同的范式，它们在提出问题、建模策略和经验工作方面都各不相同，包括新达尔文主义、新拉马克主义、控制论形态学导向的理论（如FET）、群体遗传学方法等。对象领域不同，范式也不同，用行话说就是：假设各自的载体是进化的“造币厂”（从基因、基因组、基因型到个体表现型及其生殖联系、物种、属、种群再到生态系统），不同的*模型*由此根据不同对象层面上的处理得到发展。此外，范式根据对独立变量或因果变量的假设也有所不同（例如作为选择压力的主体或客体），并且基于对象领域的结构在不同的*模型*下工作（例如根据育种模型或热力学平衡模型）。此外，当涉及进化中*进步*的标准或拒绝进步的标准，或可能仅仅涉及这种进步的区域化方面时，这些范式都是不同的。与此相对应的是，对人类的评价也各不相同，或者将其作为“王冠”（如Kapp，1978，26）或者将其作为进化的“灾难”（如Wuketits，1998）。尽管如此，这些方法在解释或追溯某些特定的变化过程、条件预测、情景构建、趋势检测等各种界定的领域都相当强大。在斯塔尼斯瓦夫·莱姆的《技术学大全》（*Summa Technologiae*）中有一个明显的例子，说明了在混合最多样化的进化论概念后，超人类主义景象的光明面和黑暗面（关于进化论建模的更多细节，见 Hubig，2015，40-48）。

四、（人类）“天性”“技术”“文化”作为反思概念

在上述所有从分支切入的论证之后，我们最后试图从广义角度来看待这个问题。如果我们试图把天性、技术和文化作为物质来理解，并以思想方式来表征它们，我们将会发现无法对它们进行严格而精确地划分；除此之外，多样化的划分模式也证实了这一点，正如迪特尔·比恩巴赫尔指出，这些划分模式的成败取决于哪些内容被认为或被承认是相关的（Birnbacher，2006，章节 1，章节 6；Heilinger and Müller，2007）。在所有我们可以形成的想象类型之中，康德有意没有采纳其中一个概念（Kant，1956，376-377），但他却在核心之处运用了这一概念：这就是所谓的反思概念，它指的不是想法，而是指在形成与我们各种想法的参照的过程中，出现的各种考量和策略，它与我们的能力相关（Kant，1956，316）。康德强调，建立这种参照需要有一个判断参与其中，正如我们已经发现的，此处需要的是承认的行为。他将其阐明为认知能力，而非我们在此所关注的行动能力或欲望能力。相较于超人类主义者在他们的呼吁、宣言和计划中所假设的能力，康德所说的能力关乎方法、目的、目标和价值的可用性，以及作为承认这种可用性（或不可用性）的候选人的尊严。如果我们想要试图在这种指导下获得自然、技术或文化的概念，那么现在就应将这些概念把握为反思的概念（见 Hubig，2006，229-245；Hubig，2011）：我们将对有效模式的*参考*称为“天性”，其（也包括实验性的）实现是其构成中不可缺少的，因此相应地在问及“如何（实现）”时将其理解为降临之物，并强调它作为“命运”出现。在这种情况下，对象和性质就被贴上了“天性”的标签。与此不同的是，“技术”作为反思概念，与其自身的实现一起都被视作可支配的有效模式，这些模式也不再作为我们行动的他物出现。在这个意义上，拥有自我动态处理性质的技术将不再是技术，因为我们与技术的关系也变得不同。“文化”指的是制度化的、可靠度得到认可的传统条件，我们借助文化承认方法、目的、目标等是否具备

可支配性，并因此努力争取或谢绝奖赏，害怕或无视制裁。因此，文化*涉及*公认的更高层次的条件，我们在这些条件下协商、权衡和执行我们的承认过程。就此而言，正如恩斯特·沃尔夫冈·奥尔特指出，作为反思概念的文化将作为媒介，帮助我们进入被承认的定位可能性空间（Orth，2000）；对于个体主体来说，这种可能性空间只在一定条件下是可支配的，即其变化只能在明确的协商过程中发生，或是在隐性情况下，规则在行动执行的过程中自己发生了更新和改变，以及在互动过程中被颠覆。因此，这些承认的文化条件会发生历史性变化。过去被认为是“自然的”，或者用康德的话说是“不可想象的”（打个无趣比方，例如疾病），在被改变的文化条件下也可以将其视作技术效果，例如，技术的不作为效果（以脊髓灰质炎为例）。

经过以上论述，可以得出以下结论：超人类主义或后人类主义是技术项目的主要指导原则，我们不能在以物质本体论为导向的自然论点或在物质本体论形成的技术进化自我动力学论点（对人类也有本质决定性）下对其进行讨论。对“天性”的划界和对“技术”的自我肯定，两者都在规范上受到文化构成的制约，而文化则是在（效验）传统中经历明确和隐含认可过程后产生的结果。因此，我们在这里涉及的不可能是参照自然或从自然构成出发的*可能性*问题，也不可能是从自我发展技术出发的*必须性*问题；更确切地说是关系到我们将被如何判决的*意志*问题，也就是对目标的承认问题，而不是我们应该在多大程度上从某些调查结果中得出结论。而且这样的意志不能以抑制主体状态为目标，否则就会陷入表征性的矛盾之中。因此，我们只能在文化性论证的框架内运用超人类或后人类的指导原则，因为文化性论证并不会通过将预设转移到想象的自然或技术模型中来对其进行否定。

参考文献

Alpaydin，Ethem（2008）：*Maschinelles Lernen*. München：Oldenbourg.

Ashby，Ross W.（1974）：*Einführung in die Kybernetik*. 1. Aufl. 1956，Frankfurt：Suhrkamp.

Bernal，John Desmond（1929）：*The World，The Flesh & the Devil. An Enquiry into the Future of the Three Enemies of the Rational Soul*. Foyle Publishing，foyle.quarkweb.com，besucht am 15.09.2018.

Birnbacher，Dieter（2006）：*Natürlichkeit*. de Gruyter：Berlin.

Hegel，Georg Wilhelm Friedrich（1952），*Phänomenologie des Geistes*. 1. Aufl. 1808，hrsg. von J. Hoffmeister. Hamburg：Meiner.

Hegel，Georg Wilhelm Friedrich（1969）：*Wissenschaft der Logik*. 1. Aufl. 1813，hrsg. von E. Lasson. Hamburg：Meiner.

Heilinger，Jan Christoph/Oliver Müller（2007）："Der Cyborg und die Frage nach dem Menschen. Kritische Überlegungen zum ‚*homo arte emendatus et correctus*'". In：*Jahrbuch für Wissenschaft und Ethik*，Bd. 12，S. 21-44.

Hubig，Christoph（2005）："Wirkliche Virtualität – Medialitätsveränderung der Technik und der Verlust der Spuren". In：Gerhard Gamm/Andreas Hetzel（Hrsg.）：*Unbestimmtheitssignaturen der Technik – Eine neue Deutung der technischen Welt*. Bielefeld：transcript，S. 39-62.

Hubig，Christoph（2006）：*Die Kunst des Möglichen I. Technikphilosophie als Reflexion der Medialität*. Bielefeld：transcript.

Hubig，Christoph（2011）："'Natur' und 'Kultur'. Von Inbegriffen zu Reflexionsbegriffen". In：*Zeitschrift für Kulturphilosophie*，5. Jg.，H. 1，S. 97-119.

Hubig，Christoph（2015）：*Die Kunst des Möglichen III. Macht der Technik*. Bielefeld：transcript.

Hubig，Christoph（2017）："Erste，zweite，dritte Natur – Gegennatur？". In：Jens Kertscher/Jan Müller（Hrsg.）：*Praxis und zweite Natur*. Münster：mentis，S. 135-149.

Hubig，Christoph（2019）："Haben autonome Maschinen Verantwortung？". In：Hartmut Hirsch-Kreinsen/Annemarie Karacic（Hrsg.）：*Autonome Systeme und Arbeit*，Bielefeld：transcript，S. 275-298.

Hübner，Dietmar（2014）："Kultürlichkeit statt Natürlichkeit. Ein Argument gegen Anthropotechniken". In：*Jahrbuch für Wissenschaft und Ethik*，Bd. 19，S. 25-57.

Kant，Immanuel（1956）：*Kritik der reinen Vernunft*. 2. Auflage（"B"）1787，hrsg. von Raymund Schmidt，Hamburg：Meiner.

Kant，Immanuel（1969）："Recension von Schulz' Versuch einer Anleitung zur Sittenlehre für alle Menschen ohne Unterschied der Religion". In：ders.：*Abhandlungen nach 1781*，AA Ⅷ，Berlin，S. 9-14.

Kapp，Ernst（1978）：*Grundlinien einer Philosophie der Technik. Zur Entstehungsgeschichte der Cultur aus neuen Gesichtspunkten*. 1. Aufl. 1877，Düsseldorf：Stern Verlag.

Kotsiantis，Sotiris B.（2007）："Supervised Machine Learning：A Review of Classical Techniques". In：*Informatica* 31/2007，S. 249-268.

Lake，Brenden M. /Ullmann，Tomer D. /Tenenbaum，Joshua B. /Gershman，Samuel J.（2016）："Building Machines that Learn and Think Like People". In：*Behavioral and Brain Sciences*，Bd. 39，S. 1-101.

Lem，Stanislaw（1976）：*Summa technologiae*. Frankfurt：Insel.

Luhmann，Niklas（1984）：*Soziale Systeme. Grundriss einer allgemeinen Theorie*. Frankfurt：Suhrkamp.

More，Max（2013）："The Philosophy of Transhumanism". In：Max More/Natasha Vita-More（Hrsg.）：*The Transhumanist Reader：Classical and Contemporary Essays on Science，Technology，and Philosophy of the Human Future*，Somerset：John Wile & Sons，Inc.，1-19.

Nida-Rümelin，Julian（2006）："Ursachen und Gründe". In：*Information Philosophie*，H. 1/2006，https://www.philosophie.uni-muenchen.de/lehreinheiten/... 4/... /replik_urs_gruende.pd，S.6，besucht am 20.09.2018.

Ortega y Gasset，José（1949）：*Betrachtungen über die Technik*. Stuttgart：Deutsche Verlags Anstalt.

Orth，Ernst Wolfgang（2000）：*Was ist und was heißt "Kultur"? Dimensionen der Kultur und Medialität der menschlichen Orientierung*. Würzburg：Königshausen & Neumann.

Roth，Gerhard（2003）：*Fühlen，Denken，Handeln. Wie das Gehirn unser Verhalten steuert*. Frankfurt：Suhrkamp.

Ryle，Gilbert（1969）：*Der Begriff des Geistes*. Stuttgart：Reclam.

Schilling，Malte/Kopp，Stefan/Wachsmuth，Sven/Wrede，Britta/Ritter，Helge（2016）："Towards a Multidimensional Perspective on Shared Autonomy". In：The 2016 AAAI Fall Symposium Series：*Shared Autonomy in Research and Practice Technical Report*，FS-16-05，S. 338-344.

von Aquin，Thomas（1937）：*Summa theologica*，hrsg. vom Katholischen Akademieverband，Bd. 6，Salzburg/Leipzig：Pustet.

Weber，Max（1968）：*Methodologische Schriften*. Studienausgabe，hrsg. von Johann Winckelmann，Frankfurt：Fischer.

Wuketits，Franz（1998）：*Naturkatastrophe Mensch. Evolution ohne Fortschritt*. Düsseldorf: Patmos.

Merger of Technology and Life?

—A Clarification of Terms at the Interface of Human Being and Technical System

Christoph Hubig

(University of Stuttgart)

Abstract: In the current debate, central concepts and programs of transhumanism are dealt with in a rather abstract way. For illustrating purposes many examples are cited, yet precise analysis of the relationship of case-studies between the more general concepts and guiding principles is missing. Thus, types of a possible relation between human being and technical system, that is the human-system-interaction, are explored. Moreover, limits of the system performance as well as limits of human knowledge of this interaction are outlined. These limits concern also and especially the legitimation and justification of an apparent development towards transhumanism. As "evolution" cannot be inserted as legitimacy, concepts of "nature", "technology" and "culture" have to be negotiated as markers for relations to the world, which we assume and reflect upon on the basis of acts of recognition.

Keywords: technology, life, transhumanism

数据信任的类型、特征及其对策*

杨庆峰
（复旦大学）

摘　要：大数据的伦理问题除了数据隐私之外，数据信任也是一个重要的问题。对这一问题主要从技术角度探讨缘何信任数据。但是，数据信任的构建还需要对数据信任行为有明确的界定。人与人的信任行为包括因真而信、因情而信和因意而信。而数据信任除了具有这三个方面的规定性，还具有典型的技术特征和社会特征。前者意味着数据信任与技术可靠性密切相关；后者意味着数据信任还与社会-技术体系有关；可以通过至少四种途径来构建数据信任：通过实现系统和算法的可解释性建立系统信任、通过增加数据活动的透明性建立数据信任、通过弱化技术实体化理解来建立技术信任和通过消除技术恐惧来建立技术信任成为主要途径。

关键词：大数据，数据信任，伦理问题

在人工智能（AI）与大数据领域中，存在着一些共同的伦理问题，比如自主性、隐私和信任。安娜·约宾（Anna Jobin）等对AI伦理原则和规范进行了分类研究，并指出其中的关键伦理原则。在她看来，隐私、透明性、自由、公平、信任、责任等都是上述领域发展需要遵循的必要伦理原则。①这意味着数据信任已经成为数据伦理不可忽视的问题。目前，对于数据信任的认识还缺乏系统性，这一工作需要逐步展开。本文试图对信任及数据信任这

---

*　资助项目：2020年度国家社会科学基金重大项目（20ZD&045）。

①　Jobin A，Ienca M，Vayena E. 2019. The global landscape of AI ethics guidelines. https://doi.org/10.1038/s42256-019-0088-2[2020-07-10].

一问题做出分析。

一、信任行为与数据信任

在约宾等人的文章中，梳理了世界范围内 AI 伦理规范文件中关键伦理概念如隐私、透明性、自由、公平、信任、责任等的出现情况。作者分析了 84 份文件，其中 73 份文件提到了“隐私”。数据隐私主要表现为数据泄露以及在数据共享过程中的问题。另外有 28 份提到了“信任”。这个数字并不显眼，但是，数字小并不意味着地位不重要。相反，数据信任原则有着其独特的地位，需要关注。

讨论数据信任问题，通常更多的学者偏重大数据、算法甚至 AI 有关的技术方面。比如数据、算法以及 AI 系统稳定性决定了这种信任程度；数据本身的真实性决定了数据是否可信；算法的可靠性与透明性决定着该算法是否可信；还有算法与 AI 本身的可解释性也影响到了算法与 AI 的可信性问题。所有在构建可信的算法或者可信的 AI 系统时科学家或者工程师更加强调要做到系统的透明性、可解释性和稳定性。这种观点是从技术本身来说明数据信任和可信数据的问题。可信问题直接与技术本身相关。但是，技术哲学理论早已揭示出技术并非孤立存在的对象，而是与社会整合在一起的系统，整个社会也逐渐体现为社会-技术系统的融合体。这样一来，我们会发现数据信任并非仅仅与数据本身有关，而且和文化、价值、机制和机构等社会因素密切相关。这无疑都指向与人有关的方向。所以数据信任表面上看涉及的是人与数据的信任关系，但是根本上说还是涉及人与人的信任关系。

这样一来，我们面临的一个基本问题是：什么是人与人的信任？要对这一问题做出准确解答并不容易，本文将信任行为划分为三类①。

（1）因真而信：这种信任是基于感知和认知的信任。“眼见为实”这一观念说明人们很容易相信和接受自己亲眼看见的东西；认知既包括科学意义上的认知，也包括技术意义上的认知。如果人们对一个事物有着准确认知，

① 信任的结构不同于信任的类型，包括信任者、被信任者和信任关系。如果从信任行为的构成角度来说，包括信任行为、信任对象。但是本文并不打算讨论信任的结构，而是重点讨论信任行为如何通过知、情、意等意识的三个维度构建起来。

那么就会产生一定的信任。反之，因为无知而导致恐惧、畏惧。

（2）因情而信：这种信任是基于情感的信任。信任有着强烈的情感属性。比如父母与孩子之间因为有着明确的情感关联，所以这种信任很容易建立起来；此外，我们对熟悉的环境也容易产生信任。这些都属于这种信任。

（3）因意而信：这种信任是基于意愿的信任。这种信任主要是基于某种特定的意愿，其表达出来是“我更愿意相信某物或某人”，和上面的两类相比，这种信任更加随意。在这种情况下，有可能会出现有人愿意相信一个坏人，因而恶人会表现出格外的关心和关注。

从上面的分析中可以看出，信任是意识行为，与知、情、意都相关。当理解了信任行为的类别之后，再来看信任关系就更加明晰了。

首先，信任关系主要是适用于人与人之间的范畴，是人类社会独特的价值体现。这可以从三个方面表现出来：①信任是陌生个体之间建立稳定关联的前提。个体之间的交往需要建立在一定的信任基础上，这种信任往往是由共同的熟悉感给予的。比如听到母语或家乡话，会感到格外亲切，很快熟悉起来。或者找到共同的爱好，很快建立了信任。②信任也是家庭稳定的基础。夫妻之间、父子之间、母子之间、兄弟之间的信任是由姻亲关系或血缘关系给予的，这是一种基于亲情的信任。③信任是一个社会健康发展的保证。从人类社会稳定来看，信任至关重要。一个家庭如果没有了基本信任就会破裂；朋友之间如果没有了信任，友谊关系就不再延续；在一个社会中，没有了信任，人与人之间的关联就会丧失，变成纯粹的原子个人。信任是人与人之间关系稳定的前提。

其次，信任关系可以被扩展到人与技术之间。上述分析中的信任主要是人类社会的价值基础，也是伦理学中的普遍认识。人对人的信任本质上属于时间性问题，所谓“日久见人心”。此外，人与人的信任也会存在时效性问题。因为特定的境遇上述信任关系会断裂。但是随着科技伦理学的发展，这一关系逐步被用于人与技术之上，其核心问题是，人如何信任技术系统？这种信任往往是建立在被信任者即技术的可靠性和可解释性之上的，可以看出缺乏时间性这一维度。这是由技术本身的规定性导致的，技术是功能性产物。时效性对于技术信任而言是存在的维度，因为技术或技术体系损坏、算法黑箱等，都会导致数据信任的时效性问题产生。“技术拒绝”就是一个明显的系统信任导致的问题。[①]比如在人脸识别的场景中，经常会出现无法识别的情况。另外，除了信任本身的类型和关系表达之外，还有就是信任表现出来的各种关系，比如信任与不信任、信任及可信的等，这些都是信任有关的重要问题。

对比人类信任与数据信任，也会发现类似的规定性。比如大数据信任也有上述三种行为的特征。如因真而信，大数据也会提供知识，与大数据知识有关的信任就是与真有关的信任；因情而信，大数据往往会给人冰冷、理性的感觉，这种感觉往往会减少人们对于大数据的信任感，如此，需要有意识地提出人性化数据、无偏见的数据、带有温度的数据，这些使得人们与数据环境之间建立起稳定的感情关联；因意而信，这一点在很多领域中表现出来，相比人言与描述，人们更愿意相信和接受数据表征出来的东西。但是，这种类似性还是有限度的，因为数据及其对象并不是人，人与数据之间的信任关系很大程度上不同于人与人之间的信任关系。至少在交互性上二者就存在着极大差异。人与人之间因为日久交流而生出信任；但是人与技术、人与数据之间的信任却仅仅是建立在功能的可靠性基础上。

二、数据信任的技术特征

上面的分析已经表明：信任关系可以从人与人的关系扩展为人与技术之间的关系，这一关系建立的基础是技术的可信性，而技术的可信性的基础是技术的可靠性和可解释性。对这两点需要给予足够的重视。

以大数据的可解释性为例，大数据知识工程的可解释性是一个难题。“现有大数据知识工程往往关注模型性能的提升，较少关注可解释性问题……未来需要进一步实现认知智能的落地应用，实现基于知识图谱的可解释人工智能。”[②]这影响了大数据知识的可信性问题。技术的可靠性是指结构与功能上的可靠性。在技术哲学的分析框架中，结构与功能是分析技术物最为典型的概念框架。结构可靠性与设计有关，三条腿的桌子结构设计明显比

① 在笔者新作第一章“技术拒绝”中对这一问题有专门的论述，参见杨庆峰，闫宏秀，段伟文，等. 2021. 技术有病，我没药. 上海：上海三联书店.

② 吴信东，靳小龙，陈欢欢. 2021. 大数据知识工程研究进展与发展趋势. 中国计算机学会通讯，(6)：77.

一条腿的结构更加稳定，表现出来的稳定性就有不同的差异。功能是结构的外在表达，从稳定功能的实现来说，就与支撑点和桌腿的数量有直接的关系。从数据来看，数据的可靠性则与数据的搜集、提取有关系。技术的可解释性与技术机制和原理有直接的关系，如果一个技术系统的运行原理是清楚的，也就是白盒状态，那么就是可解释的。这两点最为直接地影响到技术的可信性。

在大数据时代，数据的可信性还与其他诸多因素有关，比如数据的时效性和偏见性。数据是有时效的，这一点通常被数据的精准性所遮蔽。在这个时代，科学家着力于数据挖掘技术的发展及通过建模实现相关关系的呈现。功能性需求的存在使得这一点朝着极其成功的方向发展。但是，所有的数据活动的基础实际上是两个：表征主义和时间性。数据表征主义意味着被采集对象与采集数据之间的对应关系。比如一个人的身高 1.8 米，这个 1.8 米和实际身高之间存在着表征对应关系。这一点往往是被关注到的。在实际的数据活动中，越来越多的数据被采集被挖掘出来，越来越多的数据本体被构建出来。中国互联网络信息中心（CNNIC）发布的第 46 次《中国互联网络发展状况统计报告》显示，截至 2020 年 6 月，我国手机网民规模为 9.40 亿。①这个数据说明了手机使用对象的庞大数量。我们都知道，数据采集更多来自这些手机用户。另外，时效性往往容易被忽略。这一特性主要是体现了被采集对象数据的时效性。我们构建这样一个思想实验：某个网站的算法本意是为孕妇 A 推荐相关产品，但是后来孕妇 A 在孕期 1 个月后就不幸流产。她非常悲伤，沉浸在丧子的痛苦中。但是没有更新数据的算法依然在推荐相关产品。②这个实验例子中蕴含着一个伦理问题：流产前新的婴儿产品会让孕妇充满期待和欣喜；但是流产后的产品推荐则引发了孕妇对不幸经历和痛苦的回忆。在这个例子中，数据信任可以区分为两个阶段：其一是在孕妇怀孕期间，其二是孕妇流产后。在第一个阶段中，通过关于该孕妇的相关数据是有效的、可靠性，其推荐的产品可以得到孕妇的认可和接受。但是在第二个阶段中，数据就变得不可信任，因为被推荐的对象不再是孕妇，而变成了具有

① CNNIC 发布第 46 次《中国互联网络发展状况统计报告》. http://www.cac.gov.cn/2020-09/29/c_1602939909285141. htm?from=timeline[2022-07-04].

② 事实上，这种更新也是难以实现的，因为孕妇的流产是私密的事情，相应的企业无法获知这种变化。

丧子痛苦经历的女性。这种基于不可靠数据的产品推荐不仅没有起到有效作用，反而成为不断引发痛苦回忆的源头。在这个特殊例子中，根据自然状态，孕妇妊娠时间是 280 天。280 天之后，她就会成为一个“母亲”。这些都是建立在一个健康的、符合逻辑的前提之上，而如果出现了流产、终止妊娠等情况，那么就不可能有一个“母亲”出现。这些日常可见的例子实质是表达了被采集对象的时间性，某种状态持续都是有时间性限制的。但是，很多算法设计者在考虑数据对象的行为时，往往把这个前提忽略，把采集到的数据看作是绝对有效的。所以出现了前文所说的算法永无休止地向失去孩子的女人推送着毫无意义的产品，而丝毫没有意识到这种推送背后存在着极大的伦理问题，将女人的创伤一次又一次地揭开，加以伤害。

数据偏见是一个普遍现象，其本意是指数据是有偏见的。笔者曾经撰文指出，作为错误的歧视行为，数据偏见是可以消除的；作为在先的行动或者理解的前提，数据偏见是无法消除的，甚至会成为智能体行动和决策的先决条件。嵌入智能系统中的道德观念是一种独特的偏见，无法消除，而且它们构成了智能体伦理行动的前提。①在大多数情况下，数据偏见来自历史数据，过去的数据不符合现实的情况从而导致偏见；除此之外就是采集对象的偏见所致，采集某种特定偏好的数据，比如 VIP 数据。从数据偏见产生的可能性来说，首先来自数据与对象的事实不符。在西方讨论数据偏见的时候更多表现为种族偏见等。哈佛大学的拉坦纳亚•斯维尼（Latanya Sweeney）也非常重视数据安全、隐私以及机器学习算法偏见等问题。她谈到了一类与种族主义有关的偏见。她的研究表明带有黑人身份的名字至少有 25%的可能性与逮捕相关的广告联系在一起。“在更多广告推送的网站上，黑人身份的名字得到一个有关逮捕记录搜索的可能性超过 25%。”②单纯就技术而言，一种技术可能由于其设计和测试环境过于单一而产生种族歧视问题，有时候，技术和数据科学也会强化某种种族偏见。就科技公司而言，其职工可能会因为所属种族而受到区别对待。而且，由于结构性的种族主义因素，科技公司也会开发出带有种族偏见的技术。数据和科技界应当避免制造出带有种族问题

① 杨庆峰. 2019. 数据偏见是否可以消除？自然辩证法研究，35（8）：109-113.

② Sweeney L. 2013. Discrimination in online ad delivery. https://arxiv.org /abs/1301.6822[2018-04-25].

的技术，并且意识到行业中存在种族方面的问题并去解决它。解决的方法包括为技术研发人员提供更好的培训、让团队更多样化、更好地接受受众反馈。①其次是某种特性被放大的结果。比如在种族偏见中，可能有些黑人会表现出一定的犯罪率。但是这一特性被放大，给人造成了认知上的困扰。这就使得新的偏见得以产生。最后是来自某种选择性行为的结果，这可以被称为蒙太奇式的数据偏见。数据被剪接，相关性关系被建立起来，并且被强化，这就导致了这类偏见的产生。数据偏见使得有偏见的数据成为可能，增强了数据的不可靠性，从而最终导致不可信任的数据的产生。

三、数据信任的社会特征

在数据的讨论中，有一个基本问题：数据已经成为整个社会的技术框架，换句话说数据已经成为整个社会运行的框架基础。如果说传统社会中，基本的伦理制度、法律规范是社会运行的框架基础。那么在今天数据已然成为这一框架基础中的不可缺少的部分，比如数据信任可以帮助社会解决公共事业与隐私的难题，这一情况也说明社会运行的数据特征与数据信任的社会特征。

第一，在社会经济领域数据不信任感变得越来越明显。在经济领域如在线交易和数字交易中不信任感经常会存在。数字体验已经影响到了在线交易的信任感。在传统的交易形式下，一手交钱一手交货是主要的形式，这种面对面的交易方式的信任是建立在即时的交易人与物品的在场基础上的。然而在线交易形式中，我看到的是图片，真实物品的形态和品质都是无法了解的，物品并非真实的物品而是加入了诱导性因素。比如某平台上的食物等照片拍得非常专业，具有质感，让人有了购买的欲望，但是实际送来的食物却并非所见那样诱人。如此，信任感确实会降低。那么如何才能找到更好的方法减少数字不信任感的产生？也许需要划分出不同的商品类型，比如熟食这样的东西并不适合在线销售，因为食物的口感与味感受到多方面的影响。此

① Terp S-J. 2020. GoodTechChoices：Addressing past and current racism in tech and data. https://www.atlanticcouncil.org/blogs/geotech-cues/goodtechchoices-address-racism-tech-and-data/[2021-07-03].

外，数据的透明性与可信任度也成为数据治理的一个重要难题。加拿大国际治理创新中心《帮助组织掌握数据治理》报告指出，许多组织都在试图将大数据分析整合到日常运营中，但遇到了不少挑战，包括数据的透明度、可信任度以及人工智能的伦理问题等。这些挑战可以通过遵循数据治理标准来解决，但目前还没有明确的标准来为企业部署数据分析项目提供指导。一个好的数据治理标准应该是便于执行而且成本较低的。报告对此提出了一系列建议，认为标准应该首先确定其设立目标和涵盖范围，并在数据的可靠性、使用权、可信度等方面作出相关规定。①

第二，对于政府来说，准确的数据有助于政府决策，这种可信数据加强了决策的可信度。

亚洲开发银行首席经济学家萨瓦达（Yasuyuki Sawada）以及总干事办公室顾问伊莱娜 • S. 谭（Elaine S. Tan）在《用可信的数据应对发展挑战》一文中指出，准确的数据对于政府的决策是必不可少的，可靠、高质量和及时的数据可以帮助政府设计和实施相应的治理项目。例如，政府可以通过数据确定哪些家庭和企业需要帮助，以及它们需要怎样的帮助并可以通过何种渠道提供帮助，确保在经济发展中不会有任何人掉队。②这的确是一个问题，对于中国而言，如何甄别出真实有效的贫困家庭数据曾经是一个问题。

第三，可信数据对于数字化转型、数字身份的构建也非常重要。目前数字亚洲、数字中国、数字长三角、城市数字化转型等概念蜂拥而出，这些概念通过数字实践加以实现。所以如何获得可信数据就成为一个关键问题。一份关于加拿大数据再使用的报告指出，加拿大现有的做法和工具不利于数据共享，他们正在通过制定国家项目和新的数字身份框架等措施保护消费者的数据安全，需要构建一个数据重用的国家框架来管理数据共享风险。③该框架应包括基于行业的数据战略、跨数据价值链的新数据专业人员类别认证、通用互操作性和治理标准，以及安全可靠的数据传输基础设施。联邦政府应

① Girard M. 2020. Helping organizations master data governance. https://www.cigionline.org/publications/helping-organizations-master-data-governance[2021-07-03].

② Sawada Y，Tan E S. 2020. Meeting development challenges with trusted data. https://blogs.adb.org/blog/meeting-development-challenges-trusted-data[2021-07-04].

③ Sawada Y，Tan E S. 2020. Meeting development challenges with trusted data. https://blogs.adb.org/blog/meeting-development-challenges-trusted-data[2021-07-04].

该考虑设立一个独立的机构，利用数据重用进行数字化转型。同时，政府也需要设立新的立法、法规、资金和项目管理以及推进跨联邦部门与机构和省、地区、土著政府以及关键经济部门之间的协调。此外，政府应考虑将数据共享资源委托给加拿大统计局，以启动加拿大数据再利用框架的创建。① 可以看出该框架还是具有比较大的目的的。在数据安全这一问题上，我国刚刚通过的《中华人民共和国数据安全法》为保护数据活动提供了明确的法律依据。

以上讨论了可信数据的重要性，这也进一步说明了数据信任的重要性。那么如何建立数据信任呢？

四、构建数据信任的若干对策

上面的分析表明：信任是意识行为，与知、情、意都相关，其理性成分与非理性成分都起作用；从对象而论，与对象的可靠性、透明性或可解释性有关。而不信任是信任的反面表达，其理性明显会少于信任判断，但更多与怀疑、恐惧的个体集体意识有关。不信任与主体情感、意愿有关系，比如风险担忧、恐惧及黑箱等都是导致不信任的根源。针对几类数据不信任的现象，本文提出了如下对策。

1. 通过实现系统和算法的可解释性建立系统信任

智能计算系统是否透明、可解释性决定了人们对系统的信任。“解释对于关乎它们的行动、行为和决策透明（与否）的 AI 系统来说是重要的，尤其是在人类需要基于 AI 系统结果决策的场景（情境）中更加重要。一种合适的解释能够提升人类对于系统的信任，在交互关系中能够允许更好地合作。”②所以，破解与技术系统有关的不信任问题主要是构建透明的、可解释的系统，从而让技术人员对系统产生信任。这种信任与技术原理有关。从算法角度看，深度学习（20 世纪 80 年代仅 3—4 层，2014 年为 22 层）中的不

① Girard M. 2021. A Canadian framework for data reuse. https://www.cigionline.org/publications/canadian-framework-data-reuse[2021-07-03].

② Madumal P，Miller T，Vetere F，et al. 2018. Towards a grounded dialog model for explainable artificial intelligence. https://arxiv.org/pdf/1806.08055.pdf[2021-07-19].

可解释性是阻碍其发展的障碍，特别是在图像和文本处理上，很难解释模型到底学习到了什么。生成对抗网络（GAN）的图像生成中深度神经网络构成了“黑盒系统”，实际解释起来也非常难。

2. 通过增加数据活动的透明性建立数据信任

数据活动及其机构信息是否透明决定了人们对数据机构的信任程度。所以，从数据活动的角度看，由于涉及多个环节，那么必须要使得各个环节实现透明化，而且不同环节机构的信息透明化，只有这样才能够获得数据信任。

3. 通过弱化技术实体化理解来建立技术信任

AI 的实体化理解（具有比如基于数据偏见进化而来的恐惧、怨恨、仇视等负面情感的超级智能）强化了对技术的无知和恐惧。这种恐惧化降低了人们对于 AI 系统的信任。而另一方面 AI 过程/原理的黑箱使得人们对技术的信任度降低。如鲁棒性以及不透明导致信任问题的加剧。对于这一点已经有一些学者指出了这一问题。不可解释的 AI 包含的伦理问题有透明性、偏见、隐私安全、可理解性、信任等①。

4. 通过消除技术恐惧来建立技术信任

在敌托邦式的技术文化中，大量邪性机器人形象、破坏性较强的奇异战士给人留下了深刻印象，让人们对其产生了恐惧和疏离认知，如 T-800、磁力机器人。这些负面技术文化塑造了对技术不信任的集体意识。而要消除这一点需要重新构建更好的技术文化。

通过上述分析，我们已经认识到数据信任中关键问题是人如何对数据产生信任。从更为宏观的角度看，这也关系到人如何对技术产生信任这一问题。除了与技术知识本身有关的真实性问题之外，还与技术系统的可靠性与可解释性相关，更与社会-文化因素有关。除了注重技术本身如通过提升技术系统的可解释性、技术结构与功能的可靠性来增强技术信任，还需要注意到与数据活动相关机构的信息透明性的因素，更要注意到一些敌托邦式技术文化的负面影响。只有将技术作为综合性因素才能实现技术信任。

---

① Bostrom N，Yudkowsky E. The ethics of artificial intelligence. In：Frankish K，Ramsey W. Cambridge Handbook of Artificial Intelligence. New York：Cambridge University Press，2014.

Data Trust: The Kind, Character and Its Strategy

Yang Qingfeng
(Fudan University)

Abstract: Except data privacy, data trust is also an important problem in the data ethics. We can discuss it from the perspective of technology. However, the construction of data trust also requires a clear definition of data trust behavior. The trust behaviour in different people includes three kinds. It is trust based on truth, emotion and will. Data trust has typical technological and societal characters except three characters above. The technological character means that data trust is closely connected with technological reliability; societal character means that it is relevant to the social-technological system. We can build data trust through four approaches: to seek accountability of system and algorithm; to increase the transparency of data activity; to weaken the substantial understanding of technology; and to eliminate the horror of technology.

Keywords: big data, data trust, ethical problem

伦理是否可以解码"信息疫情"？*

闫宏秀
（上海交通大学）

摘　要："信息疫情"的治理是当今社会的一个重要问题。伴随人工智能、大数据、机器学习等对信息的介入日益深入，信息的产生、传播与接受等呈现出多元主体与主体边界模糊、技术驱动与被技术驱动、伦理趋于隐形与技术呈现出作为伦理主体趋势等的新特征。这使得"信息疫情"更易暴发、更易传播，且危害性更强、治理更加复杂。但"信息疫情"，究其本质而言，可追溯到人与技术。伦理作为深藏在人与技术的深层关联中的一条主线，恰恰为该问题的破解提供了一个有效的切入点。"信息疫情"缘起的伦理意蕴是伦理介入"信息疫情"治理的前提条件，当今技术伦理学的发展是伦理介入"信息疫情"治理的有效性的学理基础；走向"信息疫情"出现的场景伦理校勘是破解"信息疫情"难题的一个必要条件，是对其进行治理的一个重要考量。

关键词：信息疫情，伦理，数据，智能

关于非真实的信息问题，如虚假信息、错误信息、谣言等词汇常常出现在信息的流通与传播之中，并被视为一种社会顽疾。特别是在今年的新冠肺炎疫情防控期间，此类信息呈现出了井喷的迹象。世界卫生组织（WHO）在其 2020 年 2 月 2 日关于新冠病毒的第 13 份情况报告中特别强调了"信息疫情"（infodemic）一词①；世界卫生组织数据内容管理者安德鲁·派特森

---

* 本文为国家社会科学基金规划项目"数据记忆的伦理问题及治理研究"（19BZX043）阶段性成果。

① WHO. 2020. Novel coronavirus（2019-nCoV）situation report-13. https://www.who.int/docs/default-source/coronaviruse/situation-reports/20200202-sitrep-13-ncov-v3.pdf?sfvrsn=195f4010_6[2020-03-09].

（Andrew Pattison）认为“关于病毒的虚假信息传播速度比病毒快，虚假信息已经进入到了人们的生活之中，且对人类的影响比病毒自身所产生的影响还要大”[①]；2020 年 2 月 12 日，《麻省理工科技评论》指出“社交媒体格外放大了冠状病毒的恐惧。社会媒体允许虚假信息以前所未有的速度传播，这种传播所创建的高度不确定性环境，加剧了个人和网络上的焦虑和种族主义”[②]。因此，“信息疫情”所呈现出的巨大危害性使得对其的治理成为疫情防控的一个核心问题。

事实上，“信息疫情”并非仅仅出现在此次新冠肺炎疫情防控之中，也并非从未进行过治理。然而，伴随人工智能、大数据、机器学习等的发展，信息的产生、传播与接受等呈现出多元主体与主体边界模糊、技术驱动与被技术驱动、伦理隐形与技术呈现出作为伦理主体趋势等特征，这使得“信息疫情”更易暴发、更易传播，且危害性更强、治理更加复杂。但毋庸置疑的是，“信息疫情”的出现，是人与技术交汇的结果。在这种交汇中，人的伦理属性与技术的伦理意蕴使得伦理成为一条主线。因此，这条主线也应是破解“信息疫情”难题，走向“信息疫情”治理的一个有效切入点。

一、“信息疫情”的伦理意蕴

在此次新冠肺炎疫情的暴发与防控过程中，关于新冠病毒的各种信息呈现出泛滥景象，且真伪难辨。这种景象使得人们在真正需要信息的时候，因有效信息被大量无效信息干扰或淹没，而很难找到可信的信源，得不到可靠的指导。事实上，早在 2003 年，大卫 • J. 罗斯科普夫（David J. Rothkopf）将针对“一些事实，与恐惧、猜测和谣言混合在一起，被现代信息技术在世界范围内迅速地放大和传播，以完全扭曲根本事实的方式对国内和国际经

---

① Ramirez L. 2020. ‘Infodemic’：World health officials aim to fight rising misinformation about coronavirus. https://sanfrancisco.cbslocal.com/2020/02/12/infodemic-world-health-officials-aim-to-fight-rising-misinformation-about-coronavirus/[2020-03-08].

② Hao K，Basu T. 2020. The coronavirus is the first true social-media “infodemic”. https://www.technologyreview.com/2020/02/12/844851/the-coronavirus-is-the-first-true-social-media-infodemic/[2020-02-20].

济、政治乃至安全造成影响”[①]的现象称为“信息疫情”。

此次“信息疫情”的出现，与大卫·J. 罗斯科普夫所描述的现象极为相似，源自对事实的认知不充分与恐惧、多元信息主体的聚合效应、信息不对称性等在新媒介技术环境中的一种呈现。在此中，新技术因其为信息传播所提供的高效便捷性与高度迅速性，而成为“信息疫情”燃爆的催化剂。

就此次“信息疫情”而言，在新闻传播、媒介、行为科学、心理学等领域，围绕信息内容、传播过程、非真实信息的形成机制等展开分析。其中，伦理被视为“信息疫情”产生的一个原因，伦理观念的界定、多种伦理观念之间的取舍标准等成为应对“信息疫情”的一个难点，或者将伦理作为解决“信息疫情”的一个路径等。如拉维尼亚·马琳（Lavinia Marin）认为以信息内容真实性为重点的“信息疫情”治理效果甚微，有效的“信息疫情”治理应当考虑信息语境，因为“信息疫情”的产生是用户与信息交互的结果。因此，我们需要一种价值敏感性设计来重新评估用户之间如何在社交媒体上互动，以及在危机情况下如何与在线信息互动[②]；在斯蒂芬尼·A. 贝克尔（Stephanie A. Baker）等人关于流行病中的错误信息应对策略研究中，将关于伤害概念的界定与内容审核关联，提出以“采取更加透明和细致的内容审核策略来提高公众的信任度和关于疫情的在线信息质量”来应对“信息疫情”，但在关于伤害的界定中，是经济优先还是公共健康优先等问题事实上已经进入到了伦理和道德哲学的领域[③]；米拉德·米尔巴拜（Milad Mirbabaie）等认为，流行病传播期间的社交媒体应“为公众及时提供健康信息获取途径，以增强信任、隐私和伦理”，“培养从业者对健康传播伦理的清晰认识”[④]等。

在上述关于“信息疫情”与伦理的关联中，可发现在信息产生、传播、

① Rothkopf D J. 2003. When the buzz bites back. http://www1. udel.edu/globalagenda/2004/student/readings/infodemic.html[2020-02-20].

② Marin L. 2020. Three contextual dimensions of information on social media：Lessons learned from the COVID-19 infodemic. https://doi.org/10.1007/s10676-020-09550-2[2022-01-19].

③ Baker S A，Wade M，Walsh M J. 2020. The challenges of responding to misinformation during a pandemic：Content moderation and the limitations of the concept of harm. Media International Australia，177（1）：103-107.

④ Mirbabaie M，Bunker D，Stieglitz S，et al. 2020. Social media in times of crisis：Learning from Hurricane Harvey for the coronavirus disease 2019 pandemic response. Journal of Information Technology，35（3）：207-208.

接受等过程中，一方面是信息伦理、职业伦理、行业伦理、企业伦理等不同的伦理分支以汇聚的形式呈现。这种呈现将技术伦理与人的伦理属性汇集。另一方面是对不同伦理观念的取舍与平衡问题，特别是算法黑箱，以及数据挖掘等技术所蕴含的偏见与歧视等将上述问题直接指向技术，这种指向带出了技术与伦理之间的内在关联，即技术并非仅仅是技术本身，其蕴含伦理诉求。这种诉求既包括伦理表征的维度，也包括伦理问题的维度。说其是伦理表征，是因为所呈现出的信息是人的伦理观念通过媒介技术得以外化的结果。这种结果包括技术对人的伦理观念的影响乃至塑性，如当今的算法推荐系统所构造的数据环境就已经产生了上述效应。说其是伦理问题，是因为“信息疫情”自身就是一种伦理问题，从狭义的意义上看，属于媒介伦理失范的一种表现。这种失范与人自身对病毒认知的不足，大数据、互联网等为信息产生与传播所提供的技术支持一起促成了“信息疫情”。

反观关于应对“信息疫情”的策略，如：世界卫生组织所创建的“世界卫生组织流行病信息网络”（WHO’s Information Network for Epidemics，EPI-WIN）[①]就是旨在通过技术化的方式对抗“信息疫情”，该策略将技术之力予以彰显；但马克·布坎南（Mark Buchanan）在关于“信息疫情”管理的探讨中，则将管理的重心落在人的维度，将人视为“是恢复社交媒体真实性的最重要资源。我们只需要重新设计技术来与其合作。软件工程师和心理学家一直在对此进行探索，不过，我们需要大型高科技公司对这些可能性进行试验”[②]。这两种策略的重心虽然有所不同，但并不是排斥性的，而是体现了人类的认知与技术是形成“信息疫情”的两个要素。在 18 世纪，拉·梅特里关于“自然在这里有一条特殊的永恒规律，就是：我们在精神方面获得的愈多，在本能方面失去的也就愈多。是哪一方面重要呢：是得的方面，还是失的方面？”[③]的拷问，在当今人与技术日益深度交互的过程中，在技术作为人类生物性缺陷弥补的意义上，人在通过技术获得生存能力的同时，技术拟人化、类人化的趋势又将拉·梅特里的拷问赋予了新的内涵。即在貌似人类通过技术获取得越来越多的过程中，关于技术本质与人的本质的追问恰恰

① WHO. 2020. About EPI-WIN. https://www.who.int/teams/risk-communication/about-epi-win[2020-06-20].

② Buchanan M. 2020. Managing the infodemic. Nature Physic，16：894.

③ 拉·梅特里. 2019. 人是机器人. 顾寿观译. 北京：商务印书馆：27.

就是关于拉·梅特里所言的得失权重比例的又一次审度。在此次新冠肺炎疫情防控期间，人借助技术获取信息，但过量非真实信息对人的裹挟又将人带到了关于技术的反思之中。恰如诺伯特·维纳（Norbert Wiener）所言，“所谓有效地生活就是拥有足够的信息来生活”①，但此处的“足够”并不是指“信息疫情”。

毫无疑问，最终所呈现出的信息是人与技术交互的产物。因为“信息这个名称的内容就是我们对外界进行调节并使我们的调节为外界所了解时而与外界交换来的东西。接受信息和使用信息的过程，就是我们对外界环境中的种种偶然性进行调节并在该环境中有效地生活着的过程”②。在这种交互中，信息的产生与传播的确有技术的维度，但更是人类行为的产物。从人之为人的本质来看，伦理一开始意指人与人之间的关系，是其安身立命的一个重要依据。退一步说，即使将“信息疫情”仅仅归因为技术，伴随对技术中立论的质疑，以及技术智能化的趋势，技术的伦理意蕴已经成为不争的事实。

综上所述，从“信息疫情”的缘起伊始，伦理就已经入场；从“信息疫情”源自人与技术的交互而言，伦理作为深藏在人与技术的深层关联中的一条主线，恰恰为该问题的破解提供了一个有效的切入点。因此，伦理应当介入到对“信息疫情”的治理之中，但这该如何介入呢？

二、伦理介入“信息疫情”治理的有效性及方式

关于伦理是否可以解码“信息疫情”的探讨，需要对伦理介入“信息疫情”治理是否有效和以何种伦理才能有效地介入“信息疫情”治理之中进行考察。

（一）伦理介入“信息疫情”治理的有效性

对伦理介入“信息疫情”治理有效性的破解，需要从“信息疫情”形成的机制与伦理自身两方面着手。其中，关于“信息疫情”伦理意蕴的分析已经证成了伦理介入的有效性，因此，需要进一步考察伦理自身在“信息疫

① N. 维纳. 2017. 人有人的用处. 陈步译. 北京：商务印书馆：4.

② N. 维纳. 2017. 人有人的用处. 陈步译. 北京：商务印书馆：3.

情”治理中的效用。

这种考察，从本质上讲，就是对伦理自身的追问。“一般而言，希腊伦理学问，假如我要过好日子（fare well），我应做什么？现代伦理学问，假如我要正当地行动，我应当做什么？”[①]但无论如何，伦理是指向人的行为、探究人类事务的学问，其具有“定人生之正鹄”和“所以达于其正鹄之道”[②]的职分。其中，“定人生之正鹄”意在厘清人类行动的目标，而“所以达于其正鹄之道”则意在指出达到目标的路径。因此，就人类而言，伦理是其行为的指南针，其“指示吾人由何等行为，养何等品性，而后可以达至于至善”。[③]事实上，在人类历史的发展历程中，伦理一直是维系人类社会的一个不可或缺的元素。此次新冠肺炎疫情防控期间，信息发布者、传播者与接受者的伦理意识不足甚或欠缺也是此次“信息疫情”暴发的诱因之一。因此，对人类行为的伦理审度与校勘恰恰是对“信息疫情”缘起中人的维度的应对。

从当今社会发展的状况来看，技术已然成为人类在世的方式，在人类通向未来的道路上，依然离不开技术。在关于技术与人类未来的思考中，人与技术之间的关系问题伴随技术智能化、人类生活日趋数字化而成为人在依赖技术得以生存语境下的一个热点问题。在信息文明的进程中，被智能数据裹挟式的技术圈养、无法获取有效信息的技术迷茫与技术拒绝都是人类所不期望的。回望伦理在生物圈中发挥的效用，其关于人与人、人与自然关系的探究有效促进了人自身本质的探究，为人类社会的运作、人在自然界中的生存提供了丰富的智慧；在信息圈（infosphere）[④]的环境中，当今的伦理除了对人与人关系的思考，还进入到了关于人与信息、数据等关系的思考之中。如

---

① 阿拉斯代尔·麦金太尔. 2003. 伦理学简史. 龚群译. 北京：商务印书馆：126.

② 弗里德里希·泡尔生. 2017. 伦理学原理. 蔡元培译. 天津：天津人民出版社：10.

③ 弗里德里希·泡尔生. 2017. 伦理学原理. 蔡元培译. 天津：天津人民出版社：11.

④ 信息圈（infosphere），由 information 和 sphere 组合而成。阿尔文·托夫勒（Alvin Toffler）新的通讯方法进入社交媒体，新兴的第三次浪潮带来了信息圈的巨大变化，其为人与人之间的交往方式提供了更多的途径，也首次出现了机器与机器之间的沟通设施。这些变化会改变我们的心灵、思维方式、组织信息的方式、对我们自身行动后果的预测等，这种变化是前所未有的。参见 Toffler A. 1980. The Third Wave. New York：Bantam Books：172，177-178；卢西亚诺·弗洛里迪（Luciano Floridi）基于信息通信技术等的发展，以“生物圈”一词为基础，创造了“信息圈”一词。在其最低限度的意义上，其由所有信息化实体（包括信息能动者）及其属性、交互、处理过程和互动关系构成。其是一个不同于网络空间的环境，因为它也包括线下的模拟的信息空间；就其最高限度而言，它就是给一个信息化本体论的意思，它可以被用作是实在（reality）或者存在（being）的同义词。参见 Floridi L. 2013. The Ethics of Information. Oxford：Oxford University Press：6.

关于数据人、数据人格等的伦理追问有助于人类厘清人与技术的关系，审视技术发展的目标，避免人类在借技术之力通往未来之路上出现自我迷失。

（二）伦理介入“信息疫情”治理的方式

技术因对人类社会的巨大影响使其被视为哲学反思的一个重要对象，并于 19 世纪出现了技术哲学。当马丁·海德格尔用座架来描述现代技术本质时，技术对人类的冲击已经进入到了本体论存在的深处，且“技术之所以是，包含着对器具、仪器和机械的制作和使用，包含着这种被制作和被利用的东西本身，包含着技术为之效力的需要和目的”①。而在需要和目的的背后隐藏的恰恰是人类的伦理意识；当汉斯·约纳斯（Hans Jonas）提出“技术是人的权力的表现，是行动的一种形式，一切人类行动都受到道德的检验”时②，伦理成为对技术反思的一条进路。

近年来，技术哲学领域的伦理学转向与伦理学研究中的技术面向从不同的向度展开了技术与伦理的对话。这种对话既有以宏观技术和具体技术为出发点的，也有以伦理原则与伦理观念为出发点的，且二者之间有交集。在这种交集中，既有冲突式的对话，也有协商式的对话。但无论如何，都共同指向了对技术与人类未来的伦理反思。“信息疫情”作为人与技术交互的产物，以人为出发点的伦理反思可以以广义伦理学的出场方式介入到对其的治理之中，对以信息技术为出发点的伦理反思可以以技术伦理的出场方式介入到对其的治理之中。

三、“信息疫情”治理的伦理构建向度

在关于“信息疫情”治理方式的研究中，技术平台自身的伦理标准使得“由技术平台对其内容进行监管是更加有效的”观点③遭受质疑；由于对病毒认知的不充分性而使得对信息内容的审核遭遇科学意义上的挑战；在新技术背景下，信息产生与传播的智能化、多代理、分布式、全球化、在线性、生

① 孙周兴. 1996. 海德格尔选集（下）. 上海：上海三联书店：925.

② 汉斯·约纳斯. 2008. 技术、医学与伦理学：责任原理的实践. 张荣译. 上海：上海译文出版社：24.

③ Buchanan M. 2020. Managing the infodemic. Nature Physics，16：894.

成性、交互性等特征使得信息产生与传播的主体走向了人与技术混合的多重行动者复合体，使得以人为中心的伦理路径陷入困境。因此，“信息疫情”治理的伦理构建，应避免由技术来监管技术的物是人非式，应走出仅仅囿于信息内容真实性的治理方式，而走向以突破传统伦理学的主客二元模式为理论框架，借助技术内部和技术外部共同融合的伦理构建。

（一）本体论视角下的“信息疫情”伦理构建

在埃里克·麦克卢汉（Eric Mcluhan）看来，“在所有产生巨大能量和变革的大规模的杂交结合中，没有哪一种能超过读写文化和口头文化交汇时所释放出的能量”，“我们从自己的历史中知道，读写文化使部落和家族单位发生爆炸时，像原子裂变一样要释放出大量的能量”。[①]反观当下的媒介技术，将读写、口头文化融为一体，将视觉、听觉与触觉等瞬间集成，并以指数级增长的趋势进行快速传播，汇聚之后其所释放的能量与产生的效应超过以往的任何媒介技术，这也正是“信息疫情”形成的一个重要原因。

信息平台是“信息疫情”得以暴发的场域。信息平台对信息有效性的甄别，是治理“信息疫情”的必要条件，但新媒介语境下的甄别的难度与复杂性同样也不容忽视。如在新冠肺炎疫情期间，即使关于同一事情、同一现象，信息接收者所看到的信息也存在差异甚至相反；信息平台的甄别标准也并非相同。因此，类似对于公众健康的探究需要进入公众的生存环境一样，关于“信息疫情”治理的探究需要进一步进入“信息疫情”存在与构成场域——信息圈，即从本体论视角展开“信息疫情”的伦理构建。

（二）分布式道德责任与“信息疫情”治理

在“信息疫情”形成的过程中，“正是传播使得一种关于存在的、可被共享的特殊理解首次成为可获得的并被揭示出来”[②]。人作为一种信息有机体参与其中，在其发送、评论、点赞与分享等信息处理的过程中，其伦理诉求通过技术化的形式得以表征，并推动了信息流动。虽然出现了与信息与通信技术数

---

① 埃里克·麦克卢汉，弗兰克·秦格龙. 2000. 麦克卢汉精粹. 何道宽译. 南京：南京大学出版社：201.

② 戴维·J. 贡克尔，保罗·A. 泰勒. 2020. 海德格尔论媒介. 吴江译. 北京：中国传媒大学出版社：44.

据的分布式散落相对应的分布式道德（distributed morality，DM）和分布式道德责任（distributed moral responsibility，DMR），但这并不是对道德以及道德责任的弱化或者消解，而是意在凸显新技术背景下的道德责任新样态。此次“信息疫情”恰恰是借助信息的分布式技术特性在信息平台的汇聚而燃爆的。因此，“信息疫情”的治理恰恰需要深挖分布式道德的有效性与局限性。

例如，就信息传播来看，“传播并不是——至少可以说，传播并不首先是——数据或讯息在传送者和接收者之间的传递；传播首先是一种人们共享的共-现身情态（co-state-of-mind）”。[①]这种共享的共现身将分布式道德的聚合效应呈现。在此次新冠肺炎疫情信息传播的过程中，没有不相关者。即使是使用智能手机的观望式浏览，也已经不再是作为纯粹的旁观者，而是参与者。更加值得注意的是，在全球化的背景下，分布式与全球化二者是合力关系，这种合力大大加速了信息的传播，一种多元主体的伦理形态虽然有助于厘清责任的分配和追责，但缺乏宏观整体式导引的伦理框架会因过度细化的分布式道德责任探究而影响信息疫情防控的整体性。

与“信息疫情”治理相关的伦理主体，一方面因技术的分布式而呈现出多元主体的分布式；另一方面因信息产生与传播过程的阶段式而呈现线性过程式分布式。因此，在“信息疫情”的治理中，不仅要关注与分布式道德责任相关的科学技术工作者、信息的所有提供者和使用者等的伦理观照，更要关注对分布式道德责任进行综合性统管的伦理建设，以共享、开放与共治相结合的方式描绘“信息疫情”治理的伦理蓝图。

（三）数据伦理研究框架下的“信息疫情”治理

在新冠肺炎疫情防控期间，世界卫生组织借助技术之力抑制虚假信息，以便为公众提供及时且可信的信息。2020 年 2 月 2 日，在其关于新冠病毒的第 13 份情况报告中指出：“世界卫生组织技术风险传播和社交媒体团队一直致力于对不真实信息和谣言的追踪和应对。”[②]信息是“信息疫情”治理的对象，是数据的二阶呈现。走向信息之本——数据将更能提升对“信息疫情”

---

① 戴维·J. 贡克尔，保罗·A. 泰勒. 2020. 海德格尔论媒介. 吴江译. 北京：中国传媒大学出版社：42.

② WHO. 2020. Novel coronavirus（2019-nCoV）situation report-13. https://www.who.int/docs/default-source/coronaviruse/situation-reports/20200202-sitrep-13-ncov-v3.pdf?sfvrsn=195f4010_6[2020-03-09].

治理的效应。

“在关注信息之前，数据伦理学就已经开始强调诸如隐私、匿名、透明、诚信和责任等与数据收集、典藏、分析和使用有关的伦理问题，且因此，这些伦理问题在那个层次更容易理解。”①因此，用数据伦理解码“信息疫情”的治理比信息伦理的契合度更高，也更为有效。但这并非指直接借用数据伦理，而是指应借鉴数据伦理对数据技术所做出的特有解析。

例如，在现有的数据伦理研究中，面对与隐私相关的伦理问题，采用了对与数据相关的伦理问题进行剖析与将伦理元素纳入到技术发展过程中的方式相结合的方式。数据挖掘技术中隐私保护技术的出现与发展就是对这一问题的技术式应对。这种应对既包括对已有伦理问题的解决，即技术对技术遭遇伦理质疑的回应，也包括对技术可能引发的伦理问题的研判，即以伦理先行的模式导引技术发展。萨百纳·莱奈莉（Sabina Leonelli）曾呼吁“应将伦理推理视为数据科学不可或缺的一部分，这有助于研究人员批判性地评估和讨论高度分布式和全球化的数据生产、传播和再利用中的责任分配和追责”②。这种伦理推理的介入方式需要数据科学与数据技术从业人员具有伦理推理意识和伦理推理能力，并能够将伦理推理纳入到数据科学与数据技术的发展过程中，实现技术与伦理的有机统一。

四、结　　语

“信息疫情”并非仅仅出现在新冠肺炎疫情防控期间，伴随大数据、人工智能、互联网技术的发展，“信息疫情”的治理将更值得关注。以伦理为切入点，以自下而上的伦理路径与自上而下的伦理路径有机融合对伦理问题进行双向规制，以对“信息疫情”产生与存在环境的伦理构建营造优质的信息环境，以对相关的主体伦理教育与伦理审计消解由分布式道德及其责任所

---

① 卢西亚诺·弗洛里迪，莫瑞奥萨瑞·塔迪欧. 2018. 何为数据伦理学. 闫宏秀译. 洛阳师范学院学报，37（4）：2.

② Leonelli S. 2016. Locating ethics in data science：Responsibility and accountability in global and distributed knowledge production systems. Philosophical Transactions of the Royal Society A：Mathematical，Physical and Engineering Sciences，374（2083）：3.

带来的不真实信息汇聚，以数据的伦理研究为参考，深入到信息的本源，实现伦理对“信息疫情”治理的有效解码。

Can Ethics Decode the “Infodemic”?

Yan Hongxiu
(Shanghai Jiao Tong University)

Abstract: The governance of the “infodemic” is an important issue in today’s society. Artificial intelligence, big data, and machine learning are increasingly involved in information, and the production, dissemination, and reception of information are emerging new features, such as multiple subjects and the ambiguity of subjects’ boundaries, technology-driven and driven by technology, ethical invisibility and technology as an ethical subject. These make the “infodemic” easier to break out, to spread, to bring more harm, and more complicated in governance. In essence, the “infodemic” should be traced back to people and technology. Ethics, as the main thread hidden in the deep connection between man and technology, provides an effective point for solving this problem. The ethical significance of the origin of the “infodemic” is a prerequisite for ethical intervention in the governance of the “infodemic”, and the development of technology ethics is the academic basis for the effectiveness of ethical intervention in the governance of the “infodemic” . Ethical recitation should focus on the appearance of “infodemic”, it is a necessary condition for cracking it, and an important consideration for its governance.

Keywords: infodemic，ethics，data，intelligence

作为一种生产性劳动的数字劳动*

王小伟
（中国人民大学）

摘　要：本文介绍了作为一种生产性劳动的数字劳动的可能。网络时代人们在网上一边消费娱乐，一边生产数据给互联网应用公司。这种“产消一体”的生活方式的政治经济学内涵值得深入思考。人们在社交网络等多样的网络活动中生产的情绪内容和海量数据，最终通过算法被整理变成了商品。互联网企业独占了这一商品的利润，不承认数字劳动的生产性劳动属性。数字商品反过来将其生产者当作剥削对象，进一步造成了数字劳动的异化情况。虽然马克思侧重考察物质生产性劳动，但他认为精神劳动也可以是生产性劳动，其核心取决于其劳动是否生产剩余价值。将马克思精神生产性劳动的概念用以考察数字劳动，可以揭示数据生产的生产性劳动本质。人们在网上的数据生产行为或应得到应有补偿。

关键词：数字劳动，生产性劳动，算法，人工智能

一、背　景

2019年《经济学人》杂志刊登了一篇题为“数字无产阶级，互联网公司是否应该为用户制造的数据付费？”的评论文章，产生了巨大影响。①文章指出，人们除了每天朝九晚五上班以外，也在网上从事着毫无回报的数字劳

* 资助项目：国家社会科学基金青年项目“互联网价值论研究”（18CZX016）。

① 参见 https://www.economist.com/finance-and-economics/2018/01/11/should-internet-firms-pay-for-the-data-users-currently-give-away[2021-08-24].

动。在刷社交媒体和短视频时，用户生产了大量的数据。这些数据通过算法处理，建立了用户的数字人格画像。网络公司据此兜售个性化的广告，获取可观的商业利益。更具讽刺意味的是，随着用户数据的海量增加，深度神经网络得以有效训练，人工智能变得成熟可用，反过来挤占了人的工作机会，人变成了机器的附庸。网络时代，用户在网上边生产边消费，网络购物时也在为互联网公司生产大量数据。这种特有的生产生活方式被称为产销一体（prosumption）。在此背景下，人的身份关系和劳动方式都在发生巨大变迁。越来越多的学者开始关注数字劳动的问题（Fish and Srinivasan，2012；Scholz，2012；Fuchs，2016；Bucher and Fieseler，2017）。泰拉诺瓦（T. Terranova）率先提出了“数字劳动”（digital labor）概念，用以描述信息时代的新型劳动特征（Terranova，2000）。在数字经济和信息产业升级过程中，人能否为自己上网付出的时间和数据获取回报，成为考察核心。

不少西方学者从不同视角对这一现象进行了反思。其中最引人注目的是克里斯蒂安·福克斯（Christian Fuchs）的讨论。结合传媒学者达拉斯·史迈兹（Dallas Smythe）“受众商品”的概念，福克斯将数字劳动置入马克思劳动观视域下进行考察，试图揭示数字劳动的剥削本质（Fuchs，2014；Fuchs and Mosco，2015；Fuchs，2016）。史迈兹从传播学的角度考察了大众传媒、企业和普通受众之间的关系（Smythe，1977）。在他看来，大众传媒的本质是一种工业，它所生产的商品是受大众传媒影响的“受众商品”。大众受到传媒的影响，被转化成商品的潜在受众。传媒公司将这些受众打包成广告对象销售给生产特定产品的企业，获取可观利润。类似地，在网络时代，社交网络上的意见领袖、粉丝俱乐部等，利用大众的广泛深入参与，将其转化为“受众商品”，通过无处不在的广告赚取利润。福克斯指出脸书（Facebook）等社交网络之所以火爆，并不是应用平台本身有特殊魅力。恰恰是因为用户贡献了大量内容才吸引了更多人的参与，才使其能从广告中获益。但他们的贡献从未得到承认，应用平台并不支付他们工资，用户被赤裸裸地剥削。

针对这一看法，亚当·阿维德森（Adam Arvidsson）和艾拉诺·科雷尼（Elanor Colleoni）进行了有力反驳（Arvidsson and Colleoni，2012）。他们认为人们在网上的活动并不能算作劳动，应看作休闲或玩耍。社交网络的价值化不能通过社会必要劳动时间来衡量。真正带来价值的不是时间，而是在社交过程中生产的情绪价值。人们通过社交网络感受到互相联系，彼此关照。这些情绪效益才是促成社交网络价值化的根本。既然不是劳动时间固化其价值，那么马克思的剩余价值批评在此将无法应用。阿维德森和科雷尼进一步指出，如果对社交网络公司收益进行细致分析，会注意到脸书的广告收入并非其收益的主要来源，其收益主要来自股票市场。社交网络应用收益的金融特征才是理解其价值化的抓手。用户贡献的情绪价值使社交网络平台在全球范围内获得海量用户，对其未来收益的信心最终被金融市场价值化。赫斯蒙德夫（D. Hesmondhalgh）则认为人的社交活动本质是休闲而非生产活动（Hesmondhalgh，2018：268-280）。此过程没有生产具有交换价值的产品，没有剩余价值产生，不存在剥削。如果要求人们为上网活动收取回报，出于兴趣参加体育锻炼的人是否也要回报呢？国内学者对西方有关数字资本的讨论也有及时介绍（李弦，2020；吴欢和卢黎歌，2016；燕连福和谢芳芳，2017；郑吉伟和张真真，2019；方莉，2020；汪金刚，2020）。但由于缺乏对互联网技术的工程逻辑及产业特征细致深入的理解，未能及时跟踪互联网应用的不断演进，尤其未能结合以海量数据搜集为核心的泛在网络新情况进行考察，使得这些讨论没能深入到数字劳动的核心。

二、什么是数字劳动

扼要地说，数字劳动可以分成四个层面：一是事关互联网基础架构的工程活动；二是针对具体网络应用开发的工程师活动；三是网络志愿活动；四是广大用户上网冲浪自觉不自觉付出的辛劳。第一种活动是有关如何建构互联网，以及维护全球网络运营的工程活动。互联网得以运行，离不开各种协议。例如常见的 TCP/IP 协议，使得不同网络的海量计算机得以互传数据。制定这个协议采取了所谓请求注解的办法。所谓“请求注解”，指的是一个事关技术和管理标准的智力众筹方案。任何一个人或机构，可以从纯粹技术考量出发，针对某个具体技术问题提出解决方案。进而就这些方案进行讨论，汇聚新思路，凝聚新共识。共识一旦形成便不再修改，如必须修改，只能建立新版本。管理这一活动的国际互联网工程任务组（IETF）是个松散的非政府组织。虽然这是一项费时费力的工作，但这一过程并不存在雇佣关系。在这一活动中，既没有公司，也没有雇员，每个人自由自愿行事。同样的，在未来互联网的设计上，无论是革命性还是改良性方案，例如GENI（The Global Enviroment for Network Innovation）、FIND（Future Internet Design）等未来实验网络的建立，很多是在美国国家科学基金会（NSF）支持下的科研活动（吴建平和李星，2012：35-54）。这些活动并不生产商品，也不制造剩余价值。虽然参与者从研究所或大学获取工资报酬，但不将其看作是剥削活动。

第二种针对具体网络应用开发的工程师活动，一般来说由商业逻辑所主导。例如，某公司雇佣团队去开发某个软件。在此过程中，虽说工程师上班时间富有弹性，但并不能说明他们不处于被剥削关系中。固化在软件产品中的活劳动构成软件商品的价值。而软件商品本身的价值超过资本家支付的工资，剩余价值被剥削了。实际上，软件工程师虽然有较高的收入，但相对其付出而言，是不成比例的。为了追求利润，工程师的劳动强度和工作时间都不断被延长。这一数字劳动显然是生产性劳动，其产品就是应用商店中琳琅满目的APP。马克思认为资本主义的生活生产方式在一定时期是必要的。它对于有效配置资源，提高劳动生产率有重要的意义。它是实现社会主义和共产主义的必经之路。这一类型的数字劳动并没有跳出马克思主义劳动理论的分析框架，并未造成特别的困难。

第三种是网络志愿活动，指的是网民在网上根据自己的意图自发进行的一系列活动。例如明星粉丝团转发明星推特，主动参与互动、抽奖等活动，竭力提高明星在网络上的流量。没有人强迫他们去从事这些活动，粉丝也不觉得自己的劳动需要获得回报。随着“粉丝经济”近年来越来越受到关注，其劳动内涵也值得进一步深入研究。但只要粉丝完全出于真诚的自愿，劳动没有生产商品，一般来说我们不把志愿活动看作一种生产性劳动。

第四种情况最为复杂，也是当下数字劳动争论的焦点。用户上网时自觉不自觉完成的活动，常被当做消遣性、社交性或是玩耍性活动，并没有被当作劳动。在游戏中打怪升级，虽然耗费了一定的时间和金钱，但通常认为他仍然是在玩。游戏不是为了游戏之外的某种目的，而恰恰是为其本身。这一过程并没有制造任何产品，玩家也不期待获得游戏之外的物质回报，他的情感满足已经在游戏中直接实现了。再如微信或脸书，社交网络的应用使人们更加紧密地联系在一起。在线互动在社交网络上生产了海量数据，但是一般不认为这是一个生产性劳动。在线购物也看似和生产性劳动不相关。如果说要把在线购物看成是生产性劳动的话，似乎也要把去实体商超购物看成是生产性的。逛街购物一般而言是消费而不是生产活动。虽然消费者本身需要为消费行为耗费时间与金钱，但其投入并没有生产出任何具体商品，也没人通过这种投入来获取利润。如果确实购物了，可算是消费活动，如果仅仅是在网上闲逛，则算休闲活动。但无论是以上哪种情况，上网购物都没有被看作是生产性劳动，因此也谈不上为这些劳动提供报酬。

三、数字劳动的特征

随着人类社会深度科技化，互联网经济持续下沉。日常生活内容被虚拟化，虚拟空间成为物理空间不可分割的部分。人们较难摆脱网络的影响。网络内容提供商秉持凡信息必收集原则，鲸吞大量个人识别信息。不交出特定的信息，用户就要和时代脱节，其日常生活成本将大大增加。与此同时，越来越多的使用者产生了数据自觉，有关隐私的讨论引起了普遍关注。在这种情况下越来越多的人开始反思第四种数字劳动的内涵，尤其侧重从马克思劳动理论角度来剖析数字劳动背后所隐含的剥削逻辑。

在马克思政治经济学语境中，“劳动”是一个最为核心的概念。被当作现代经济学的起点和最现代的社会范畴（中共中央马克思恩格斯列宁斯大林著作编译局，1972：21-22）。劳动不仅创造了人本身，还决定了人与人的关系和人的最终解放。通过马克思劳动观念的视角，第四种数字劳动具备以下三个特点：第一，物质劳动和精神劳动的界限变得越来越模糊；第二，生产性劳动和非生产性劳动的界限也不再清晰；第三，文化和工业的界限逐渐受到侵蚀。对这三点的剖析是深刻理解数字劳动的关键。

首先，就物质劳动和精神劳动分界而言。狭义上讲，在马克思历史唯物主义语境中，只有物质性的劳动才是生产性的，而精神性的劳动通常不具备这一特征。马克思所处的时代，其所讨论的典型劳作形象既不是农民劳作也不是白领坐班，而是工人在厂房中，利用各种各样的生产原料和工具来生产特定商品的活动。工人将自己的活劳动固化在商品中，形成价值。商品一般指的是有形的、具备交换价值和价格的物品。工人创造的价值大于其所获的工资回报，剩余价值则被资本家剥夺（马克思，1975：142-156）。历史上，物质劳动和精神劳动在原始社会保持质朴的统一。精神劳动和物质劳动的区分和人类社会的阶级化同步进行，产业分工也是在此基础上才发生的。在资本主义时代，物质劳动和精神劳动的分工变得明确。精神劳动被剥削阶级所垄断，工人阶级则从事物质劳动，受到剥削。劳动是异化的。在马克思当时的语境下，生产性劳动主要指的是物质性劳动。精神劳动例如科学和艺术活动，通常是自发的活动。

随着生产力的发展和科学技术进步，精神劳动在生产生活当中发挥的作用越来越大。服务业相较于工业的比重大大提升，蓝领相较于白领人数骤减。精神劳动的地位势必发生变化（袁杰，2016）。Web2.0 使得人人变成了内容贡献者。越来越多的人在网上上传自己创作的视频和文章。编程技术越来越普及，iOS、安卓平台提供各种各样的开发工具。网络应用层出不穷。更突出的是，物联网及云计算技术使得工人变成了仪器监督员和机器操作员。流水线工人逐渐被机器人取代。全球网民将越来越多的时间投入网络，生产了海量数据。这如果算是劳动的话，也必然划入精神劳动的范畴。在这种情况下，物质劳动生产和精神劳动生产的界限变得模糊。

其次，生产性劳动和非生产性劳动的界限也模糊了。在马克思政治经济学语境下，所谓的生产性劳动，简单来说就是劳动者的劳动可以固化到物里，继而增加物的价值的一种劳动。而非生产性劳动不能增加价值（中共中央马克思恩格斯列宁斯大林著作编译局，1985：47-61）。例如雇佣工人和雇佣家仆，前者可以生产出利润，后者则不能，所以前者是生产性劳动。一言以蔽之，能够生产出商品的劳动称为生产性劳动。生产性劳动不仅要产出实用价值的物品，其核心是要产出剩余价值。马克思所说的生产性劳动概念为分析资本对工人的剥削提供了基础。

在网络生活中，生产性劳动和非生产性劳动的界限进一步模糊了。互联网活动具备边消费边生产的特征。用户的网络活动一般来说是一种消费休闲活动，但同时无意中生产了大量数据。这些数据被当作网络应用企业的重要资产，经算法加工可为其获利。例如用手机打车，从打车人角度理解这是消费活动，从驾驶员角度说这是提供服务。但与此同时，打车软件用户暴露了大量信息，包括手机的品牌、出入的位置、选车的等级以及出行的时间段等。暴露信息本身并不被理解为生产行为。乍看起来，用户的劳动并没有固化到产品中增加物的价值。另一方面，打车平台在海量数据的基础上，设计出专门针对用户的价格来优化其收益，即大数据杀熟（温亚琪，2018）。在此，用户变成了一个受众商品，自己打车的习惯和消费偏好被商品化了，直接出卖给了打车软件公司。此时，将自己转化成受众商品以及消费者的变成了同一个主体，即互联网打车软件公司。因此，用户的在线活动似乎变成了一个生产性劳动。

最后，文化与工业的界限也遭受很大侵蚀。法兰克福学派对文化工业的批评深刻揭露了文化工业的意识形态特征（凌海衡，2003；丛迎旭等，2009）。通常而言，文化是一种自发的精神活动，而工业指的是一种物质生产性活动。随着工业化生活的不断演进和互联网技术的加持，文化和工业之间的界限变得越来越模糊，文化工业日渐繁荣。在此过程中，涌现了大量文化商品，并通过大众媒体向广大群众传播。文化产品一般用来实现两个目的，一是通过直接销售文化商品赚取利润，把人的精神需求资本化；二是通过文化商品的兜售影响普通人对美好生活的想象，通过制造虚假需求将个人转化成消费者。

这种情况在互联网时代变得尤其突出。在前网络时代，我们一般通过报纸和电视来影响受众。虽然这些媒介也能深入到每个家庭内部，但受到种种限制，它们并不能无时无刻影响个体。一般情况下，报纸只有早上才会看，电视则在晚上看。手机则可以充分利用碎片化的时间影响人们。报纸和电视广告要等人打开才能被看到，手机则可以通过推送持续不断引起人们的注意，另外，网络服务极具个性化，极大提升了用户黏性，由此大大挤占了人们的业余时间，甚至使得人们无暇顾及自我发展。一个女权公众号看似是为了提高女性的性别意识，但实际上是为了将女性从伴侣关系和家庭生活当中孤立出来，诱导她们将自身的物质生活满足看作核心，进而推动医美、服饰、美妆和奢侈品等产业的发展。读者在此被悄悄转化为受众商品。对女权公众号的阅读和关注数据被搜集起来，通过算法找出它们与特定消费倾向的相关性，再进行精准广告投放。公众号背后藏着购物车，用户点击和转发构成了其价值链的一环。

四、生产性劳动与可能存在的数字剥削

在澄清第四种数字劳动的特征之后，难点在于进一步考察这一劳动算不算生产性劳动。笔者在此提供一种尝试性解答。首先，虽然马克思的重心当时集中在考察物质性生产劳动，但他认同精神劳动也可以是生产性劳动。马克思敏锐地注意到，随着社会分工的不断精细化，生产劳动和它的承担者即生产工人的概念也必然扩大（武建奇和张润锋，2004）。繁复的分工和协作导致并非每个工人都直接从事物质商品生产工作。他们配合在一个复杂的系统当中，作为一个整体来完成物质生产工作。在此必然涉及到的服务、沟通和管理等非物质生产活动，也都是为了实现商品生产，所以仍然可以被视为生产性劳动。所以数据生产并不会因其精神劳动特征而被简单定性为非生产性劳动。

其次，马克思认为能够生产出剩余价值的劳动是生产性劳动，只创造出实用价值，但不能创造出剩余价值的劳动都是非生产性劳动。数据生产劳动是否是生产性劳动关键并不在于劳动强度本身，而在于劳动所处的生产关系。一个作家的创作一般来说是自发活动。一个互联网企业雇佣了大批网络写手批量生产网络小说，网络写手在此过程中获得酬劳，这种工作则是生产性劳动。网上社交生产的数据如果未被搜集处理，则社交网络产生的情绪内容具备交换价值，但不产生剩余价值，就不存在剥削。而当这些信息被搜集处理，进而被加工成个性化广告，资本在这样的运作过程中能够获得利润，便产生了剩余价值。而用户完全不能掌握其生产资料，完全受到资本家的支配，不自觉地为其劳作。

另外，劳动者对自己的生产性劳动也未必要充分自觉，劳动条件也未必要十分艰苦。一般认为劳动要生产特定商品，在此过程中工人期待获得工资回报。在马克思的语境下，劳动的工作条件和环境实际上都比较恶劣。因为是异化劳动，资本主义劳动令人付出艰辛。按照这个劳动的定义来看，网上的这种提供数据的行为谈不上是一种劳动。这个过程是不自觉发生的自发行为，没有要去生产什么的主观意图，也没有想要获取回报。所以网上的这些活动不应称为劳动，而应称之为社交活动或玩耍。但假如一个天性乐观，极

能够忍受痛苦的人，在艰苦的工厂环境下工作能够自得其乐，我们仍然认为他实际上付出了劳动。劳动并不需要劳动者对自己的劳动行为有自觉，正如一个工人是否被剥削并不需要他对剥削活动有自觉一样。

作为一种生产性劳动的数字劳动具体是如何实现的呢？这里笔者将着重以社交网络和网约车应用为例进行说明。用户以数据生产为特征的在线劳动同传统以注意力为基础的受众劳动不大相同。在史迈兹语境下，电视节目看似免费提供，但却收割了用户的注意力，继而打包转售给企业赚取广告利润（Smythe，1977）。在发达资本主义社会，注意力投入变成了生产性活动。福克斯将这一思路直接用以解释网络活动的生产性质，未能触及网络活动的算法特征（Fuchs，2014）。在网约车一例中，网约车 APP 针对新用户提供各种贴现折扣，诱导用户使用，其服务自身是免费的，但其继而将用户转化为受众，通过平台广告获益。这看似和电视台没有区别。

阿维德森和科雷尼认为这一类比并不恰当。在电视时代，观看时间被当成了一般劳动时间。时间越长，广告越有价值。社交网络的价值化并不能用用户在线时长来丈量。它的价值固化在用户的转发和点赞频度上。情感性、品牌性和社交性的内容很难用劳动时间来进行价值测量（Arvidsson and Colleoni，2012）。一旦劳动时间在描述数字劳动上不成立，整个马克思数字劳动批评就不再适用。实际上，消耗在社交网络上的时间的长度具有重要的价值化意义。各种社交平台一直都在努力诱导用户多花时间上网。社交网络成瘾已经变成严肃的挑战。在社交网络上花的时间越长，将为平台生产更多个性化数据，算法将更了解用户的消费偏好和需求。另外，足够长的在线时长才能使用户暴露在海量的广告影响之下。足量的个性化数据和足够长的广告暴露时间才能更好地触发用户交互、点击广告。因此，社交网络在线时长一旦资本化，就可以理解为生产性劳动时间。另外，确如阿维德森和科雷尼所言，社交网络应用的主要盈利虽不在其广告收入而在于其金融收益，但股票和投资市场的信心则相当程度上决定于活跃用户数量、用户规模、上线频率和在线时长，其背后反映的是对信息基础设施以及海量数据利用未来的信心。

文化与工业的融合在网络时代变得更加深入，进一步促进社交网络中的数字劳动，使得可能的剥削变得更加隐秘。社交活动等文化活动的场域正在从现实世界逐步转移到虚拟空间。互联网不仅仅是文化发生的中介，网络沟通和互动的特殊性逐渐哺育出一种新鲜的网络文化。这一文化说服用户逐渐放弃更多的个人信息。脸书用户倾向于逐渐让渡个人识别信息，以此来赢得更大的欢迎度。“饭圈文化”变成了“粉丝经济”，观赏和阅读活动变成了“眼球经济”。哪怕是日常小众的表达和思考，在线社交小组也变成了“长尾经济”的组成部分。信息技术使得文化愈发工业化，用户生产的数据经加工最终被用来支配用户，劳动异化情况变得更加突出。网民各自为战，不像传统工人可以组织工会，他们更容易沦为被剥削对象。

网约车服务中的数字劳动剥削更加隐蔽，但问题更突出。用户打车付出了时间和精力。仅就此行为来讲，很难定义为劳动。但一旦数据被搜集使用，情况就发生了变化。网约车软件经常投放大量广告，但广告盈利模式发生了巨大变化。电视时代的广告通过节目收视率来定价，网络广告则以点击率来获取广告费。网络公司并不被动等待用户点击，它试图通过收集用户个人信息来优化广告推送，诱导用户点击。一旦安装打车软件，该软件将扫描用户手机上安装的应用，再结合用户手机型号、打车常用地址、时段以及价格敏感性和车型选择，即可精准进行广告投放。此时，平台广告以个性化服务的面孔呈现，大大提高点击率。其广告收益不仅由用户注意力更是由用户提供的数据所贡献。更进一步，算法了解每一个受众独特的消费偏好，据此设计出最大化利润的用车价格套餐用来杀熟获利。杀熟产品是动态的，它持续不断获取用户数据，随时根据数据不断调试其价格配置，获取最大利润。可见，算法将用户消费和社交活动转化成了具备生产属性的活动，同时产出两个商品——高度个性化的受众和与之对应的杀熟产品，并直接将杀熟产品自用于其受众，将其改造为消费者。此时受众商品的生产与史迈兹和福克斯理解的情况都不一样。原来由大众传媒和产品企业共谋完成的价值链被网络应用商垄断了。受众既是受众商品的生产者，也是其消费对象，打造了将大众转化成消费者的闭环，榨取了全部的利润。

诚然，用户生产的原始数据量十分庞大，占用大量存储空间，造成巨大成本。数据不经算法处理本身或不具备商业价值。其价值取决于工程师的算法加工。似乎真正的劳动是由工程师而非用户完成的。这种说法值得商榷。数据就像是工业原料，工程师的工作则是加工原料制造成品。原料的价格相对低廉，产品的高附加值由工程师的智力投入决定。但是如果没有用户提供的数据，就不可能真正制造个性化的受众，广告的针对性就会大大降低，对消费的诱导减弱，将看广告转化成真正的消费行为的可能就大打折扣。用户和软件工程师在生产受众商品中仅是分工不同，但都付出了生产性劳动。当软件平台将这些信息以广告和商品形式销售时，它的商品属性通过价格立刻得到实现。工程师获得报酬，而用户的劳动却始终未能得到承认。互联网公司宣称下载和使用软件均出于用户自愿，自愿接入应用应归为志愿劳动。但实际情况要复杂得多。生活世界深度科技化，使得拒绝技术的成本不可承受。不接入信息技术，生活的成本会大大提高。相关社会资源以及制度的配套整体上是亲技术的。不用手机支付、不会健康扫码，会变得寸步难行。普通人在当下社会中不具备拒绝技术的现实能力，始终处于被高科技公司所支配的关系中。此外，大量数据是未经用户同意收集的。有些应用甚至在用户不知情的情况下打开手机听筒，分析用户使用的高频词，以此来做商品推荐等。数字劳动的生产性特征，随着不同应用的广泛深入发展，将会得到更加细致具体的研究。

五、结　　论

以上内容讨论了数字劳动的生产属性。马克思敏锐地注意到非物质精神劳动也可以是生产性劳动。在信息时代，随着人类生活的深度数据化，网络生活成了日常生活的有机组成部分。人们在使用网络应用时不自觉地让渡了大量数据，这些数据经算法加工制造了个性化的受众商品，但只有算法工程师的劳动得到了承认，数据生产者的工作因为处于价值链低端，被完全忽视了。网络的泛在化培植了新的网络文化，诱导人人参与数据生产，其广告和杀熟产品将用户转化为消费者，造成劳动的异化。中国是一个互联网勃兴的市场，全面走在了信息化浪潮的前端。市面上充斥着海量互联网应用。其中腾讯系、阿里系、百度系、网易系等应用几乎垄断了互联网应用市场。针对不同的应用，数字劳动情况不尽相同，很难一概而论。只有当数据的收集处理成为一种普遍的生产性劳动，并成为资本增殖的常见手段时，生产性数字劳动的讨论才会变得越来越现实。

参 考 文 献

从迎旭，严灵，韩雪. 2009. 从极权主义到文化工业——法兰克福学派异化思想评述. 时代文学月刊，（14）：162-163.

方莉. 2020. 数字劳动与数字资本主义剥削的发生、实现及其批判. 国外社会科学，340（4）：75-82.

李弦. 2020. 数字劳动的研究前沿——基于国内外学界的研究述评. 经济学家，（9）：117-128.

凌海衡. 2003. 阿多诺的文化工业批判思想. 外国文学评论，（2）：82-91.

马克思. 1975. 剩余价值理论（第一册）. 中共中央马克思恩格斯列宁斯大林著作编译局译. 北京：人民出版社.

汪金刚. 2020. 信息化社会生产与数字劳动异化——对马克思“异化劳动理论”的当代阐释. 新闻大学，（2）：80-93.

温亚琪. 2018. 滴滴打车牵出“杀熟门”，大数据“杀熟”秒变新消费陷阱. 中国消费者，（5）：40-41.

吴欢，卢黎歌. 2016. 数字劳动与大数据社会条件下马克思劳动价值论的继承与创新. 学术论坛，39（12）：7-11.

吴建平，李星. 2012. 下一代互联网. 北京：电子工业出版社.

武建奇，张润锋. 2004. 马克思对生产劳动概念的三次扩展及其启示. 经济学家，（5）：11-15.

燕连福，谢芳芳. 2017. 福克斯数字劳动概念探析. 马克思主义与现实，（2）：113-120.

袁杰. 2016. 论唯物史观语境中物质劳动和精神劳动的地位. 哲学研究，（2）：19-25.

郑吉伟，张真真. 2019. 评西方学者对数字劳动的研究. 经济学家，252（12）：100-108.

中共中央马克思恩格斯列宁斯大林著作编译局. 1972. 马克思恩格斯选集（第二卷）. 北京：人民出版社.

中共中央马克思恩格斯列宁斯大林著作编译局. 1985. 马克思恩格斯全集（第四十八卷）. 北京：人民出版社.

Arvidsson A，Colleoni E. 2012. Value in informational capitalism and on the internet. The Information Society，28（3）：135-150.

Bucher E，Fieseler C. 2017. The flow of digital labor. New Media & Society，19（11）：1868-1886.

Fish A，Srinivasan R. 2012. Digital labor is the new killer app. New Media & Society，14（1）：137-152.

Fuchs C. 2014. Digital Labour and Karl Marx. New York：Routledge.

Fuchs C. 2016. Digital labor and imperialism. Monthly Review，67（8）：14.

Fuchs C，Mosco V. 2015. Marx in the Age of Digital Capitalism. Leiden，Boston：Brill.

Hesmondhalgh D. 2018. The Cultural Industries. London：Sage Publications.

Scholz T. 2012. Digital labor：The Internet as Playground and Factory. New York：Routledge.

Smythe D W. 1977. Communications：Blindspot of western Marxism. Canadian Journal of Political and Social Theory，1（3）：1-27.

Terranova T. 2000. Free labor：Producing culture for the digital economy. Social Text，18（2）：33-58.

Digital Labor as A Form of Productive Labor

Wang Xiaowei

(Renmin University of China)

Abstract: This paper introduces the possibility of digital labor as a kind of productive labor. In the Internet era, people consume and entertain themselves online while producing data for Internet application companies. This "production-consumption" lifestyle deserves deeper consideration. The emotional contents and massive data produced by people in various online activities, such as social networks, are finally transformed into commodities through algorithms. Internet companies monopolize the profits of this commodity and do not recognize the productive labor of net users. The digital commodity in turn treats its producers as objects of exploitation, further creating a situation of alienation of net users. Although Marx focused on examining material productive labor, he argued that mental labor could also be productive labor, the core of which depends on whether or not its labor produces surplus value. Applying Marx's concept of mental productive labor to examine digital activities can reveal the productive nature of data production. People may deserve to be compensated for their data-producing activities online.

Keywords: digital labor，productive labor，algorithms，artificial intelligence

人工智能伦理的研究现状与展望：基于文献计量分析的视角*

朱春奎　宋志平　童佩珊

（复旦大学）

摘　要：人工智能技术开启了新的科技创新革命，极大地促进了社会发展，但与此同时也引发了一系列伦理问题。为了把握当下人工智能伦理研究的最新动向，推动人工智能伦理领域的研究发展，本文运用文献计量分析方法，使用 Carrot2 和 CiteSpace 软件对现阶段人工智能伦理领域的研究现状进行分析和探讨。结果表明：人工智能伦理领域的研究起源于 1991 年，从 2018 年开始爆发式增长；研究主要集中在美国、英国、加拿大等发达国家；发文数量前三的科研机构分别是牛津大学、华盛顿大学和埃默里大学；高被引学者群之间的联系较弱；研究热点集中在医学、治理、隐私、责任、不确定性等方面。

关键词：人工智能，伦理，文献计量，CiteSpace

一、引　言

近年来，人工智能技术实现跨越式发展，这不仅是一场浩大的科技创新革命，更是一场深刻影响人类社会的伦理挑战（于雪和段伟文，2019；Wallach，2014；谭九生和杨建武，2019）。尽管人工智能为人类生活带来了诸多便利，在教育、医疗、养老、交通、政务服务等领域都取得了巨大成

* 资助项目：上海市 2019 年度“科技创新行动计划”软科学研究领域重点项目（19692180900）。

绩，但是相应地，人工智能技术的广泛应用也引发了一系列伦理问题，如2018年美国亚利桑那州一辆优步（Uber）自动驾驶汽车在路试时致人死亡、网络商业公司的大数据杀熟行为等。为此，国际人工智能界对人工智能的伦理与法律问题予以高度关注，并推动相关技术标准及社会规范的研讨和制定。2017年美国电气和电子工程师协会（IEEE）宣布三项新的人工智能伦理标准：机器化系统、智能系统和自动系统的伦理推动标准；自动和半自动系统的故障安全设计标准；道德化的人工智能和自动系统的福祉衡量标准。2018年，欧洲联盟（简称欧盟）将人工智能伦理确立为立法工作重点，在人工智能和机器人领域呼吁高水平的数据保护、数字权利和道德标准，并成立了人工智能工作小组，就人工智能的发展和技术引发的道德问题制定指导方针。2019年，美国政府发布新版《国家人工智能研发战略》，提到要“处理人工智能的伦理、法律和社会影响”，力图实现三个目标：通过设计提高公平性、透明度并完善问责制；建立道德的人工智能；设计符合伦理道德的人工智能体系。中国政府也在努力推进建立人工智能伦理建设。2017年国务院颁发了《新一代人工智能发展规划》，提出“建立人工智能法律法规、伦理规范和政策体系，形成人工智能安全评估和管控能力”。

人工智能技术的进步已经引发一系列复杂的、亟待解决的道德问题，对人工智能伦理研究领域进行分析有助于人工智能产业以及人类社会的健康发展。迄今为止，国外对人工智能伦理的探讨较为丰富，研究内容主要涵盖机器人的社会价值伦理、人工智能的法律与安全，如算法公平、价值判断、道德决策等问题（Anderson and Anderson，2007；Moore，2018）。国内学者对人工智能的关注主要集中于人工智能的伦理责任方面，包括社会伦理、科技伦理、大数据保护与隐私、人权伦理等方面（何哲，2020；王钰和程海东，2019；谢洪明等，2019）。虽然有不少哲学和社会科学领域的学者开始关注人工智能带来的伦理问题和社会挑战，但是现阶段对于人工智能伦理问题的关注很大程度上仍立足于传统伦理道德的理论框架构建，缺乏对传统伦理观念及其前提性规定的批判反思。将人类的法律和伦理要求嵌入到人工智能系统是全世界前沿性的科学难题，这需要公共管理、法律和人工智能等学者的跨学科合作，需要技术制约、法律规则和伦理准绳等方法的高度融合。基于此，本文运用文献计量分析软件，对现阶段人工智能伦理领域的研究成果进行时空分布分析，对人工智能伦理领域的核心作者、机构和期刊分布以及热点主题和研究前沿进行探讨，以期从文献分析的角度把握当前人工智能伦理研究的最新动向，推动人工智能伦理研究的发展。

二、数据来源和研究方法

本文以 Web of Science 的三大数据库 SCI、SSCI、A&HCI 作为数据来源，对人工智能伦理的相关文献进行检索，设置检索式为 TS=（((artificial intelligence) or AI) and ethic*)，语种为 English，文献类型为 Article，时间跨度为 1900—2019 年。检索时间为 2019 年 11 月 22 日，共计检索得到 317 条数据。

信息技术的发展与创新促进了大数据分析软件在各学科研究领域的广泛应用，HistCite（文献索引分析）、PaperLens（数据关系挖掘）、NetDraw（社会网络分析）与 Ucinet（可视化工具）等数据分析软件在这一背景下得到广泛应用（Li et al.，2008；施生旭和童佩珊，2018；邓君等，2014；宋秀芳和迟培娟，2016）。CiteSpace 是一款结合了社会网络分析、关联规则分析、聚类分析等方法的可视化计量分析软件，侧重于探析学科研究的主题演变趋势、研究前沿热点和主题之间的内在联系（施生旭和童佩珊，2018）。本文使用 CiteSpace 软件对人工智能伦理领域 1900—2019 年的文献信息进行知识图谱分析，主要有时空分布，核心作者、机构和期刊分布，以及关键词聚类等方面。

三、人工智能伦理研究的文献计量分析

（一）时间分布

如图 1 所示，人工智能伦理的相关研究起源于 1991 年，1991—2013 年文献数量处于缓慢发展状态，2014 年开始文献数量开始明显上升，2018 年和 2019 年文献数量大幅增长，这说明随着人工智能技术的发展，人工智能伦理逐渐引起学术界的重视。

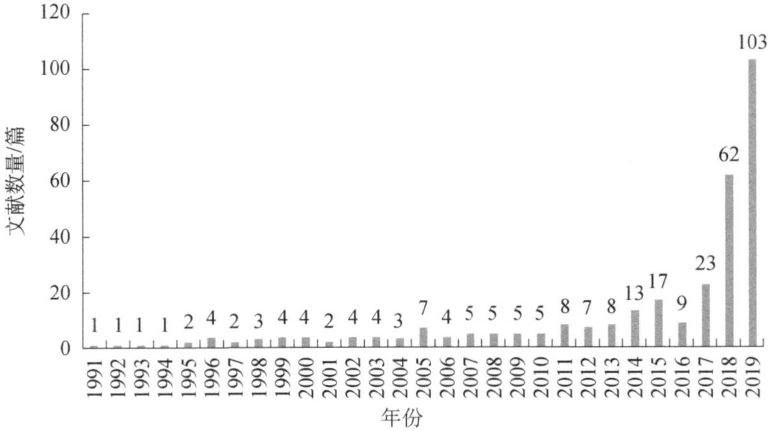

图 1　1991—2019 年人工智能伦理的文献数量

（二）国家（地区）分布

来自北美、欧洲和亚太的 24 个国家和地区对人工智能伦理展开了研究，其中美国（USA）（130 篇）、英国（England）（64 篇）和加拿大（Canada）（19 篇）是研究人工智能伦理最多的三个国家，中国（The People's Republic of China）（4 篇）与西班牙（Spain）并列第 11 位。国家和地区间的人工智能伦理研究的合作网络如图 2 所示。

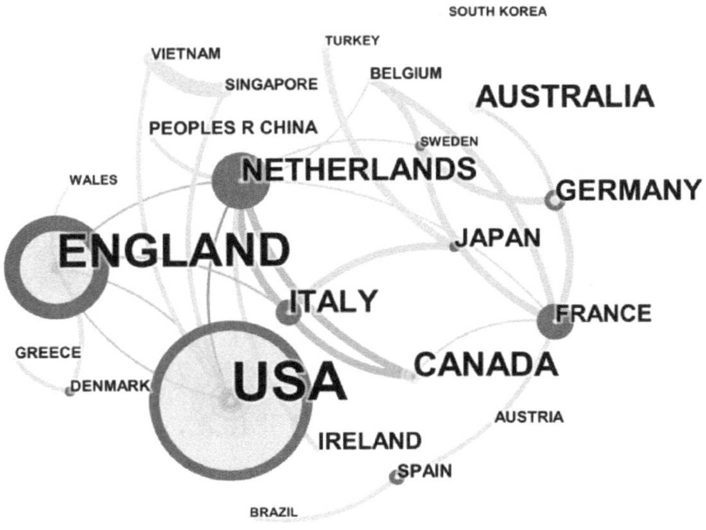

图 2　国家（地区）合作网络

人工智能伦理领域各国家（地区）合作网络中心度前5位的国家分别为美国、英国、荷兰、日本和法国，如表1所示。中心度反映该国家（地区）在合作网络中的重要程度，中心度越高，则该国家（地区）越重要，与其他国家（地区）的联系越紧密。因此，美国和英国是人工智能伦理研究领域的最重要国家，荷兰、日本和法国是人工智能伦理研究领域的相对重要国家。

表1 国家（地区）合作网络中心度

出现频次/次	中心度	Country	国家
130	0.35	USA	美国
64	0.32	England	英国
14	0.17	Netherlands	荷兰
9	0.16	Japan	日本
7	0.15	France	法国
12	0.06	Germany	德国
15	0.05	Australia	澳大利亚
13	0.05	Italy	意大利
19	0.04	Canada	加拿大
7	0.01	Ireland	爱尔兰
4	0.01	Spain	西班牙
3	0.01	Greece	希腊

（三）核心作者

作者共被引合作网络中出现频次前10位的作者分别为N. Bostrom（被引33次）、W. Wallach（被引26次）、L. Floridi（被引25次）、B. D. Mittelstadt（被引15次）、M. Anderson（被引15次）、P. Lin（被引14次）、J. F. Bonnefon（被引12次）、F. Pasquale（被引12次）、C. Oneil（被引12次）、J. H. Moor（被引10次）、S. Bringsjord（被引10次，并列第10）。这些学者极大地推动了人工智能伦理研究的发展，他们之间的共被引合作网络如图3所示。

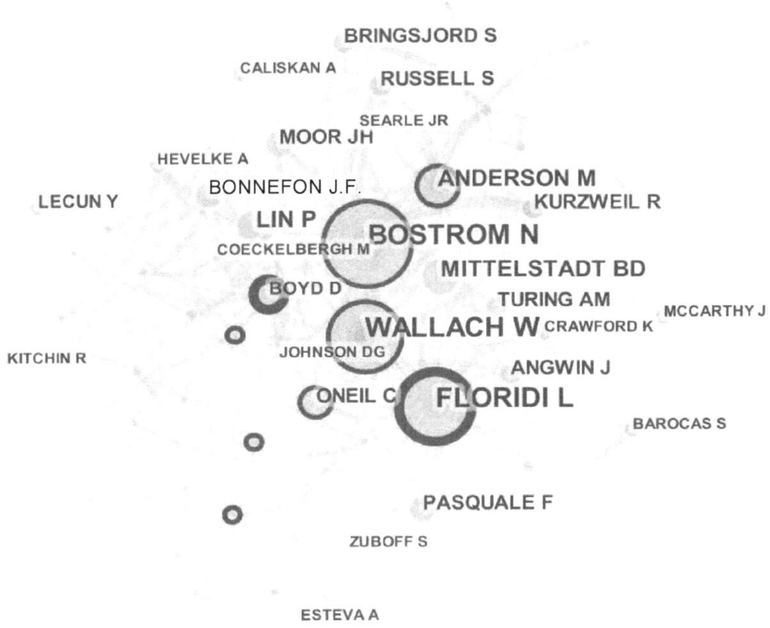

图 3　作者共被引合作网络

（四）机构分析

人工智能伦理文献的发文机构合作网络如图 4 所示，出现频次大于等于 4 次的机构分别为英国的牛津大学（University of Oxford，15 次）、美国的华盛顿大学（University of Washington，6 次）、美国的埃默里大学（Emory University，5 次）、德国的慕尼黑工业大学（Technical University of Munich，4 次）、美国的麻省理工学院（Massachusetts Institute of Technology，MIT，4 次）、荷兰的代尔夫特理工大学（Delft University of Technology，4 次）。由图 4 可知，现阶段人工智能伦理的研究主要集中在欧美等发达国家的世界著名研究机构，这主要是由于欧美等发达国家人工智能技术起步早，处于世界领先发展水平，人工智能技术的广泛应用引发了这些国家学术界对人工智能伦理问题的关注和思考。

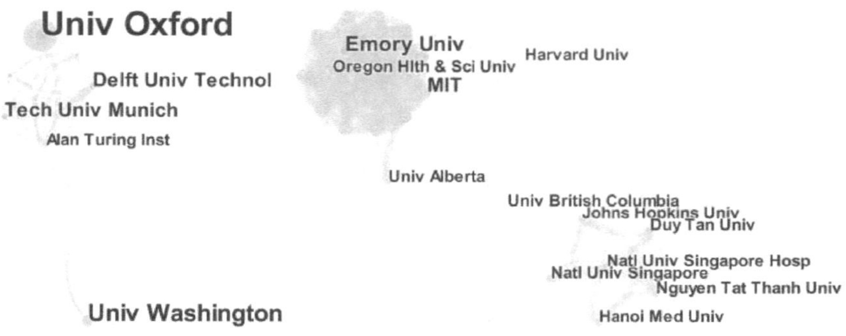

图 4　机构合作网络

（五）期刊分析

人工智能伦理领域期刊共被引频次前 10 位的期刊分别为：Science（68 次）、Artificial Intelligence（68 次）、Nature（55 次）、The New York Times（43 次）、Minds and Machines（37 次）、Ethics and Information Technology（35 次）、Science and Engineering Ethics（30 次）、The Guardian（29 次）、Communications of the ACM（28 次）、AI Magazine（26 次）。现阶段人工智能伦理研究主要引用科技类期刊和新闻报道，对法律类和公共管理类期刊的引用较少。未来，随着法律和公共管理学者逐渐加入到人工智能伦理的研究中来，法律类和公共管理类的期刊将会更多地出现在共被引网络中。

四、人工智能伦理研究热点

通过对某领域的相关文献进行知识图谱分析，可以探究该领域的关键知识和发展演进脉络（Tong and Song，2021）。本文使用 CiteSpace 软件，对涉及人工智能伦理的 317 篇文章进行关键词分析，以其热点主题图谱来刻画人工智能伦理领域的研究全貌。

（一）研究热点

关键词在一定程度上能够反映该领域的研究主题，通过对关键词出现频次进行分析可以确定当前该领域的研究热点。CiteSpace 软件的分析条件设置如下：时间分区为 1 year（1 年），主题词来源为 Author Keywords（作者关键词）和 Keywords Plus（拓展关键词），节点类型为 Keyword（关键词），阈值标准为 top50（从每个时间分区中选择被引用次数最多或发生次数最多的前 50 个主题词）。对文字和节点大小进行适当调整，得到 110 个节点和 338 条连线的文献共被引，关键词的共现图谱如图 5 所示。

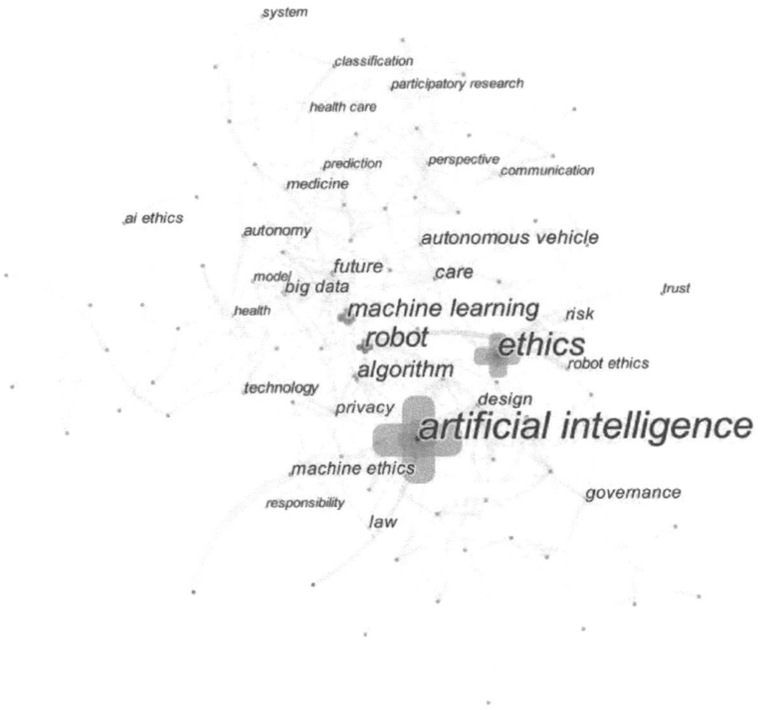

图 5　关键词共现图谱

人工智能伦理研究中出现频次前 10 的关键词如表 2 所示。通过表 2 可知，人工智能伦理研究的主要研究热点包括人工智能的技术原理与技术应用和人类对人工智能的需求与担忧，这与当下人工智能的科技发展息息相关。

表 2　人工智能伦理研究的关键词

出现频次	中心度	Keywords	关键词
107	0.08	artificial intelligence	人工智能
53	0.06	ethics	伦理
30	0.14	robot	机器人

续表

出现频次	中心度	Keywords	关键词
19	0.12	machine learning	机器学习
15	0.1	algorithm	算法
9	0.12	care	护理
8	0.07	autonomous vehicle	无人驾驶汽车
8	0.06	future	未来
7	0.08	privacy	隐私
7	0.07	machine ethics	机器伦理

（二）研究热点聚类分析

为了全面地对人工智能伦理研究的主要内容进行分析，本文使用CiteSpace软件对研究热点中的110个高频关键词进行聚类分析，通过提取文献关键词中的名词性术语对聚类进行命名，生成5个聚类，分别是medicine、governance、privacy、responsibility和uncertainty，如图6所示。

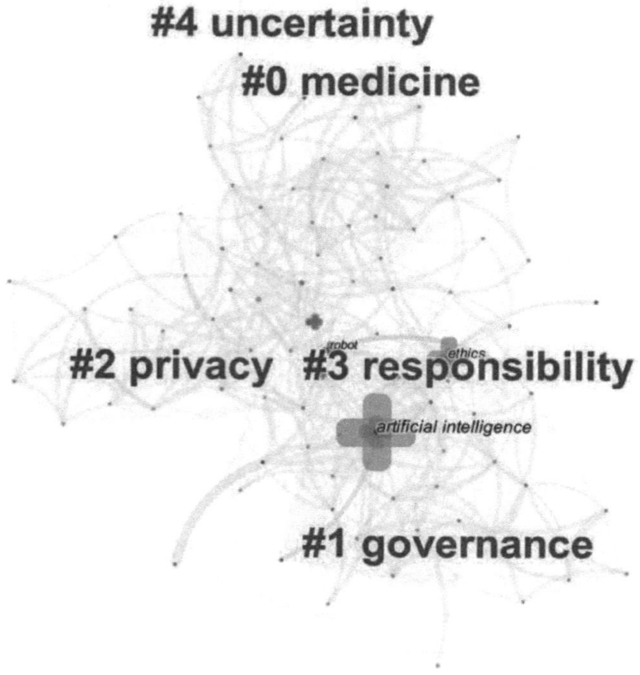

图6　关键词聚类知识图谱

将五个聚类分别放入 Carrot2 软件进行分析，提取主要关键词，结果如图 7 所示。聚类 0 主要围绕人工智能在医疗领域中的技术应用，聚类 1 主要围绕人工智能伦理在政府治理中的应用和实践，聚类 2 主要围绕人工智能对个人行为、服务和人权的影响，聚类 3 主要围绕机器人与人类的互动及其作用，聚类 4 主要围绕人工智能在用户使用中的不确定性。

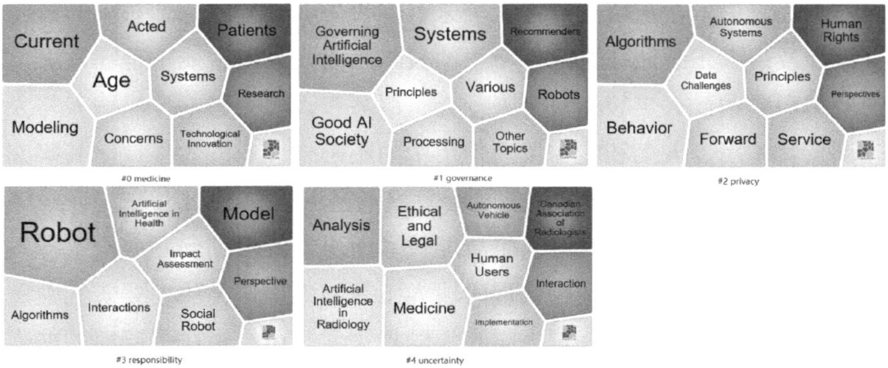

图 7　五个聚类的主要关键词

五、结　　语

本文以人工智能伦理为主题词，基于文献计量分析法得到人工智能伦理领域的知识图谱，分析梳理从 1991 年到 2019 年人工智能伦理领域的研究特征、研究现状与最新发展动态。研究结论如下。

第一，从文献数量来看，人工智能伦理研究起源于 1991 年，经历了萌芽状态、稳步增长状态，2018 年开始爆发式增长，说明学术界对人工智能伦理领域的关注度不断增加。第二，从发文作者来看，已经形成了以 Nick Bostrom 等为代表的高被引学者群，但整体上呈现“部分集中，整体分散”的状态，作者群之间的联系较弱，在系统内部形成一个初具规模的科研合作网络。第三，从发文国家和发文机构来看，现阶段人工智能伦理的研究主要集中在美国、英国、加拿大等发达国家，这主要是由于这些国家的人工智能技术起步早，处于世界领先发展水平；欧美国家的高校是人工智能伦理领域的研究先锋，然而其彼此间的合作网络较为分散，未来将有更大的合作空间。第四，从被引期刊来看，人工智能伦理研究的引用期刊具有较高的集中度，主要分布在科技类期刊，如 *Science*、*Artificial Intelligence* 和 *Nature* 等。随着公共管理和法律学者逐渐加入到人工智能伦理的研究中来，未来公共管理和法律类的期刊也将成为人工智能伦理研究的主要参考来源和展示平台。第五，从研究热点来看，人工智能伦理研究的主要研究热点与当下人工智能科技的发展息息相关，包括人工智能的技术原理与应用和人类对人工智能的需求与担忧。第六，从研究热点聚类来看，当下人工智能伦理领域的研究内容分别涉及：人工智能在医疗领域中的技术应用，人工智能伦理在政府治理中的应用和实践，人工智能对个人行为、服务和人权的影响，机器人与人类的互动及其作用，人工智能在用户使用中的不确定性等五大领域，其研究范畴与人工智能产业、人类健康以及社会发展紧密相连。

总体来看，学术界已经对人工智能技术所引发的伦理问题展开了一系列深入研究，一些欧美著名高校是现阶段人工智能伦理研究的主要研究力量，如英国牛津大学、美国华盛顿大学和埃默里大学等已经走在了研究的前列。研究视角上，已有研究既立足现实生活的维度，以人工智能伦理的实际问题为意识导向，同时也立足于技术伦理学的路径，辩证地看待技术与伦理的关系。研究内容上，已有研究既包括对技术本身的研究，也包括在符合人类伦理价值前提下对人机关系的讨论。研究方法上，已有研究既有规范性的问题讨论，也有基于宏观统计数据建立经济学计量模型的定量研究。相比较之下，我国人工智能伦理研究起步较晚，国际研究成果和学术合作较少，学术影响力较弱。本文通过对已有的人工智能伦理研究进行梳理，为学术界和研究机构对这一问题开展前瞻性探索奠定基础，为未来公共管理部门相关政策和法律法规的制定提供一定的借鉴和参考。

参考文献

邓君，马晓君，毕强. 2014. 社会网络分析工具 Ucinet 和 Gephi 的比较研究. 情报理论与实践，37（8）：133-138.

何哲. 2020. 人工智能技术的社会风险与治理. 电子政务，（9）：2-14.

施生旭，童佩珊. 2018. 基于 CiteSpace 的城市群生态安全研究发展态势分析. 生态学报，38（22）：8234-8246.

宋秀芳，迟培娟. 2016. Vosviewer 与 Citespace 应用比较研究. 情报科学，34（7）：108-112.

谭九生，杨建武. 2019. 人工智能技术的伦理风险及其协同治理. 中国行政管理，（10）：44-50.

王钰，程海东. 2019. 人工智能技术伦理治理内在路径解析. 自然辩证法通讯，41（8）：87-93.

谢洪明，陈亮，杨英楠. 2019. 如何认识人工智能的伦理冲突？——研究回顾与展望. 外国经济与管理，41（10）：109-124.

于雪，段伟文. 2019. 人工智能的伦理建构. 理论探索，（6）：43-49.

Anderson M，Anderson S L. 2007. Machine ethics：Creating an ethical intelligent agent. AI Magazine，28（4）：15-26.

Li J，Tang J，Zhang J，et al. 2008. Arnetminer：Expertise oriented search using social networks. Frontiers of Computer Science in China，2（1）：94-105.

Moore M. 2018. Reply to critics. Critical Review of International Social and Political Philosophy，21（6）：806-817.

Tong P，Song Z. 2021. Knowledge mapping of government trust and social media research：A visual analysis using CiteSpace. Journal of the Australian Library and Information Association，70（2）：139-156.

Wallach W. 2014. Ethics，law，and governance in the development of robots. Ethics and Emerging Technologies：363-379.

Research Status and Prospect of Artificial Intelligence Ethics: Based on the Bibliometric Analysis

Zhu Chunkui Song Zhiping Tong Peishan

(Fudan University)

Abstract: Artificial intelligence technology has opened a new revolution of scientific and technological innovation and greatly promoted the development of society, but at the same time, it has also caused a series of ethical problems. In order to grasp the latest trend of the current research on artificial intelligence ethics and promote the development of the research in the field of artificial intelligence ethics, this paper analyzes and discusses the current research status of the field of artificial intelligence ethics by using the bibliometric analysis method and Carrot2 and CiteSpace software. The results show that the research in the field of artificial intelligence ethics originated in 1991 and began to explode in 2018. The research mainly focuses on the United States, Britain, Canada and other developed countries; the top three institutions are the University of Oxford, the University of Washington and Emory University. The relationship between highly cited scholars is weak. Research hotspots focus on medicine, governance, privacy, responsibility and uncertainty.

Keywords: artificial intelligence, ethic, bibliometric analysis, CiteSpace

一般技术伦理
General Ethics of Technology

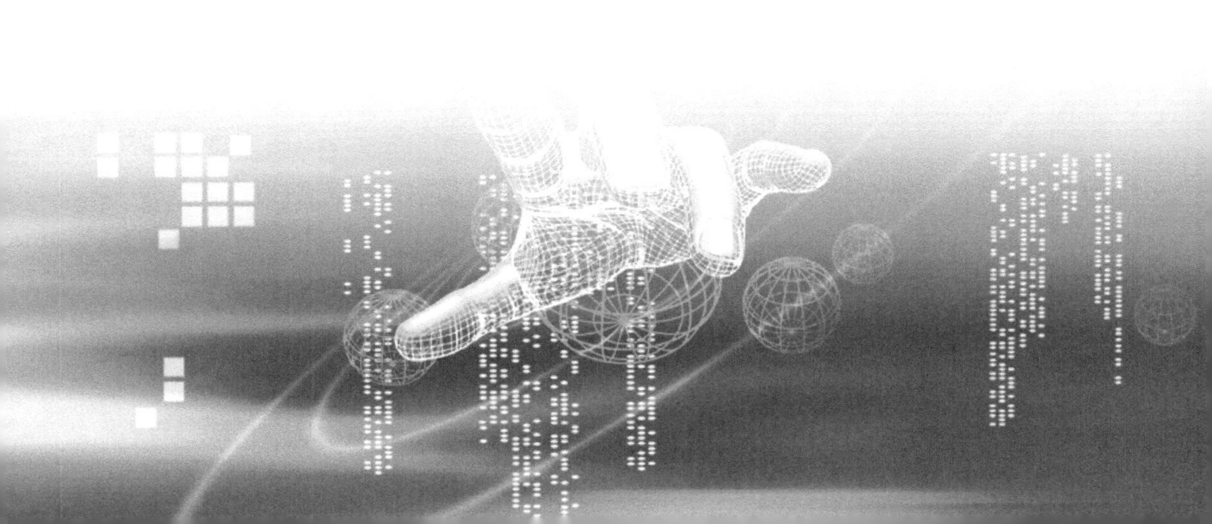

从能源的伦理到伦理学的能源：一种政策激励*

卡尔·米切姆
（科罗拉多矿业学院）
陈云莹　译

摘　要： 能源使用的增长与生活质量及社会变革之间的联系受到越来越多的关注和讨论。支持能源的道德观可区分为Ⅰ类能源伦理和Ⅱ类能源伦理。I类能源伦理假定能源生产和使用的增长是社会进步的基本手段，而Ⅱ类能源伦理则质疑能源使用增长与生活质量提高之间的关联性。虽然伊里奇提出的Ⅱ类能源伦理在20世纪70年代末日渐式微，但本文受到伊里奇的启发，详细阐述了斯米尔和拉图什两人作为Ⅱ类能源伦理的支持者在这一进路上做出的贡献，并且赞同能源伦理与伦理的能源协同并进的观点。

关键词： 能源；能源伦理；伦理的能源；Ⅱ类能源伦理

能源和道德之间的联系是相对较新的，尽管它隐含在许多关于技术发展的讨论中。最常见的观点是，我们要使用的能源越多越好。这种支持能源的道德观（pro-energy morality）认为，自工业革命以来，所有能源生产和使用的增加都是必要的。但这种道德观遭到了质疑。以下是我受伊万·伊里奇（Ivan Illich）（1926—2002）的思想启发而做出的微薄努力。

* 本文摘要和关键词为译者所加。

一、能源支持伦理（Pro–Energy Ethics）

尽管自工业革命以来，支持能源的道德观一直是西方的一种隐性意识形态，但直到20世纪50年代，这种信念才被明确提出，并转化为支持能源的道德观，也就是说，一种被有意识地捍卫的道德观。化学工程师A. R. 厄布洛德（A. R. Ubbelohde）的《人与能源》（1995）（*Man and Energy*，1995）中就有一个早期的长篇表述，该书认为理想的政治制度将是他所谓的“技术乌托邦”（Tektopia）。技术乌托邦将使用大量的无生命的“能源奴隶”（energy slaves）来取代传统的人类和动物奴隶。同一年代的一个更著名的、独立发展的论点可以在人类学家莱斯利·A. 怀特（Leslie A. White）的《文化的演变：文明的发展到罗马的衰落》（1959）（*The Evolution of Culture：The Development of Civilization to the Fall of Rome*，1959）中找到。

怀特的最初构想实际上早在十五年前的文章《能源和文化进化》（1943）（*Energy and the Evolution of Culture*，1943）中就已出现。正如在随后的书中所陈述的，他的论证的基础是，“宇宙中的一切都可以用物质和能源描述，或者更准确地说，是用能源”（White，1959：33）。这一论证基础适用于物理系统的同时，同样适用于生物和文化系统。怀特引用了诺贝尔化学奖获得者弗里德里克·索迪（Frederick Soddy）（他是首先想象核电的人之一）的观点，表示赞同并作出强调。索迪坚称能源的规律不仅在物理学中重要，它“在整个的人类经验中”也是基础性的，“并且，它们是掌控政治系统的兴衰、国家的自由或被奴役、商业和工业的运转、财富和贫穷的起源以及种族的普遍的物质福祉的最后一着”（White，1959：39）。

对于怀特而言，“一种文化是高级的还是低级的，取决于每年人均使用的能源数量”（White，1959：42）。他提出了文化发展的五个阶段：能源来自人类本身，来自驯养动物，来自植物（农业中的），来自自然资源（煤、石油、天然气），来自核能。他总结他的观点为“文化发展规律：随着年人均能源使用量增加，或者控制能源的手段的效率或经济性增加，或两者兼而有之，文化随之进步”（White，1959：56）。不难看出，这种观点活跃在许多人的意识形态中，他们甚至拒绝将能源生产或使用的减少视为对当代生活方式的威胁之外的东西。

尽管不是每个人都接受怀特将能源和社会进步直接联系起来的人类学观点，但许多社会科学家，如历史学家戴维·E. 奈伊（David E. Nye）（Nye，1990，1998）和社会学家弗雷德·科特雷尔（Fred Cottrell）（Cottrell，2009），都认同能源变化与社会变革的关联。实际上，只要人们相信过去500年来社会在进步，并且认识到与此同时能源生产和使用在增加，就很难不考虑某种因果关系。

在关于能源概念的文化出现的哲学考古学中，伊里奇（Illich，2013）将1909年诺贝尔奖获得者、德国化学家弗里德里希·威廉·奥斯特瓦尔德（Friedrich Wilhelm Ostwald）的能源一元论视为一种能源优先（privilege energy）的本体论。奥斯特瓦尔德认为，能源是可以表现为如物质、热量、运动等多种偶然形式的唯一的形而上学的物质。在能源主义的本体论的前提下，他进一步制定了“能源命令”（energetic imperative），即“不要浪费能源，要将其转化为更有用的形式”（Ostwald，1911；引自 Holt，1970：388）。例如，奥斯特瓦尔德不仅主张增加能源的生产和使用，而且反对将战争作为一种能源的浪费。

二、从类型Ⅰ到类型Ⅱ的能源伦理

在最近一篇关于“能源限制”（Energy Constraint）的文章（Mitcham and Rolston，2013）中，我和一位同事试图通过区分支持能源的伦理——我们称之为Ⅰ类能源伦理，以及一个基础的备选项——Ⅱ类能源伦理，来扩充对能源伦理的讨论。Ⅰ类能源伦理假定，增加能源的生产和使用是社会进步的基本手段；Ⅱ类能源伦理则对认同增加能源利用和提高生活质量之间的联系的观点提出疑问和挑战。

挑战Ⅰ类能源伦理的一个快速方法是，考虑“能源奴隶”这个概念。虽然这个词是古怪的美国建筑师、工程师兼发明家、能源狂热者 R. 巴克敏斯特·富勒（R. Buckminster Fuller）（Fuller，1946）在20世纪40年代创造的，但却是厄布洛德（独立于富勒）详细地发展了这个概念。这位在比利时出生的英国工程学教授最初对他所称的“科学人文主义”做出了更广泛的贡献。厄布洛德认为正是创造出的能源奴隶，才能够消除人类的奴役。科技乌托邦是由越来越多的无生命的能源奴隶构成的。

然而，在能源奴隶的概念中有一种还原论。它不仅把人类生活还原为热力学的相互作用，而且把一个复杂的概念过分简化了。能源的概念比通常认为的要模糊得多。正如物理学家和历史学家詹尼弗·科普史密斯（Coopersmith，2010）所说，能源是一个"微妙的概念"。物理学家理查德·费曼（Richard Feynman）甚至有更强的观点："意识到这一点是重要的，在今天的物理学中，我们对能源是什么一无所知。"（Feynman，1963：sec. 4-1）

在 20 世纪 70 年代的"能源危机"（另一个值得考察的概念）时期，伊里奇是第一个挑战关于能源奴隶的普遍信念的人。在《能源与公正》（*Energy and Equity*）这本书的第一章中，伊里奇写道：

> 能源危机的支持者……传播人类生来就长期依赖奴隶的观念，而奴隶是人类必须痛苦地学会驾驭的。如果他不雇佣囚徒，那么他的大部分工作就需要发动机来完成。根据这一学说，一个社会的幸福是可以根据（其成员所拥有的）能源奴隶的数量来衡量的。一旦贪婪的能源奴隶大军的数量超过人口的一定比例，社会的幸福将遭受明显的不公正、烦恼和无能的威胁。能源危机关注的焦点是这些奴隶所需材料的稀缺。我更愿意问自由的人是否需要它们。（Illich，1973：3-4）

尽管伊里奇在一定程度上承认能源生产和使用的价值，但与怀特相反，他抨击了永无止境增长的意识观念以及发达国家和发展中国家目前的能源政策。"对原始的人类来说，消除奴隶制和苦差事取决于适当的现代技术的引入，而对富人来说，避免一个更可怕的退化取决于有效识别能源消耗的阈值，一旦超过这个阈值，技术工序便开始支配社会关系。"（Illich，1973：8）。超过一个阈值——它被抽象地定义为足够和太多之间的某个值，能源生产和消费便开始削弱人们引导他们自己的生活的能力。伊里奇试图通过在交通中使用的能源来具体地说明这一点，他辩称速度超过每小时 15 英里的人会逐渐成为旅行的被动消费者。简单地将步行的真正的自动机动性与乘坐所谓的"自动汽车"或飞机进行比较，就会注意到被动性的程度和对技术及其相关机构的依赖性在增加。

对伊里奇来说，公正问题并不等同于平等、公平或正义。公正蕴涵着某种程度的所有权和参与，就像一个人在一家公司里持有股本或股票一样。先进的能源生产方式的问题在于，它们逐渐依赖于专业知识和异化——将公民转变为消费者。

> 通常被忽视的是，公正和能源只能同时增长到一定程度。在人均瓦数阈值以下，发动机改善了社会进步的条件。在这个阈值之上，能源的增长是以牺牲公正为代价的。更多的能源富余将意味着对分配那些能源的控制减弱。（Illich，1973：5）

高水平的能源生产和消费使得技术专家治国（technocracy）成为必然——这一趋势在核能上最为明显，但在所有高科技能源生产体系中也同样存在。只有专家才能知道电网中到底发生了什么——计算机和远程传感器使得这种电网变得越来越智能。能源系统变得像计算机内部一样不透明。

Ⅰ类能源伦理依赖于对能源-社会系数的一个或多个论证的有效性的接受，然而Ⅱ类能源伦理是基于在同一方面提出的一个或多个问题。能源被辩称至多是有条件的而不是无条件的善；也许是必要的，但只有在一定限度内——超出限度它会以多种方式变得适得其反。从后果论或功利主义的论证来看，在超过一定阈值后，增加的能源生产和使用会降低生活质量。用目的论的术语来说就是，人类对能源的稳定的、均衡的使用，比无限制的增加更自然。从义务论的角度看，人类在理性上有义务限制他们对能源的利用和生产。从历史上看，关于人类进步的宏大叙事能否被刻画为仅仅是一种能源发展的进步，显然存在疑点。当然，在某些情况下，能源是丑陋的——甚至在其崇高性中也是丑陋的。

根据伊里奇，

> 能源危机不能被更多的能源投入所制服。它只能随着这种幻觉的消失而化解——幸福取决于一个人所掌握的能源奴隶的数量。（Illich，1973：10）

无论是持有无生命的还是有生命的奴隶，都会对奴隶主产生不可避免的腐蚀作用，使他们从他们所生活的世界中异化出去。想象一下，人们有无限的能源奴隶供他们调遣。这真的会让他们快乐吗？还是他们不会后悔失去了亲手劳动的乐趣——而不得不通过每天去健身房来寻求对他们的身体的替代训练？正如美国诗人、社会评论家温德尔·拜瑞（Wendell Berry）所说，“我认为，如果我们有无限的干净、廉价的能源供应，我们将会在它的驱动下破坏这个世界，并以其他暴力方式使用它”（Berry，2012）。能源暴食与暴饮暴食和肥胖一样邪恶，与后者并没有多大不同。

三、朝向一种伦理的能源

伊里奇提出的Ⅱ类能源伦理在20世纪70年代末被推翻，这一进路在很大程度上仍然屈从于Ⅰ类能源伦理政策，这种政策把对更多能源的需求作为一个既定事实，并关注可持续能源生产和使用问题，能源生产和使用中的社会公正以及作为一个交叉问题，能源生产和使用的（环境的和人类的）风险。但是，在加拿大政策分析家和评论家瓦科拉夫·斯米尔（Vaclav Smil）的后期著作中，以及法国哲学家瑟杰·拉图什（Serge Latouche）的论证中，不断地在努力明确表达一种对Ⅱ类能源伦理的批判——额外地建议需要一种能源伦理与伦理的能源协同并进。

斯米尔是最顽固、最详细的。以下是他的基本论点：他以大量的技术性的细节，反复描述了人类利用越来越多的能源的方式（Smil，2006，2007）。在他的为数不多的讨论伦理的论证中，通过参考生物统计学家阿尔弗雷德·洛特卡（Alfred Lotka）的最大化能源流定律，将增加能源生产和使用的轨迹描述为生物进化的基本特征。斯米尔重申，“有用能源的最大可能通量、最大功率输出（而不是最高的转换效率）……控制物种的生长、繁殖、维持和扩散以及生态系统的复杂化”。类似于所有其他复杂系统，人类社会倾向于“最大化其生物量、其物质循环速度，从而通过这个系统将总能源最大化”（Smil，2010c：709）。即使在前现代社会中也是如此，尽管在这样的社会中，对于太阳能的同步的可利用性存在天然限制，直到化石燃料的大规模开采和利用技术的发明带来了变革。自工业革命以来，社会一直在以越来越快的速度提取历时累积的太阳能资源，以至于它们无法在人类的时间尺度上得到补充。“整个文明历史表明，原始动力的最高单位容量在 3000 年内增加了约 1500 万次……超过 99%的增长发生在 20 世纪。”（Smil，2010c：713）

不考虑资源枯竭问题，能源加强的轨迹也造成了两个问题：一个是社会正义，另一个是生态影响。“提高能源产出的趋势是普遍的，但进程并不均衡，富裕国家在现代能源中占据了太大的份额。”（Smil，2010c：715）

> 由于不到 1/6 的人类享受着这种高能源文明的好处，1/3 的人类现在正为加入这一少数群体而疯狂地竞争，而世界上一半以上的人口尚未开始这种提升。因此，对更多能源的潜在需求是巨大的。（但）在未来一两代人之间缩小差距的可能性为零。（Smil，2010c：716）

斯米尔不止一次（Smil，2006，2007，2010a，2010b）进行详细计算，因此从根本上讲，不可能将北美的高能源社会模型（人均 330 千兆焦耳，约 3.3 亿人）扩展到地球上的其他 70 亿人。这项尝试需要 2.3 泽塔焦耳（ZJ）以上的初等能源，或者要求目前全球能源供应的五倍的量。即使有可能从化石燃料中实现有关这么多能源生产和使用这一壮举，其结果将是飙升的二氧化碳排放水平导致全球气候产生灾难性的生态影响。

为破解社会正义和生态负面影响的困境，被提出的两种最常见的解决方案是：能源效率的提高和可替代可再生能源。两者都是无望的。所谓的杰文斯悖论（Jevons’ paradox）摧毁了能源效率的海市蜃楼式的解决方案：能源效率的提高不会导致能源使用的减少，而是会导致能源使用的增加。这个悖论最初是由哲学家威廉姆·斯坦利·杰文斯（William Stanley Jevons）在 1865 年对英国煤炭生产和使用的政策分析中发现的。随着能源效率的提高，它变得更便宜，导致人们发现它变得更加有用，从而抵消了任何预计的使用削减。这是斯米尔详细证实了的一个可靠的效应。尽管美国、欧洲、日本和中国等生产经济体的能源密集度不断下降，但人均能源使用量仍在继续上升。

可再生能源的前景同样严峻，涉及规模、功率密度和替代的负面生态影响。在规模和功率密度方面：太阳能（这也是风能和水能的基础）最终是唯一的大规模可再生能源，但它取决于地理位置和随机性。将太阳能直接转化为电能的竞争性技术效率的前景是有问题的，正如（也许更有问题）发明适当的能源储存技术一样。此外，关于利用生物燃料的尝试："大规模生物能源计划的支持者似乎……不知道……人类对全球氮循环的干扰已经大大超过了碳循环的人为变化比例"，并产生了"过量的活性氮导致不良的生物圈变化"（Smil，2010c：721）。

根据这一分析，应对能源分布极不平衡和负面生态影响的挑战，唯一合理的对策是"对有限能源消耗的反洛特卡式（anti-Lotkian）意义的追求"。令人鼓舞的亮点是"追求更高的能源生产量已经进入一个显然适得其反的阶段，只要进一步增加人均能源使用，不与任何生活质量方面的重要收益，或不与高的安全性、廉洁、自由和幸福相关"（Smil，2010c：722）。一个简单的事实是，高的能源的生产和使用对于高质量的生活来说并不是必要的，而且实际上在超出确定限度后，与生活质量的降低有关——这正是伊里奇在20世纪70年代论证的观点，尽管分析得没那么严谨。斯米尔计算了人均能源消耗与婴儿死亡率、女性预期寿命、营养不良和人类发展指数之间的关系。以上四种关系的情况都表明，一旦每年的能源消耗速率超过人均50吉焦耳至110千兆焦耳，即在每年的能源消耗率低至北美能源消耗率的六分之一至三分之一的情况下，会减少效益甚至产生负效益。斯米尔总结道：

> 人均突破110千兆焦耳并没有带来多少基本的生活质量改善。总的来说，人均消耗超过200千兆焦耳会适得其反。唯一明确无误的结果是环境进一步恶化……（考虑到目前每年1%—1.5%的效率收益），到2020年，良好的生活质量……可由人均80千兆焦耳左右的基本投入提供支持，这一比率仅略高于目前人均75千兆焦耳的全球平均水平。（Smil，2010c：726）

另外，斯米尔以这种方式总结了这些数据（尽管已经过时，但仍然指出了这个问题）：在美国和加拿大，每人每年消耗的能源约为8吨油当量。在欧洲和日本，这个比率大约是4.5吨油当量/（人·年）。在中国是1.5吨油当量/（人·年），接近全球平均水平。但是，一旦人均能源消耗超过2.5吨油当量/（人·年），"没有任何高质量生活的指标——极低的婴儿死亡率、较长的平均预期寿命、充足的食物、良好的住房或随时接受各级教育——显示出任何实质性的增长"（Smil，2006：159）。斯米尔认为继续试图生产和使用更多的能源只会加剧我们面临的问题。相反，我们必须开始思考减少和限制能源生产和使用的方法，把“全球能源问题作为一项重大挑战……为了结束历史上（生物学中洛特卡式的）对更高能源产出的追求”（Smil，2010c：728）。

因此，斯米尔提供了比伊里奇更具体的说明，主张对能源生产和使用作出限制。他还提供了一根大棒，以配合伊里奇的自主性和更好的生活质量的胡萝卜。然而，斯米尔可能过于强调大棒。他没有提到伊里奇，也没有提出任何类似伊里奇对自行车的赞美：“完美的转换器，使人的代谢能量与运动的阻抗相匹配（创造出的效率不仅超过了所有机器，而且超过了所有其他动物），并将人类的自动化提升到一个新的秩序，从理论上讲，超越这个秩序是不可能的。”（Illich，1973：60-61）

拉图什（Latouche）在风格和内容上都与伊里奇更为接近，他强调胡萝卜。拉图什是法国跨学科的博学者，他运用社会学、文化研究、政治科学和哲学来批判经济主义、消费社会，甚至是通常所谓的可持续发展（即为维持经济增长而运作）。作为另一种选择，自20世纪90年代中期以来，他已成为后增长和增长减退理论的主要倡导者。从《富裕社会的觉醒：后发展的探索》（*In the Wake of the Affluent Society：An Exploration of Post-Development*）（Latouche，1993）到《告别增长》（*Farewell to Growth*）（Latouche，2009），他一直在积极地为增长减退辩护。在一篇偶然发表的文章（Latouche，2006）中，他赞同地参考了约翰·斯图尔特·密尔（John Stuart Mill）的论证，即经济上最受欢迎的活动实际上不涉及物质增长：教育、艺术、宗教、基础研究、体育和人际关系［《政治经济学原理》（*Principles of Political Economy*）（1848）］。在另一篇文章中，他明确提到了伊里奇：

> 成长社会的有计划的消亡并不一定是可怕的。伊里奇曾经写道，我们不得不放弃目前的生活方式，不仅仅是为了避免一件在其他方面是好的事情的负面影响，就好像是在美味佳肴的乐趣和风险之间做出选择。这道菜本身就很恶心，没有它我们会更开心。我们需要以不同的方式生活，才能生活得更好。（Latouche，2003）

作为Ⅱ类能源伦理的支持者，拉图什因此暗示了从对能源生产和使用的伦理的分析，转向诉诸有助于改变我们目前的能源依赖模式的伦理学的能源。在威廉·詹姆士（William James）实用主义道德哲学的一项研究中，提出了伦理本身可以对人类经验起到激励作用（Franzese，2009）。即使不像奥斯特瓦尔德那样采纳能源一元论，也并非不可能承认一种理想主义，它不仅可以影响个人而且可以影响世界变革，以一种即使不能与物理能源生产和使用的变化所引起的转变相竞争，也能予以补充的方式。正是由于其激进的批评，以及它想要提出的在典型的现代Ⅰ型框架下关于能源生产和使用的可行性和好处的问题，任何Ⅱ型能源伦理最终都必须与能源伦理学达成共识。

参考文献

Berry，Wendell.（2012）Interview，Diane Rehm Show，National Public Radio，Wednesday，November 14.

Carl Mitcham & Jessica Smith Rolston.（2013）Energy Constraints. Science and Engineering Ethics 19（2）：313-319.

Cottrell，W. Fred.（2009）Energy and Society（Revised）：The Relation between Energy，Social Change，and Economic Development. Bloomington，In：Author House.

Feynman，Richard.（1963）The Feynman Lectures on Physics. Vol. 1. Eds. Robert B. Leighton and Matthew Sands. Reading，MA：Addison-Wesley.

Franzese，Sergio.（2009）The Ethics of Energy：William James's Moral Philosophy in Focus. Heusenstamm bei Frankfurt：Ontos Verlag.

Fuller，R. Buscminster.（1946）Designing a New Industry：A Composite of a Series of Talks，1945-1946. Wichita，KS：Fuller Research Institute.

Holt，Niles R.（1970）"A Note on Wilhelm Oswald's Energism，" Isis，vol. 61，no. 3（Autumn），pp. 386-389.

Illich，Ivan.（1973）Energy and Equity. New York：Harper.

Illich，Ivan.（2013）"The Social Construction of Energy." In Sajay Samuel，ed.，Beyond Economics and Ecology：The Radical Thought of Ivan Illich（London：Marion Boyar，forthcoming）.

Jennifer Coopersmith.（2010）Energy，the Subtle Concept：The discovery of Feynman's blocks from Leibniz to Einstein. Oxford University Press.

Latouche，Serge.（1993）In the Wake of the Affluent Society：An Exploration of Post-Development. London：Zed Books.

Latouche，Serge.（2003）"Would the West Actually Be Happier with Less？The World Downscaled，" Le Monde diplomatique，English edition，December.

Latouche, Serge. (2006) "The Globe Downshifted," Le Monde diplomatique, English edition, January.

Latouche, Serge. (2009) Farewell to Growth. Trans. David Macey. Malden, MA: Polity. Original French: Le pari de la décroissance [The challenge of degrowth] (Paris: Fayard, 2006).

Nye, David. (1990) Electrifying America: Social Meanings of a New Technology, 1880-1940. Cambridge, MA: MIT Press.

Nye, David. (1998) Consuming Power: A Social History of American Energies. Cambridge, MA: MIT Press.

Ostwald, Wilhelm. (1911) "Der energetish Imperativ," Annalen der Naturphilosophie, vol. 10, pp. 113-117.

Smil, Vaclav. (1994) Energy in World History. Boulder, CO: Westview Press.

Smil, Vaclav. (2006) Energy: A Beginner's Guide. Oxford: One World.

Smil, Vaclav. (2007) Energy in Nature and Society: General Energetics of Complex Systems. Cambridge, MA: MIT Press.

Smil, Vaclav. (2010a) Energy Myths and Realities: Bringing Science to the Energy Policy Debate. Washington, DC: AEI Press.

Smil, Vaclav. (2010b) Energy Transitions: History, Requirements, Prospects. Westport, CT: Praeger.

Smil, Vaclav. (2010c) "Science, Energy, Ethics, and Civilization," in R. Y. Chiao et al., eds., Visions of Discovery: New Light on Physics, Cosmology, and Consciousness (Cambridge: Cambridge University Press), pp. 709-729.

Ubbelohde, A. R. (1955) Man and Energy. New York: Penguin.

White, Leslie A. (1943) "Energy and the Evolution of Culture," American Anthropologist, vol. 45, no. 3, pp. 335-356.

White, Leslie A. (1959) The Evolution of Culture: The Development of Civilization to the Fall of Rome. New York: McGraw-Hill.

From the Ethics of Energy to the Energy of Ethics: A Policy Provocation

Carl Mitcham
(Colorado School of Mines)

Abstract: The link between growth in energy use with quality of life and social change has received increasing attention and discussion. The pro-energy ethics can be distinguished between a Type I energy ethics, which assumes that growth in energy production and use is a fundamental means of social progress, and a Type Ⅱ energy ethics, which questions the correlation between growth in energy use and improvement in quality of life. Although the Type Ⅱ energy ethics proposed by Illich suffered bankruptcy in the late 1970s, this paper, inspired by Illich, details the contributions of both Smil and Latouche as proponents of the Type Ⅱ energy ethics to this progression and supports the view that the energy ethics should make common cause with the energy of ethics.

Keywords: energy, energy ethics, energy of ethics, Type Ⅱ energy ethics

技术设计作为伦理实验*

P. -P. 维贝克　著
（特温特大学）
许玉昕　洪　靖　译
洪　靖　校订

摘　要：人类与技术的界限成为科技伦理学的巨大挑战，通过将中心从评估技术向伴随技术转变，新的科技伦理学聚焦在如何形塑良好的人物混合，以内部参与者的视角，发掘了长期被忽视的观点，用于解读和设计技术物的道德意义。本文通过联系技术中介与设计思想，将伦理学从纯粹的文字与思想扩大到物体和技术，并为设计者提供三种方式去考虑技术的中介作用：去预见中介、系统性地评估它们，或有意识地将中介设计“进”技术之中。

关键词：人类-技术界限，科技伦理学

引　言

随着近年技术哲学的发展，科技伦理学也变得益发复杂。当代的取径，诸如行动者网络理论和后现象学，强而有力地论证了我们需要模糊人类与技术产物的界限。唐•伊德（Don Ihde）认为，人类与世界的关系由技术所中介[①]

* 本文摘要和关键词为译者所加。

① 校订者注：Mediation/Mediate 常见的译法有二：中介或调解。这里采用“中介”而非“调解”，原因如下：根据技术中介理论（technological mediation theory），技术的位置处在人类与世界之间（in-between），而“中”与“介（于）”皆有此位置之意涵；而“调解”虽然较为生动，但实际上 Verbeek 从未宣称技术本身有能动性（agency），故此翻译可能引起误会，此外，在中文语境中，“调解”常有在争执的两造当中斡旋、调停之意，也不符合该理论所指的技术之作用。

（Ihde，1990）；布鲁诺·拉图尔（Bruno Latour）则认为我们需要摒弃对人与非人的区分（Latour，1993）。同时，就许多学者而言，道德问题也变得日益庞杂。人类的道德行为与道德决定从根本上由技术所中介，例如，地铁站里的闸机能够阻断逃票行为、产前诊断技术能够影响是否堕胎这样的道德决定（Verbeek，2011）。

对于科技伦理学来说，这种人类与技术界限的模糊构成了巨大的挑战。伦理学家无法再扮演一直以来的典型角色：作为“界限守卫”去评判某种技术是否具有道德正当性。当技术哲学展示人类与技术的界限并不存在，伦理学就不能再以保卫这条界限为己任。

但这并不意味着科技伦理学就此终结。就像我在其他地方（Verbeek，2010）解释道，科技伦理学现在面临的真正挑战是更新其内涵，把重心从“评估”技术转向“伴随”技术的发展、施行和使用。相较于去确认某种技术在道德上可否接受，这种科技伦理学聚焦在如何形塑良好的人物混合。同样地，与其扮演身在外部的裁判角色，这种科技伦理学应以内部参与者的视角，发掘出长期被忽视的观点。

在本文中我将阐述这种“技术的伦理伴随”的内涵。首先，我将进一步阐明“伦理伴随”何以不同于“技术评估”。其次，通过讨论米歇尔·福柯（Michel Foucault）的“有限心态”，我将说明“有限”的概念不但能用来评价技术是否合意，也能用来伴随技术的发展。由此，我将提出一个框架，用于解读和设计技术物的道德意义。通过联系技术中介与设计思想，伦理学这一领域将有机会从纯粹的文字与思想扩大到物体和技术。在接下来的三个分节中，我将为设计者提供三种方式去考虑技术的中介作用：去预见中介、系统性地评估它们或有意识地将中介设计“进”技术之中。

一、伦理：从评估到伴随

在许多科技伦理的进路中都隐含了某种人类与技术对抗的模式。有些技术发展对人类有益，而有些技术则会对人类造成威胁。伦理学家的作用就是评估某种技术在道德上能否接受。然而正如本文引言所述，依近年来技术哲学的发展看来，这种人类与技术对抗的模式已是漏洞百出。根据近年观点，撇除人类便无法理解技术，撇除技术亦无法理解人类。将二者的关系描述为对抗或者威胁，就如同对重力或语言做道德评估一样，反对重力或语言毫无意义，因为这些东西构成我们生存（existence）的基础。同样地，技术无可避免地形塑了人之所以为人的意义。

当然，这并不意味着所有技术对于人类的生存都同等可欲；实际上，人类在强大的技术力量面前的确显得无力。然而，这确实意味着，若想改变人类与技术二者的不良关系，那么二者的“对立模式”一定不是最佳解。伦理学绝不应只是着眼于捍卫人类与技术之间的界限，而是去治理二者间密不可分的交缠关系。

如果人类与技术之间真有对抗，那也应当采用海德格尔概念化艺术作品（artwork）的方式来理解这种对抗：一种“大地”与“世界”的对抗。海德格尔在《艺术作品的起源》里讲过，一件艺术作品是用“大地”的要素带出一个“世界”，比如画布、颜料、青铜以及空气振动等（Heidegger，1971）。体验一件艺术作品就如同体验一个通过这些要素逐渐成形的世界。海德格尔有一个对梵高画作《农鞋》的著名解读：这幅画一方面描述了衣物与颜料的对抗，另一方面正是这些要素使得鞋子的存在得以显现。在这场对抗中，并无压迫和解放，而是互动和互塑。与其说颜料困住了鞋子，不如说两者必然相互联系。同样地，人类的存在形式和社会安排是在人类与技术的关系中才被“揭示”出来的。

然而，如果人类与技术之间的界限不在，那么伦理学将会如何？在拉图尔的对称性人类学中，人类与非人类扮演同等角色；在后现象学的中介进路中，人类的实践与经验总是受到技术中介，全然不存在审视技术的“外部”视角。如果没有外部视角，我们又怎么能以其为根基去批判技术呢？

为了更好地说明伦理学的另类模式，我将联系福柯在《什么是启蒙》讲稿里对“批判”的诠释（Foucault，1997）。在分析中，福柯试图为他所谓的“启蒙的勒索”寻找答案。所谓启蒙的勒索，是指批判启蒙本身极度困难，因为任何试图批判启蒙的企图，都会被说成是反对启蒙。任何人胆敢开启怀疑启蒙的讨论，就会被贴上反对理性、民主和科学的嫌疑。然而福柯无论如何想找出一种另类的启蒙。这个状况在科技伦理学的语境中也能见到。模糊人类与技术的界限很容易被解读成要抛弃伦理学：如果再也没有一条清晰的界限需要保护，结论似乎就是“爱怎么样都可以”。所以，我们也需要发展伦理学的另类模式。

如同演讲标题，福柯的论题与伊曼努尔·康德高度相关。事实上，福柯提议一种从经验和实践出发的诠释，来理解康德所说的启蒙。相较于康德以超越经验世界为目标，福柯把启蒙重新诠释为一种身在世界中的态度。福柯解释道，启蒙是脱离“不成熟”的主要方式，在需要理性的地方运用理性，而非接受“他人权威的领导”（Foucault，1997：305）。脱离不成熟要求我们进行批判（critique）：批判可以告诉我们，在什么样的情况下，“用理性来决定什么能知、什么该做、什么可欲才是合宜的”。因此，在福柯看来，批判必须被视为一种态度，一种“精神气质”，一种永远在探究看似不证自明的事物之界限的态度。

福柯把这种启蒙的态度叫“有限态度”。这种态度即是“在被视为普遍、必要、义务的事物中找出单一的、偶然、武断设限的产物”（Foucault，1997：315）。不同于康德试图进入先验领域，福柯并不想超越经验世界。康德研究人类理性的先验条件，福柯则将“批判”——启蒙活动之最——重新诠释为某种形式的自省实践。对福柯而言，批判意味着去研究我们如何以我们的方式存在（being），以及究竟是哪些条件塑造了我们当下的生存形式。他并未为了达成批判性而超越经验的界限去寻找一个外部视角，而是让自己站在那个边界之上。毕竟，对福柯来说，不存在一个外部之点，让人们可以居于其上思考。人类主体永远都在世界之中，和世界产生关系。

代入到技术的语境下，这意味着我们用于批判技术的框架本身也是被技术中介的——我们永远无法跳出这些中介。即便走得再远，我们也只能到达自己当下处境的最边缘。站在这个界限上并承认技术中介了我们的存在与诠释，我们便可以研究这些中介的本质与质量：它们源自何处、它们如何中介、这些中介是否有可能不同？

如此一来，当我们混合了伊德和拉图尔的进路，紧接着遇到“如此还有科技伦理学吗？”的问题时，这种福柯式的有限态度为我们提供了一条出路。与其让我们被启蒙之名绑架，担心搞混科技与社会会让我们无法理性地与规范性地讨论科技，我们不如采取另类的“有限进路”——这条路可以提供给我们不同的、非现代的科技伦理。这种科技伦理不再从外部视角来评估技术发展（过往的科技伦理一直如此），而是借鉴比利时哲学家吉尔伯特·霍托斯（Gilbert Hottois）（Hottois，1996），采取一种从内部“伴随”的做法。

对于这种“技术的伦理伴随”，关键问题不在于找个地方划出一条界线，将人类与技术分开到两边，而在于我们应该如何形塑人类与技术的关系——这种关系标志了人类的生存。有限态度导出的伦理学进路并不专注于某个既有科技究竟在道德上可否接受，而是指向当我们依技术而生存时，我们应当如何增进生活的质量。

当然，聚焦在人类与技术错综复杂的关系并不表示所有人类-技术关系都是同样可欲的，也不表示拒绝某个技术变得不再可能。毋宁说，这意味着伦理学需要更深入关注实践的层面，也就是技术的设计、施行以及使用。放弃外部的视角不是要我们放弃保持批判该有的距离，而是要我们确保自己不会高估所能采取的距离。福柯式的有限态度敦促我们从内部展开批判——从本身就已被技术中介的情境中，探究各种技术实作究竟实际上如何发生。

和福柯的伦理学著作（Foucault，2010）一致，这种“技术伴随”可被视为“治理”（governance）的一种形式。通过审慎地塑造一个人与技术的互动，以及技术如何影响他 / 她的生存，我们就可以引导那个人要成为什么样的“被技术所中介的主体”（technologically mediated subjectivity）。治理和“操控”不同，应当明确区分。治理技术的发展意味着承认技术自身有其发展动力，而且人类的自主性（autonomy）在与技术的关系里是相对有限的。技术的发展涵括了人类，正如人类的生存涵括了技术。从这个人类与技术交缠的混合观点出发，现代主义者那种“操纵”技术与“保护”人类免于技术入侵的雄心壮志，需要替换成更谦虚、温和的目标：通过考量技术的社会后果来“治理”技术，也要“治理”我们因为与技术发生联系而生成的主体。通过治理人类与技术的关系，我们放弃我们有能力完全控制技术的想法；反之，我们努力去理解技术如何影响我们，并且明确参与这个技术影响我们的过程：以技术中介的视角来批判地设计和使用技术。

二、分析技术的道德性

治理技术发展要求我们理解技术之于社会的影响。在这里，奠基于伊德技术后现象学的技术中介理论值得借鉴（Ihde，1990）。中介理论将技术视为人类与世界互动的中介，人在使用技术的同时，技术也建立了人类与其周围环境的关系。这种关系有诠释和生存的维度：“通过”技术，人类建立起其于世界中的存在，世界亦呈现给人类。换言之，技术形塑了人类的经验和行动（Verbeek，2005）。例如，手机形塑了人类经验到他人的方式，而智能速度控制系统形塑了人们开车的行为。

中介理论的核心概念是，技术不只是单纯地联结用户和环境，技术更积极地建构了用户自身与环境本身。例如，手机并非人与人之间中立的媒介，而是界定了人如何对彼此而言是“真实的”。同样地，胎儿的超声波扫描也不单纯只是胎儿的“照片”，它影响了双亲如何看待未出生的婴儿，也建构了双亲与未出生婴儿的关系。中介并非发生在预先给定（pre-given）的事物之间，而是构成了这些事物的真实。

技术的这种中介角色对科技伦理具有重大意义。中介理论表明，人类的行动与决定根本上受到技术所中介。技术以一种“物质”的方式，帮助我们回答“如何行动”与“如何生活”这类道德问题。道德行动及道德决定不是人类自主性的产物，而是在与技术物的紧密互动中成形的。可以说，技术本身总是与道德密切相关，它们形塑了人类的道德价值与行为。（Verbeek，2011）。

了解技术的中介性和技术的道德性是技术“伴随”的伦理基础。如下所示，中介理论有助于对设计中的技术进行（道德）“中介分析”，并以此作为设计者的参考。

中介分析可以从三个面向来为设计者提供参考。第一，进行中介分析有助于设计者预见到设计中技术的道德维度，例如避免一些不如意的中介后果。第二，中介分析可以作为一个基准，以便对预期的中介成效进行评估。但这种评估并非又从“伴随”技术退回到“评估”技术，而应当被视作“技术伴随”当中成熟的一部分。第三，中介的特性本身可被直接设计成为某样技术的一部分。这种情况，以荷兰哲学家汉斯·阿克特豪斯（Hans Achterhuis）的话来说，可称之为技术的“道德化”（Achterhuis，1995）。

三、预见中介

为了预先见到设计中技术的中介作用，尝试去分析技术将在未来发挥哪些潜在中介作用尤为重要。做这样的分析非常复杂，人们不可能精准地预测未来。然而，中介理论仍能为设计者提供想象的引导，有助于设计者做一个“有根据的推测”。中介理论可作为一种“探索工具”去分析可能的中介效果。

为了说明这项探索工具，我将结合近年来中介理论成果中不同的要素，建立一个清晰的、可用来预测技术中介的框架。这些要素关注中介的位置、类型和范围：技术“应用的位置”、其通过什么形式产生效果，以及它影响了人类存在的哪些层面。

（一）应用的位置

为了理解中介发生的位置，我们可以结合史蒂文·多瑞斯汀（Steven Dorrestijn）关于“行为影响技术”（behaviour-influencing technology）的著作。在《设计我们的生活》（*The Design of Our Own Lives*）（Dorrestijn，2012）中，他将技术对人类的影响分类为四种应用的位置。他将人类周围的空间分为四个象限：“手边”“眼前”“背后”“头上”。

“手边”的中介是纯物理性的：用以限制车速的减速丘或者是地铁的防逃票闸门。而“眼前”的中介就多了认知上的性质。技术提供暗示或信号以影响我们的行为：当我们超速时会发出“哔哔”声的导航系统，或是提醒人们将装置切换为待机模式的智能能源仪器。“背后”的中介则关注技术的基础设施和背景作用。技术在此并不直接影响人类的行为和经验，而是形成可发生特定行为模式的环境。这种影响可能发生在一个高度抽象层面，如多瑞斯汀论证眼镜的发展如何间接导致了印刷媒体的盛行，因为如果没有眼镜，大量人将不能阅读。但“背后”的中介也可以从一个与设计者更直接相关或更日常的层面去理解，如一个更加可靠与便捷的运输系统会直接影响人们选择开车或搭乘火车去上班的决定。多瑞斯汀描述的第四个象限关注的是一种最抽象的影响。在这里，不是各种分门别类的技术而是“技术整体”影响了人类，有关于此的探讨包含了整个乌托邦式的乐观主义到敌托邦式悲观主义的理论维度。由于设计者设计的是具体的技术，而非设计这样的“技术整体”，我们将不把这一象限纳入讨论。

总而言之，三个主要的技术应用的位置在此浮现：技术中介可以是物理上的、认知上的或背景式的。技术通过在人与世界之间创建物理—感知的联系、通过提供引导行为决策的信息创建认知关系、通过建造物质性且充满意义的基础设施间接引导人类行为和决定的方式，塑造了人类与世界的关系。

（二）中介的类型

进行中介分析的探索工具的第二个要素关注其所牵涉的中介类型。先前，我曾将中介区分为强制性的、劝服性的以及诱导性的（Verbeek，2009）。一些技术确实迫使用户做出特定行为，如减速丘或者自动限速器要求驾驶者减速。但并非所有中介都是通过这种具有强制力的形式。回到开车的例子：车内的油量表针对驾驶的燃油消耗提供反馈信息，这种方式没有强迫驾驶员更节约地开车，而是通过使他们信服的方式使他们改变开车习惯。又如道路的视觉缩窄——这在荷兰很常见，把中央车道的分界线改成道路两边区分自行车道的两条分界线——诱使人们更慢地开车。

设计研究者尼克·特龙普（Nynke Tromp）曾大量研究了技术可能对人类造成的多种影响，并建议将这些影响依据两种尺度分类（Tromp et al.，2011）。一种是影响的强制性（弱或强），另一种是影响的可见性（隐微或明显）。而此分类同样也可再区分为四个象限：强制性影响以直白的方式发挥，效力强；劝服性影响则是明显但影响力较轻微——人们可以轻易忽略掉车上提示系安全带的哔哔声，但是人们无法不去面对减速丘造成的效果；诱导性影响既微弱又隐晦；而决定性影响虽然隐晦，但效力强——在公司大厅放置一台咖啡机会诱使人们有更多非正式的互动，而刻意不为一栋多楼层建筑设置电梯就会隐晦但强效地使人们不得不决定使用楼梯。总之，技术可以强迫、劝服、诱导或者为人们作出决定。

（三）中介的范围

第三点，也是最后一个中介分析的要素，就是中介的范围。中介范围的第一个区别是依据中介理论的基础框架分为生存维度与诠释维度：技术形塑人类如何存在于世界之中，以及世界如何对人类开显；技术中介行为与感知、实践与经验。除了生存与诠释的区别，我们也可以区分个人层面和社会层面的中介。技术不仅塑造了个人的行为与经验，也影响社会实践与诠释的框架。像詹汀・布马（Jantine Bouma）说过的（Bouma et al.，2009），共居社区的通信系统极大影响了这些住户的社交行为，而数位白板也对教室中的教学与学习行为有重大意义。显然，在所有这些实践中，也存在着个人层面的人与技术的关系，但是最终的中介效果超越了个人层面。设计教学白板时，重要的不仅是其对老师和学生个人的经验与行为的影响，还有对整个学习过程、教师与学生角色等的影响。

表 1 整理出了上述技术中介的所有面向。根据这张表格，设计者可以激发灵感并预期其所设计的技术可能的中介效果。请注意下表中所有行列的中介要素都可以相互结合。物理的、认知的、背景式的效果可以通过强制性的、劝服性的、诱导性的或是决定性的形式，对个人或社会产生诠释学或存在主义层面的影响。

表 1　技术中介的所有面向

位置	类型	范围
物理的	强制性的	个人：经验
认知的	劝服性的	个人：行动
背景式的	诱导性的	社会：诠释框架
	决定性的	社会：社会实践

四、评估中介

设计者可以将中介纳入设计的第二个层面是“中介评估”。在此，中介不仅仅是被预期，同时也被清楚地评估。再次重申：这个评估活动应当被视为技术伴随的一个要素，而非取而代之。这种技术的“伴随评估”可以参考丹尼尔·别尔季切夫斯基（Daniel Berdichevsky）和埃里克·纽恩施瓦德（Erik Neuenschwander）为评估劝服技术（那些被设计有明确劝服效果的技术）所设计的模型。他们提出三点来评估劝服性技术：①设计者意图；②进行劝服的方式；③劝服的结果（Berdichevsky and Neuenschwander，1999）。当我们把这个评估模型应用到中介理论，我们会发现劝服只是中介的其中一种形式罢了。我们也可以加入第四个讨论面向：除了被刻意设计的中介作用之外，也有可能存在隐晦的、意图之外的中介效果，但设计者仍可能对此感到负有部分责任，因为他们应该要能够预先见到。

在前述中介分析工具的帮助下，有四个步骤可以对预期中介的效果进行评估，这些步骤受到别尔季切夫斯基和纽恩施瓦德的启发，并将他们的理论框架延伸到中介理论（Verbeek，2011：106-107）。

第一步显而易见：如果设计者正在有意地设计一种行为影响技术，他们可以评估该技术的刻意中介作用，也就是说，被有意设计进技术的中介。这里的核心问题是：有哪些论据可以用来支持或反对这些刻意设计的中介效果，以及它们背后的意图？

不过更有趣的是对设计中隐而不显的中介的评估。前述中介分析的探索工具可以作为此讨论的基础，它使设计者能预见某技术未经设计的中介作用可能会带来的效果，因而由此开启了对中介的道德讨论：有什么论据可以支持或避免这类中介？

评估中介的第三个要素攸关其所涉及的中介形式。如同先前指出的，中介作用的效力可分为强或弱，以直白或者隐晦的方式起作用。在某些情况下，特定的中介可能会比其他种类的中介更被接受。例如，比起通过刺激情绪的气味和颜色等方式诱导顾客下意识超额购物，在特定的区间内诱导驾驶人不知不觉地减速所引起的争议通常要小得多。

第四个步骤是评估技术中介的效果，例如其所塑造的行为及决定，以及社会实践与诠释框架。所有明显、隐晦的中介都会在个人的和社会的层面产生效果，而这些中介的效果可能会与设计者的最初意图背道而驰。以减速丘为例，它不仅影响驾驶者的行为，也会吸引玩滑板的人，而后者的行为并不必然提升道路安全。

五、设计中介

设计的伦理伴随的第三个层面就是实际上将中介作用纳入一项技术的设计。在这个情况下，设计者更大程度地介入社会。他们可以刻意地针对中介作用进行设计，而非仅仅检查是否存在不必要的中介，或只是对设计所牵涉到的明显或隐微的中介形式进行评价。那么，在何种程度上，这种“技术伴随”是道德上令人向往的呢？

（一）道德化的技术

针对这个问题，荷兰哲学家汉斯·阿克特豪斯于20世纪90年代就在他的文章《设备的道德化》（Achterhuis，1995）里提出一种探讨的方向。阿克特豪斯认为，我们应停止不断以道德化的方式来论述环境议题。如果要符合小部分环境行动主义者的理想，我们生活当中最小的细节都会受到道德检视。举凡我们屋子里电灯的能源，我们洗澡所花费的时间，驾驶习惯所消耗的燃料——如果每件事的道德面向都需要被不断检视与反思，那么日常生活将很难过下去。阿克特豪斯主张，人类与其对彼此进行道德要求，更应做的是开始将技术道德化。深知我们能力有限，不足以肩负所有道德责任，我们应当把某些受到广泛支持的道德任务和责任委推给技术。

阿克特豪斯的论述遭到猛烈批判，主要是因为人们担心这会威胁到人类的自由。如果我们把道德责任转移到事物上去，我们仿佛赌上人性王冠上的宝石：我们自主做出决定并为我们自身的行为承担道德责任的能力。我并不同意这种批判，如本文第一部分便开宗明义指出的：当我们正视中介现象时，会发现所有人类的行为都是受到技术所中介的。从这个观点来看，去设计一项影响行为的中介技术并非不道德的，拒绝为中介的结果负责才是。

（二）自由-家父长主义

针对受操控和保持自主性的矛盾问题，理查德·H. 塞勒（Richard H. Thaler）和凯斯·R. 桑斯坦（Cass R. Sunstein）貌似找到了答案。在《助推：如何做出有关健康、财富与幸福的最佳决策》（*Nudge: Improving*

Decisions About Health，Wealth，and Happiness）（Thaler and Sunstein，2008）一书中，他们描述了一种情境，就是将我们的物质环境设计为对我们有正向影响的形式，但同时不夺走我们的控制权。一个助推就是一次微小的推动，一个能把人们的行为引向特定方向的细微刺激。塞勒和桑斯坦主张，我们的物质世界充满了这种助推，举凡默认为单面打印的打印机到在小便斗上设计苍蝇图示来诱导男性瞄准。塞勒和桑斯坦建议我们应当以理想的方式去设计这些助推，以便我们将自己的行为导向普遍认为有益的方向。

他们论证的核心概念是，人类的决定相当大程度上是受到物质环境所安排与构建的。当我们做选择的时候，大脑中有两个系统在运作，塞勒和桑斯坦把它们分别称为“自动系统”和“反思系统”。我们的大部分决定是不假思索的，并没有经过详尽的反思。但是，有些决定是我们必须停下来去想的：这时就需要反思和保持一个评判的距离。

很大程度上，我们的自动系统受到物质环境所安排。这里举一个塞勒和桑斯坦所用的例子：当油炸点心被摆放在公司餐厅里容易取得的位置，而沙拉被藏在冰箱的门后时，人们更有可能会去选择那个不健康的油炸点心。餐厅的布局提供了一个特定方向的助推。如果我们想为这种情况负责的话，我们必须要学习去批判性地思考助推。如果我们能将助推设计得更好，实际上就能让我们的自动系统表现得更好。塞勒和桑斯坦因此把这种设计叫做“选择架构”（choice architecture）：针对选项情境的设计。我们需要改写物质世界的各种默认设定。

但是这种选择架构的设计不应该就此叫停反思系统。对塞勒和桑斯坦而言，助推理论中极其重要的是：面对反思与讨论，助推保持敞开，而且可从自动系统移到反思系统。这就是为什么他们将其论述进路称为“自由-家父长主义”（libertarian paternalism）。它是家父长主义的，因为它确实将人们暴露在一个有明确方向的助推之下，但它又是自由主义的，因为这种助推总是可以被自由地忽视或取消其效力。就像即使打印机的默认设定是单面打印，但每个人当下都可以自由地选择双面打印；而在一个带有助推的餐厅里，也没有人被强迫放弃油炸点心而去吃沙拉。

因此，塞勒和桑斯坦通过“选择退出”（opt-out）的方式跳脱影响行为和尊重自主的两难困境：利用我们的反思系统，我们就有机会摆脱助推。每个家父长式的举动都能被一种自由主义式的反对观点给调和。

但问题是，这种自由-家父长主义试图将物的道德性驯化，是否能真正解决问题？塞勒和桑斯坦论述中的自由主义和家父长主义都是以人性和技术的二分作为基础，而且聚焦在以自由主义的方式来守护人类的自主性。一方面，助推是家父长主义式的人为设计结果，但另一方面，受制于家父长主义的人们永远都有一种自由主义式的能力去忽视助推。在塞勒和桑斯坦的论述里，技术中介没有任何立足之处：助推被假定为一种家父长主义设计者的工具性干预，既可以被用户接受，也可以被批判地拒绝。在此论述中，人类与技术的界限仍屹立不倒；批评的首要方式是选择退出，而不是批判性地与技术互动来形塑人类的存在方式。

六、设计作为物质化的道德

如果自由-家父长主义不是个真正的选项，那有什么另类的可能？模糊界限的行动者网络理论或后现象学是单纯地要求我们接受家父长主义吗？设计者能否在背后引导我们的行为和决定而使我们没机会去拒绝生活中的这些干预？这些问题的答案既是肯定的也是否定的。是的，因为技术哲学的当代进路表明人类的行为与决定始终受技术所中介。设计者无法避免这些技术对人类的生存产生影响。但同时，答案又是否定的，因为这些影响不必然是暗中运作的。

一旦我们看到了技术中介的现象，我们就可以与中介产生批判性的关系——一种福柯意义上的批判。我们不是要跳出中介的范围，而是站在中介范围的边界上，去找出哪些影响已经施加于我们，我们又如何在这些影响力之下形塑我们的生活方式。由于我们的生活从根本上就受到中介，因此我们无法再把自己想成是一个拥有自主性的个体，但我们仍然可以自由地选择如何与这些中介建立关系。我们不可能取消或忽视中介的影响，但可以批判性地、有创造性地选它们为己所用。一个技术社会的公民需要有“技术识读力”。这并不是说每个人都需要去理解周围所有设备的技术细节，而是说我们对技术对于社会的影响要有一种批判意识。

除了要求设计者对中介负责，用户对于技术的识读能力是对中介负责任的另一个重要面向。设计者需要通过预见它们产品的中介作用、评估并设计其中直接与隐晦的中介作用，以此为中介负责，而用户则需要为他们自己受到技术中介的存在方式负责。

七、结论：案例演示

让我用一个“道德化技术”的例子来做个总结。这项道德化技术是一种针对患有慢性阻塞性肺疾病（COPD）的患者的远程照护系统，COPD 是一种会导致患者肺容量剧烈降低且有致命风险的肺部疾病，患有这种疾病的患者需要对他们的肺容量进行定期检查，并且时时刻刻根据肺部状态和身体情况来调整他们的活动。COPD 患者遭遇的难题在于，他们既要锻炼肺部以减缓其病变过程，但与此同时又要避免过高的自我要求。“COPD.com”这个系统就在于帮助病患找到平衡点。COPD.com 主要是一个“疾病管理系统”，它奠基于所谓的“身体区域网络”，结合多种感测以监控患者的锻炼程度与身体状态。这个网络测量到的数据会被转化为训练程式，可通过一个入口网页查看。患者可以登录，获取有关自身状态的信息，并获得最佳锻炼方式的建议。

这个系统非常具有侵略性：它细致地监控患者的活动并提供建议。如果伦理反思只将自身定位在评判这项技术在道德上可否接受，那么它唯一能问的问题就只是去探讨这种侵犯是否在常规可接受的范围内，以及这个系统是否安全可靠。但是从中介理论的角度来看，最有趣的问题是这个系统如何作用于患者的日常生活。COPD.com 的介入产生了一种新的生活方式。通过使用前述的探索工具可以发现不同的预期中介效果。例如，对患者活动强度和身体状况的持续监控会如何影响患者的自我认知？这个系统将导致患者的生活进入一种影响深远的医疗化状态。同样地，责任归属也在转变。患者成为疗程里的行动者，而不再是医护人员。一方面，这增加了患者的自主性，但另一方面，事情出错时患者需负担的责任也加重了。此外，照顾人员和患者之间的互动模式亦会转变，比如护士的工作可能会从原本的与患者交流病情变成维护系统高效运作以使系统能更好地与患者“对话”。

这些例子仅仅是在设计技术时中介分析所能揭示的冰山一角。在评估了这些中介的作用以后，下一步很显然就应当是把这些分析结果纳入到设计过程中。比如，设计者可以设计使患者不能在一天内超过两次使用该系统监控自身身体状况，以免出现不希望的生命医疗化的现象。同样，使用COPD.com的协议可以要求医护人员定期探访以确保患者所有生活中相关的层面都能被及时知晓，保证维持人际照顾关系，并观察患者与系统的互动形式。

COPD.com绝对是一个“道德化技术”，因为它积极地指定了用户的行为。但是，用户也并非就此沦为这个系统的奴隶。他们可以在医护人员的帮助下建立与这个系统的批判性关系：去评估它所给出的建议，自由选择忽视或者调整系统给出的建议，也可以找出好方法去应对新的生活方式和系统带来的对自我的影响。

这个小小的案例显示出伦理有多大的可实验空间。“技术伴随”的方法不从外部视角评估技术，仅仅考量该技术是否可欲，而是让我们可以参与到该技术的设计与使用当中。首先，通过对COPD.com的中介分析我们可以看到这个技术如何塑造COPD患者及其利害关系人的活动和经验。它的中介作用是如何发挥影响力的——是物理的、认知的还是背景式的？这些影响是强制性的、诱导性的、劝服性的还是决定性的？是在个人层面还是社会层面发生影响呢？其次，分析结果可作为不同中介效果的评估基准：产生了哪些效果，又如何评断这些效果的价值？在这个基础之上迈出第三步：如何将预期的中介效果设计成为技术的一部分？一项技术可以具侵略性到何种程度，但不会被认为是阻碍而是助力？如何设计行之有效的中介？

因此，正视技术与社会不断互相形塑彼此这一事实并不意味着伦理学的终点，反而是一个全新的开始。技术本身的设计本质上就是一个道德活动。负责任的设计需要做到预见、评估和明确设计会对社会产生影响的中介。设计中介总是具有实验性的特质，也必然带领我们进入一个未知的世界。然而，通过系统地预期及评估设计中涉及的中介，我们至少已经尽职尽责地规划了这些实验。实验室里的伦理学不只包括科学创新的过程，也包括了技术设计。

为这种“技术伴随”伦理学提供一个更强有力的基础，我们可以遵循两个策略。一方面，未来我们需要更多研究来讨论这种伴随式伦理学的细节。

通过社会学和文化人类学的经验主义方法，研究者可以探讨用户与设计者在什么情况下让技术在他们的实践和对话中产生显著的道德意义。这类研究能为设计中技术的道德意义提供更多线索。另一方面，伦理反思需要被带入到技术设计领域之中。设计方法应包含对中介作用的预期、评估以及设计。最重要的是，设计学院应教导学生，设计在本质上是一种社会性的活动，在此之中设计者需要学习为该设计如何影响社会负起责任。

参 考 文 献

Achterhuis H. 1995. De moralisering van de apparaten. Socialisme en Democratie，52（1）：3-11.

Berdichevsky D，Neuenschwander E. 1999. Toward an ethics of persuasive technology. Communications of the ACM，42（5）：51-58.

Bouma J T，Voorbij A I M，Poelman W A. 2009. The influence of changes in the physical and technical design on social interactions in a cohousing community. In：Durmisevic E. Lifecycle Design of Buildings，Systems and Materials. Enschede：International Council for Building Research Studies and Documentation（CIB）and the University of Twente.

Dorrestijn S. 2012. The Design of Our Own Lives. Dissertation：University of Twente.

Foucault M. 1997. What is enlightenment? In：Rabinow P. Foucault M. Ethics：Subjectivity and Truth. New York：The New Press.

Foucault M. 2010. The Government of Self and Others：Lectures at the Collège de France 1982–1983. translated by Burchell G. New York：Palgrave Macmillan.

Heidegger M. 1971. The Origin of the Work of Art. In：Anderson J M，Freund E H. Poetry，Language，Thought. New York：Harper & Row.

Hottois G. 1996. Entre Ymboles et Technosciences. Un Itinéraire Philosophique. Paris：Editions Champ Vallon.

Ihde D. 1990. Technology and the Lifeworld. Bloomington：Indiana University Press.

Latour B. 1993. We Have Never Been Modern. Cambridge，MA：Harvard University Press.

Thaler R. H，Sunstein C. R. 2008. Nudge：Improving Decisions About Health，Wealth，and Happiness. New Haven：Yale University Press.

Tromp N，Hekkert P，Verbeek P.-P. 2011. Design for socially responsible behavior：A classification of influence based on intended user experience. Design Issues，27（3）：3-19.

Verbeek P.-P. 2005. What Things Do：Philosophical Reflections on Technology，Agency，and Design. University Park，PA：Pennsylvania State University Press.

Verbeek P.-P. 2009. The Moral Relevance of Technological Artifacts. In：Duwell M. Evaluating New Technologies. Dordrecht：Springer.

Verbeek P.-P. 2010. Accompanying Technology：Philosophy of Technology after the Ethical Turn. Techné：Research in Philosophy and Technology，14（1）：49-54.

Verbeek P.-P. 2011. Moralizing Technology：Understanding and Designing the Morality of Things. Chicago：University of Chicago Press.

Technology Design as Experimental Ethics

Peter-Paul Verbeek

(University of Twente)

Abstract: The limit between human being and technology has become a great challenge to the ethics of science and technology. Through the transformation of the ethics from assessment to accompaniment, the new ethics will focus on how to shape the hybrid between human being and technology, deepen the notion ignored, and understand the moral meaning of artifacts. This paper extends the ethics from literature and thought to objects and technology, and supplies three approaches to considering the mediation of technology: to predict it, to assess it in a systematic way and to embed it into technology consciously.

Keywords: human being，technology limit，ethics of technology

重探技术物的政治性：设计、权力与民主

洪 靖

（中正大学）

摘　要： 技术物有政治性吗？自从兰登·温纳（Langdon Winner）于1986年提出这个问题以来，技术物具有政治性这一概念，即受到长期且广泛的关注和讨论。温纳宣称技术实为特殊的权力形式，如果民主用于克服和消解人类施展权力的不当后果，那么我们也需要更多的民主程序来审核与决定是否采用或者如何设计某个技术。本文认为，温纳的论述给予读者“技术与民主对立”的强烈印象。这种对于技术物政治性的“负向”（negative）诠释，不只略嫌片面，甚或可能造成不良后果。本文首先基于实例，指出技术政治并非对立于民主精神，反之可能促进民主的实现与运作。其次，本文通过P.-P.维贝克（Peter-Paul Verbeek）的“技术中介理论”（technological mediation theory），试图在理论层面上说明，技术权力无法避免也难以排除，因此技术民主化的理念最终窒碍难行。再次，本文提议以政治理论家尚塔尔·墨菲（Chantal Mouffe）的“政治本性”（the political）来理解政治性，并调整相关政治框架，从当前的民主模式转向“争对民主”（agonistic democracy）。最后，本文将说明这种转向的优点所在，以及它如何协助解决过去技术物政治性的压迫和排除问题。

关键词： 技术物政治性，技术中介理论，政治本性，争对民主

引 言

技术物有政治性吗？答案无疑是肯定的。自从兰登·温纳（Langdon Winner）于1986年提出这个论题以来，技术物具有政治性这一概念，即受到长期且广泛的关注和讨论。通过精彩的举例，Winner（1980）力陈，政治学研究往往聚焦于讨论人类权力的行使与运作，却忽略技术也极具权力效果。

纽约建筑大亨罗伯·摩斯（Robert Moses）设计的低架桥，正巧横跨通往琼斯海滩（Jones Beach）的要道之上，其高度使得高大的公交车难以通过，因而有效阻挡了只买得起公交车票的黑人与穷人，让海滩只为中产阶级以上的白人所享用。自动西红柿收割机使得大范围耕作与收获变得容易，导致"肥了大农、瘦了小农"。营运核能电厂需要高深与复杂的物理和工程知识，加上其原料——铀——自带危险，因此采用核能电厂的社会必定难脱集权，政府只能由专业人士掌控。

对温纳而言，这些技术施展的权力不亚于人类，甚至更持久也更顽固（stubborn），它们制造出许多被压迫或被排除的受害个人与群体。换句话说，技术乃是一种特定的权力形式，而这种"技术权力"（technological power）无异于人类政治中各种权力的行使与运作。技术物，不消说，当然具有政治性。由此，温纳疾呼，如果我们采用民主（democracy）来克服与消解人类施展权力的不当后果，那么我们也需要更多的民主程序来审核和决定是否采用或者如何设计某个技术，如此方能化解技术物的政治性。

将民主视为克服技术物政治性的解方，给读者留下了一个强烈的读后印象：技术政治与民主精神相互对立。这个印象成为技术研究（technology studies）后续的课题核心，并发展为"技术民主化"（democratization of technology）这一理念与实践。整体来说，技术民主化的目的在于，透过通盘考虑各种相关利益与价值，并将它们置入技术的设计过程与成果中，以避免技术造成任何压迫或排除效果，达成公平正义的理想（Sclove，1995；Veak，2006）[①]。换句话说，技术民主化背后未曾言明的假设是：人类的民

① 国内亦有许多引介温纳思想的论文，请参考：刘桂英和任玉凤（2004）、张慧敏和陈凡（2004）、程煜祯（2018）、谢芬（2016）、赫相玮（2018）等。

主运作得越好，技术物就会有越少的政治性！

本文认为，这是一种对于技术物政治性的“负向”（negative）诠释，不只略嫌片面，甚或可能造成不良后果。本文将于下文中，首先指出技术政治并非对立于民主精神，反之可能促进民主的实现与运作。其次，通过技术哲学中的“技术中介理论”（technological mediation theory）来说明在理论层面上，技术权力无法避免也难以排除，使得技术民主化往往窒碍难行。再次，本文提议以政治理论家尚塔尔·墨菲（Chantal Mouffe）的“政治本性”（the political）来理解政治性，并从惯常的民主模式转向“争对民主”（agonistic democracy）。最后，本文将指出此一转向的优点，以及何以能够解决过去技术物政治性造成的压迫与排除问题。

一、技术对立于民主吗？实际的例子

技术不一定对立于民主，甚至反而可能帮助民主。最明显的例子，来自技术哲学家阿尔伯特·伯格曼（Albert Borgmann）（Borgmann，2007）。第二次世界大战期间，英国议会被毁，政府正在规划兴建；时任首相丘吉尔（W. Churchill）在一个演说中，如此告诉他的议员同僚：“我们塑造建筑在先，而后建筑塑造我们。”接着他建议，新的会议厅必须够小，而且最好把座位划分成面对面的两个区块。丘吉尔认为，狭小的空间能够创造焦躁感，促使议员更快速、有效率地审议法案，而面对面的座位安排，不只体现英国的两党政治传统，更能让某党议员看到他党议员的表情和姿势，激起双方更主动、热情的论辩。

今日所见的英国议会，就是依循丘吉尔的两个建议建造而成。如果积极和持有不同意见者讨论，是民主社会的重要品德，那么英国议会的建筑——无疑，它是技术物——实际上促进而非侵蚀了民主。英国号称最老牌民主国家，这不单是人类的功劳，技术也贡献其力。在这个案例中，民主政治并没有因为技术而蒙损，反而更加健全。

另一个案例，则与温纳用来说明核能电厂政治性的隐喻有关。温纳提到了早年柏拉图对于民主的不信任，认为国家就像一艘在危险汪洋中航行的大船，如果水手各行其是，缺乏强而有力、发号施令的船长，那么这艘船最终势必翻覆；而这个道理同样适用于核能电厂这种高技术与高危险的大船，因此核能电厂势必带来集权的统治结构。然而，20 世纪 80 年代于挪威的一场社会实验，却把柏拉图的寓言故事推翻了。

为了确保航程的稳定与安全，货船一般都会把不同工作进行分区设置（甲板、引擎室、餐饮），不同区域的员工几乎不会交谈，而且行政系统的结构十分类似军队，严格维持某种等级阶序（hierarchy）。但是，挪威一艘名为 Balao 的货船，它的船上生活却是另一番光景。船上所有人员彼此熟识，不只工作方面相互协助，许多决策也是经由讨论而做出。究其原因，并非来自船上制度或船员教育的改革，而是肇因于船身建筑结构的改造（Lezaun，2011）。

不同于既有货船，Balao 的设计者不只统一了所有船员的起居室尺寸，即使人员官阶有所差异，其房间大小亦差别不大，更建造了宽阔且舒适的共同活动室；更重要的是，船上过道的数量被尽可能地减少。效果不言而喻，相同尺寸的生活空间促进了船员们彼此之间的平等感受，而极少数量的过道大幅增加了人员相遇的机会。当船员因此变得彼此认识与知晓，他们还能前往共同空间做更多的交流与互动。等级阶序变得不再明显，取而代之的，是一种“离岸民主”（offshore democracy）。

无论是英国议会还是货船 Balao 的例子，都说明了技术虽有权力，却不见得造成压迫或排除，而技术物即使有政治性，也不一定对立于民主。换句话说，温纳对于技术的预言与诊断，似乎颇有商榷空间。其与现实的落差，也要求我们更进一步检视理论层面的合理性。

二、无法消除的技术权力：技术中介理论

我们已经看到，在事实层面，技术不一定对立于民主；通过影响使用者作为，技术权力能够帮助民主的发展与实践。更有甚者，在理论层面，这种技术权力其实全然无法消除。为何如此？这点在当代技术哲学中的技术中介理论有清楚的讨论。

技术中介理论由荷兰哲学家维贝克（Verbeek，2005，2011）提出，强调技术桥架起人类与外在世界的双向关系：技术物影响外在世界呈现给（for）

人类的样貌，亦即“世界是什么”，也影响人类应对（to）外在世界的行动，亦即“人类做什么”。例如，温度计呈现了一个有“度”的世界（而我们理所当然认为世界是有“度”的），而塑料杯或纸杯的材质本身就暗示我们“用完即丢”（即使没有使用手册告诉我们这么做）。换句话说，技术是一种中介物（mediator），中介了人类的经验（experience）与行动（praxis），无论有意或无意（图 1）。

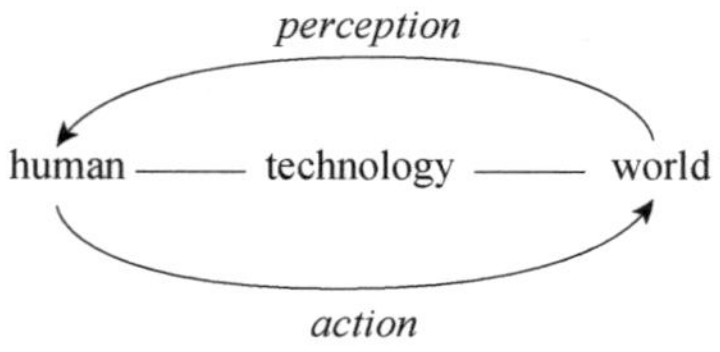

图 1 技术中介了人类的经验与行动（Verbeek，2006：3）

在技术中介理论的框架中，人类与世界并未预先给定，而是技术中介的后果——虽然技术并非决定者，但显然扮演了构成性（constitutive）角色。一个没有技术的世界是难以想象的，因为世界和我们正是因为技术的中介才得以成立。即使无法信心十足地宣称“技术在本体论层次（ontologically）中介了人类”，但我们至少应该肯认“技术对人类有存在论层次（existentially）的影响”。

就本文来说，技术如此“根深蒂固”地影响人类，有两个意涵。首先，任何技术，无论是否刻意设计，最终都会造成某些权力效果。例如，微波炉的发明原意是帮助家庭主妇快速加热食物，但在达成此目的的同时却增进了个人独食的频率和市场，进而塑造了家庭成员之间的关系（Cockburn and Ormrod，1993）。换句话说，即便微波炉不是刻意设计用于支持独食并排除共食、支持小家庭并排除大家庭，它的权力效果依然扎实存在，甚至达到社会结构随之改变的程度。

另一方面，更重要的是，这种根深蒂固意味着我们难以企求没有技术的自由。从 Berlin（1969）著名的区分来看，消极自由强调没有外力限制，积极自由（自主）强调独立决定——两者的共同点是寻求某种没有或不受外在影响的状态。然而技术是人类存在的构成部分，无法消除或驱赶——“抵抗只是徒劳”（Resistance is futile）（Verbeek，2013）。如果说消极自由代表的是

“免于”（freedom from），而自主代表的是“能去”（freedom to），那么我们不再也从未拥有两者，或者说，这两者已经融为一体：人类能有的、已有的是某种“伴随”（freedom with）的状态。

从技术中介理论的角度来看，自由和自主的区分不再那么重要，但也未因此蒙受损害或消失：

> 我们之于科技的自由，如同我们之于语言、氧气或重力那样。想着我们能够脱离这些依存关系相当荒谬，因为这无疑是把我们自己移出这些赖以为人的关系之外。科技是人类存在的条件之一（Technology is part of the human condition）。我们必须学着和科技相伴生存／生活——在每个字的每个意义上。（Verbeek，2011：155）

从这点来看，企图寻找一个技术的“权力真空”的自由状态，无异于缘木求鱼。只要人类使用技术，必定受技术所影响，因而改变思想与行动，不论这些改变的方向是否内在于技术的设计本身。这是一种无法避免的技术权力，而且这种技术权力正是一种“人的条件”——正是因为技术，我们得以成为人类。

综合以上两点，我们可以清楚知道，人类无法不使用技术，因此技术权力必定施加于人；同时，如同任何政治群体一样，只要人类权力开始施展与作用，势必有人受到严重或部分影响，一旦使用某种科技，受影响者必有轻重或有无之分，而“技术受害者”与“技术未受害者”因而无可避免地被划分出来。换句话说，只要人类社会使用技术，那么温纳抗拒并企图消弭的技术物政治性，无论如何都会出现，并持续困扰我们。

技术物政治性的“无法消除”，将引发一连串的问题：虽然技术的权力效果不一定对立于民主，但如果某些技术确实伤害民主时，那该如何？如果技术权力一直存在，那么长久被视为消除权力差异手段的“民主”，似乎因此失效了，我们能怎么做？我们应该放弃民主，任由技术权力开展并且默不作声吗？如果必定有被压迫或排除者，那么被人类社会视为价值珍贵的公平与正义，我们又该如何维护？这些问题，有赖于我们转换视角，从温纳以及主流对于政治的理解逃脱。

三、从政治性到政治本性

科技民主化的理念根基，在于希望通过民主程序，化解群体与个体之间的紧张关系，达致包容的（inclusive）结论与行动，所谓协商式民主（deliberative democracy）即为主要代表（Dryzek，1994，2002）；换句话说，如果每个人都同意接受某种技术及其设计，那么就不会有人被这种技术设计所压迫或排除。问题在于，这种包容状态能否成真？政治理论家尚塔尔·墨菲（Chantal Mouffe）给出的答案，是否定的。墨菲于20世纪80年代因为与其夫婿所著 *Hegemony and Socialist Strategy：Towards a Radical Democratic Politics*（Laclau and Mouffe，2014）一书而备受瞩目，自此之后，她对于当代民主持续严厉批判，并试图提倡“争对民主”取而代之。本文以下深入介绍墨菲的政治理论，以及它如何有助于克服温纳所提到的困难。

就墨菲而言，“包容性”（inclusiveness）是不可能的，原因在于：想要形成一个足以称为“我们”的群体，势必要有一群“他们”。唯有当群体边界已被划出之时，这个群体才能够浮现，并且被辨认出来。如果没有“他们”，“我们”便无法存在。换句话说，外在与外在者（the outside and outsiders）是内在与内在者（the inside and insiders）的必需条件，这种构成性（constitutive-ness）是无法也不可能被消除的。因此，包容（inclusion）永远伴随着排除（exclusion），而共识（consensus）必定伴随着歧见（dissensus）。“我们”与“他们”的冲突永恒存在，不论“我们”是否注意到。

这正是墨菲区分“政治本性”（the political）与“政治性”（politics）之处：

> 通过“政治本性”一词，我意指本体论层次上的敌对（antagonism）状态，而“政治（性）”[①]一词则指涉各种意在组织人类共存的实践与机构。无论如何，这些活动永远都发生在以政治本性为基底的冲突之域（terrain of conflictuality）。（Mouffe，2013：12）

---

① politics可译为政治或政治性，两者均指涉相对于政治本性的较为表面的理解，本文视行文脉络与需要选择使用何种译文。

因此，对墨菲而言，政治本性不只内在于每个人类社会，更决定了我们的本体境况（ontological condition）。通过政治本性，多元性（pluralism）得以确保并且茁壮。当代民主的最大错误，就在于有意无意忽视政治本性，反而相信有朝一日能够达到包容的共识。为了要让这种期望成真，当代民主无可避免必须诉诸人们的理性能力。

正是在这一点上，墨菲强力批判当代民主的两大理论家——哈贝马斯（Jürgen Habermas）与罗尔斯（John Rawls）。尽管两者在理论细节上有所差异，但墨菲认为他们都寄一切希望于人类理性：

> 这两种版本的协商式民主的交点在于，他们都坚持把达致合法与授权的可能性寄托于公众的理性之上，而且相信这种理性不只是工具性的，更是规范性的：对于罗尔斯来讲，那叫做“合理的”（reasonable）；就哈贝马斯而言，则称为“交往理性”。（Mouffe，2009：85-86）

诉诸理性的结果是双重的。一方面，任何无法运用理性来讨论的事物都被排挤到私领域，另一方面，想要驳斥或忽视任何意见，经常只要指责其“不理性”就够了（Mouffe，2006）。简言之，即使人们企图借由推广协商式民主来达到包容的目的，但其对共识的期待往往只能通过各种排除或压迫行动来达成。

当然，我们可以追问：如果回到过去所谓的聚合式民主（aggregative democracy）呢？聚合式民主是当代民主的另一个典型（Young，2002：18-26），目标在于通过征集人民偏好，而后经由投票来决定是否采用特定政策。聚合式民主已经受到协商式民主的许多攻击，最主要的莫过于多数暴政（tyranny of the majority）。除此之外，聚合式民主和协商式民主其实有着相同的问题：“假定个体是理性的，只想着极大化自身利益，并且以一种算计（instrumental）的方式在政治世界中活动。”（Mouffe，2005：12-13）

墨菲强调，在人类决策过程中，永远有多于理性的东西在影响着人类，而当中最重要的，就是激情（passion）。人类的激情可能来自血缘关系、宗教信仰、文化传统，或者其他根源，但无论来源为何，其效果都难以忽视——激情会影响人们决定是否参与一个群体：

> 由于把重点放在对于利益的理性计算（聚合模式）或审慎思考（协

> 商模式），当前的民主政治理论难以承认“激情”在政治中作为主要动力的角色，对着形色各异的政治主张也只能双手一摊、无能为力。（Mouffe，2005：24）

由于政治本性——无可避免的敌意——无所不在，因此任何社会想要达成秩序（好坏排序、对错分别）但不驱逐任何一人，势必只能经由压迫或噤声，别无他法。这种社会秩序即为“霸权”（hegemony），意指“各种权力关系的衔接，而且缺乏终极的理性基础”（Mouffe，2013：131）。如果社会秩序的本质正是霸权，那么这就意味着，权力恰恰是任何成群一体（unity）的必需条件，而且内在于群体当中。

就此，墨菲抱持着和福柯（Michel Foucault）十分相似的立场，认为任何社会秩序总会宣称自己的基础是客观且永恒的，但实际上所有社会秩序都只是暂时的，原因在于：

> 任何一个时刻被看成是自然而然、本该如此的秩序——常常带有各种“常识”以为辅助——只不过是某些实践日积月累的结果罢了，其深处从来都不是某种外在于这些实践的客观性。（Mouffe，2005：18）

因此，墨菲坚称，民主并不应该以“免于霸权”作为群体的目标，也不可能找到一个没有霸权的群体；反之，民主应该要对各种“反霸权的实践”（counter-hegemonic practice）敞开双臂——不消说，这些实践仍然是权力的运用。

必须注意的是，霸权与反霸权之间的关系，或者某个反霸权与其他反霸权的关系，不能采取你死我活、两个只能活一个的暴力形式。如果民主的基础是政治本性，那么民主的任务应该是想办法建立和安置合宜的“我们／他们”划分，一方面拒斥公共领域无所不包，并否认无压迫或排除共识的可能性，但另一方面又不能使这种敌意关系破坏政治群体的完整性。换句话说，民主必须把“我们／他们”从敌对转化成为争对（agonistics）：

> 若是敌对，在“我们／他们”关系中的双方乃是敌人，缺乏任何共享的基础，但若是争对，在“我们／他们”关系中的双方虽然相互冲突，而且承认争端无法理性解决，但无论如何都认可彼此的正当性。他

> 们是“对手”（adversaries）而非敌人。这意味着，即使双方处于冲突之中，他们仍然认定自己同属一个政治群体，共享某个象征性的空间，而冲突恰好发生于其中。（Mouffe，2005：20）

这种民主，墨菲称之为“争对民主”。因为它将政治追根究底至政治本性，所以有时也称为“基进民主”（radical democracy）。

把民主重新诠释为一种处理与转化敌对关系的方法，对于现今政治来说非常关键。事实上，当前世界民主政治的成效不彰与严重衰退，早已为墨菲的理论所预见。如果正视政治本性，那么运作良好的民主应该允许并鼓励不同政治立场之间的对抗（confrontation），反之，忽略政治本性的民主，必定导致这种对抗变成各方毫不妥协的抗争，而且经常以道德价值或身份认同为名来论述和行动。这不正是近年全球极端立场政治兴起的写照吗？

总的来说，政治本性要比政治性更基础也更核心，如果只谈论政治性却忽略政治本性，那么民主能够解决的问题，或许不比造成的问题更多。虽然墨菲的讨论与针砭多在理论层面，很少谈到争对民主实际上需要怎样的机构、制度或程序才能如期运作，但她的概念框架已经提供充足的理论资源，帮助我们重新审视技术物政治性这一观点，并提供了更好的处理框架。

四、重解技术压迫或排除的难题

如果充满敌意的政治本性才是政治的本质，而且（排除或压迫的）权力无法从任何政治共同体中排除，那么技术物的政治性不止无法消除，反而是必需之物。虽然技术权力会造成排除甚至压迫，但这正是政治的本质之所在，而且无法驱散——无论其政治形式是否民主。从这个观点来看，科技民主化的理想无论如何都难以企及，因为永远都会有一群不愿受科技所影响或被科技使用排除在外的人。事实上，即便是任何一个试图让所有人都能使用的“通用设计”（inclusive design），也会有人被排除在使用者的行列之外。早期电脑鼠标只适用于右撇子，如今所有鼠标都已经左右对称，按键功能也能从设置中调整，但即使是这个看似简单的例子，仍然排除了部分人士——手指不灵活，甚至是上肢残疾之人。

幸运的是，争对政治的框架提供了处理这种技术物政治性的契机。如同墨菲所建议的，权力的正当性问题并非争对政治的关心之处，真正的核心在于霸权实践与反霸权实践之间的对手关系。这意味着，我们能够也应该做的，是通过赋予技术物政治性去创造并强化各种立场之间的竞争与对抗，而不是努力将技术物“去政治化”（depoliticalization）。为了说明这种策略的可行性，以下让我们重访温纳低架桥的例子，并假想一个延续故事的后续场景。

执政当局意识到了黑人与穷人被排除的问题，决定重新建造这个低架桥，而且这次他们打算遵循科技民主化的精神，让所有利益相关人士参与讨论并做出最终决策。在数次冗长的会议过程中，附近的农民担心桥做得太高会遮挡阳光并造成阴影，进而影响他们的作物生长；经常从桥上开车经过的驾驶者说，高架桥让他们开起车来感觉很不安心，总担心会掉下去；地震学家则严正警告，附近的地质过于松软，并不适合搭建高架桥。每个团体都有他们各自在乎的事项，而且不论哪个方案，总是会有人跳出来反对。会议似乎没有终点——没有共识，没有新桥！这个问题于是无限期搁置，直到某天就解决了——以一种科技民主化推动者从未想到的方式：新型轿车上市了。这种新型轿车更小、更轻，也更便宜，对于原本只能负担每日公交车票的黑人与穷人来说，完全是买得起的价格。现在每个人都能顺利前往琼斯海滩，结局皆大欢喜。

这个想象的后续场景并非无的放矢，而是有其事实基础。在一篇回应温纳说法的文章中，社会学家伯恩沃德·约尔吉斯（Bernward Joerges）说，住在纽约的课堂学生对于《技术物有政治性吗？》一文的反应，令他惊讶许久：没有人同意温纳对低架桥的批判，更不觉得这些桥有任何政治性可言（Joerges，1999）。原因在于，20 世纪 90 年代，在这些学生的生活经验中，每个住在纽约城区的居民十之八九拥有私家车，而这些车要通过低架桥下方，基本上毫无问题。低价桥造成的排除问题解决了，但不是因为一个“更民主”的桥被建立了起来，而是因为新型的轿车被设计出来。

必须注意的是，低架桥的政治性并未消失，它的技术权力仍在，那些高大的公交车或巴士（如果有的话）依旧无法通过——它的政治性只是被抗衡掉了。低架桥从未被民主化，它只是被另一个技术——新型轿车——给

“反”（counter）了。不消说，这种新型轿车，本身具有权力，同时也是政治的，它形塑了美国的开车文化，造就了以开车为中心的各种都市设计，并且排斥其他的交通方式。

这可以说是典型的墨菲式民主操作。在争对政治的框架里，经由设计来反对、抵抗霸权，恰恰是实践、运作和活化（vitalize）民主的最佳方式。因此，对于争对民主来说，技术权力并不是对民主的伤害，而是民主的资源。显然，如果技术权力无法根除，那么应该追问的问题就不再是“如何消除技术权力”，反而应该转向讨论和研究“如何善用技术权力”。

同样地，各种着眼于技术评估（technology assessment）的程序与建制，也需要承认其过程与结果无论如何都是政治的。用来评估技术的价值框架与标准一定有其立场，而通过这种程序塑造出来的技术，自然也天生带有政治性，能够施展其技术权力去创造或者维持当初那个价值系统。换句话说，技术评估——不论是哪种形态——实际上是一种政治行动，而非中立的程序（Delvenne and Parotte，2019）。争对民主中的技术评估，并非用来抑制技术物的政治性，而是赋予、鼓励与增生技术物的权力效果，而这些相互抗衡的技术物，又会再回过头来促进民主的发展与健全。

简言之，技术物造成的压迫或排除，难以使用（传统的）民主程序来解决，但如果代之以争对民主，并用政治本性来理解政治性，那么解答就在于：为被排除或被压迫者所需要的价值而设计。如果技术权力无法根除，那么最好的方法，就是以另一个技术权力来抵抗。技术物的政治性并非令人畏惧的事物，反之，我们需要赋予技术物更多的政治性，如此才能健全民主。我们应该做的，正是“政治化技术物”（politicalizing technology）。

五、结　论

“技术物有政治性”的宣称，虽有亮眼的理论启发，也带出了后续的科技民主化的诸多研究，但可惜的是，这个宣称有时候并不符合事实。通过精心的设计，技术物可以促进民主政治，而非相反。这种理论与实际的落差，肇因于对技术物政治性的负向解读——把技术权力视为必须移除的危险之物，而方法就是民主程序。

然而，通过影响人类的知觉与行动，技术中介了人类与世界的关系——技术是人类得以在世界中“安身立命”的必需条件。换句话说，技术虽有权力，却无法也不可能从人类世界中移除。寻找免于技术权力的自由状态，无异于缘木求鱼。如果技术权力无所不在，那么科技民主化的理念与实践框架将失去效用，我们必须另寻他法来应对技术物压迫与排除的问题。

通过关注政治的“基底”——政治本性——我们可以为技术权力找到安置之所，也能更好地理解技术物政治性的意义。争对政治接受并鼓励群体之间的相互对抗，将其视为民主健全运作与发展的核心，因此允许我们通过设计新的技术来抗衡产生压迫与排除的既有技术。技术物的权力从未消失，反而是民主之所需。想要实现真正的科技民主化，传统意义上的各种民主程序反而是个死胡同，赋予技术物政治性才是良方。

技术物有政治性吗？答案无疑是肯定的——但这次，让我们热烈欢迎它。

参考文献

程煜祯. 2018. 兰登•温纳的技术政治性思想研究. 广西大学硕士学位论文.

赫相玮. 2018. 兰登•温纳技术哲学思想研究. 长安大学硕士学位论文.

刘桂英，任玉凤. 2004. 温纳的技术自主性思想. 科学技术与辩证法，21（3）：85-88.

谢芬. 2016. 兰登•温纳技术政治学思想探析. 南昌大学硕士学位论文.

张慧敏，陈凡. 2004. 从自主的技术到技术的政治——L. 温纳（Langdon Winner）的技术哲学思想及启示. 自然辩证法研究，（8）：61-64.

Berlin I. 1969. Two concepts of liberty In Berlin I. Four Essays on Liberty. Oxford：Oxford University Press：118-172.

Borgmann A. 2007. Real American Ethics：Taking Responsibility for Our Country. Chicago：University of Chicago Press.

Cockburn C，Ormrod S. 1993. Gender and Technology in the Making. London，Thousand Oaks：Sage Publications Ltd.

Delvenne P，Parotte C. 2019. Breaking the myth of neutrality：Technology assessment has politics，technology assessment as politics. Technological Forecasting and Social Change，139：64-72.

Dryzek J S. 1994. Discursive Democracy：Politics，Policy，and Political Science. Cambridge，New York：Cambridge University Press.

Dryzek J S. 2002. Deliberative Democracy and Beyond：Liberals，Critics，Contestations. Oxford：Oxford University Press.

Joerges B. 1999. Do politics have artefacts? Social Studies of Science，29（3）：411-431.

Laclau E，Mouffe C. 2014. Hegemony and Socialist Strategy：Towards a Radical Democratic Politics. 2nd ed. London，Verso.

Lezaun J. 2011. Offshore democracy：Launch and landfall of a socio-technical experiment. Economy and Society，40（4）：553-581.

Mouffe C. 2005. On the Political. London，Routledge.

Mouffe C. 2006. The Return of the Political. London，Verso.

Mouffe C. 2009. The Democratic Paradox. London，Verso.

Mouffe C. 2013. Agonistics：Thinking the World Politically. London，New York：Verso.

Sclove R E. 1995. Democracy and Technology. New York：The Guilford Press.

Veak T J. 2006. Democratizing Technology：Andrew Feenberg's Critical Theory of Technology. Albany，NY：SUNY Press.

Verbeek P-P. 2005. What Things Do：Philosophical Reflections on Technology，Agency，and Design. Pennsylvania：Pennsylvania State University Press.

Verbeek P-P. 2006. Persuasive technology and moral responsibility：Toward an ethical framework for persuasive technologies. Persuasive Technology 2006，Eindhoven University of Technology，The Netherlands.

Verbeek P-P. 2011. Moralizing Technology：Understanding and Designing the Morality of Things. Chicago：University of Chicago Press.

Verbeek P-P. 2013. Resistance is futile：Toward a non-modern democratization of technology. Techné：Research in Philosophy and Technology，17（1）：72-92.

Winner L. 1980. Do artifacts have politics? Daedalus，109（1）：121-136.

Young I M. 2002. Inclusion and Democracy. Oxford：Oxford University Press.

Rethinking Technology's Politics: Design, Power, and Democracy

Hung Ching

(Chung Cheng University)

Abstract: Since Langdon Winner's famous question "Do artifacts have politics?" in 1986, the idea and the phenomena of technological politics have been widely studied and discussed. It becomes a general tendency in both STS and the philosophy of technology to regard technology as political power and to appeal to democracy as a solution. Firstly, this paper shows that Winner's article and the following research give a negative impression about the relationship between technology and democracy by putting them in opposition to each other. Secondly, this paper argues that from the perspective of Peter-Paul Verbeek's technological mediation theory, technological power is ubiquitous and there is no way out, which means the current solution is unlikely to work. Finally, this paper suggests turning to Chantal Mouffe's idea of "the political" and by so doing replacing the mainstream understanding of democracy with an "agonistic" one. Rethinking technological politics in this way would help to resolve the central issues concerning technology design, such as oppression, discrimination, and exclusion.

Keywords: technological politics，technological mediation theory，the political，agonistic democracy

技术的美学维度：技术伦理的另一种问题

黄柏恒
（汉堡大学）

摘　要：技术哲学于近二十年经历了几次转向，这些转向虽然已经大大深化了技术哲学及相关规范性问题的讨论，但技术哲学依然鲜有就技术的审美价值（aesthetics values）进行分析的。反观近期的美学学者们却开始深入探讨艺术与日常审美经验（everyday aesthetic experience）的伦理维度，这些有关审美价值和审美经验的讨论其实对技术哲学及技术伦理有极大的启发性：如果审美观和道德观在本质上是环环紧扣的，技术的伦理分析就不可能忽略对技术审美价值的分析；又，若艺术品或者日常事物带来的审美经验有着道德后果，那么技术带来的审美经验亦不会例外。于这一意义上，技术哲学必须要认真探讨技术的美学维度。本文试图阐明技术的美学维度，并提出一些与此一维度相关的道德考虑。

关键词：技术哲学，美学，技术伦理

一、引　言

技术哲学于近二十年经历了几次转向，“经验转向”使技术哲学脱离对于“大写的技术”（technology-with-a-capital-T）——把技术作为一个整体或者抽象概念——的讨论，并转向分析社会中各种具体技术引发的哲学和伦理问题（如纳米技术、信息技术、合成生物技术等）；“设计转向”、“伦理转向”及“价值转向”则开展了技术内嵌价值（embedded values）的讨论，同时亦开辟了技术设计与技术创新过程当中各种社会、道德及政治研究课题

（Meijers and Kroes，2000；Achterhuis，2001；Franssen et al.，2016；Franssen et al.，2018）。上述转向虽然已经大大深化了技术哲学及相关规范性问题的讨论，但技术哲学依然鲜有就技术的审美价值（aesthetics values）进行分析的。由于人们对技术的想法多少也受到它们的外观影响，因此大部分技术哲学研究者对审美价值的忽视，实为一种不幸。考科尔伯格（M. Coeckelbergh）近年就在一系列文章中通过外貌（appearance）此一概念来阐述机器人的外观如何影响人们对其道德地位的考虑（Coeckelbergh，2009a，2009b，2010a，2010b，2011，2014），他的这项研究是展示技术的美学维度在技术的伦理分析中的重要性的一个极佳例子。

目前大多数技术哲学研究均忽视技术的审美价值，反观近期的美学学者们却开始深入探讨艺术与日常审美经验（everyday aesthetic experience）的伦理维度（Giovannelli，2007；Sauchelli，2016；Saito，2015）。这些有关审美价值和审美经验的讨论对技术哲学具有重大启发性，亦对技术的伦理分析尤其重要：如果审美观和道德观在本质上是环环紧扣的，技术的伦理分析就不可能忽略对技术审美价值的分析；又，若艺术品或者日常事物带来的审美经验有着道德、社会、政治和环境后果，那么技术带来的审美经验亦不会例外。于这一意义上，技术哲学必须要认真探讨技术的美学维度。

本文试图阐明技术的美学维度，并提出与此一维度相关的道德考虑。借鉴日常生活美学研究，我先指出技术的审美价值和技术带来的审美经验将给人们和社会带来重要的道德后果。然后，我将概述关于审美价值与道德价值互动的可能性的哲学讨论，借此说明审美价值的道德意蕴。这两种研究路径将为审美价值和审美经验作为技术伦理中不可或缺的组成部分提供有力的支持。简而言之，本文的目的在于展示技术的美学维度作为技术伦理的另一组研究课题。

二、从日常生活美学到技术的伦理分析

不同的日常生活美学理论对于“何谓日常”或“怎样分析日常审美经验”等问题有不同的答案，但日常生活美学学者均一致认为美学不应该只是以艺术为中心（art-centered），他们认为人们可以在日常生活中获取审美经

验；日常生活美学学者亦反对把美学理论局限于某些传统审美价值，如“美”（beauty）及“崇高”（sublimity）等，他们认为“漂亮”（prettiness）、“可爱”（cuteness）及“活泼”（liveliness）等平庸的审美价值也值得美学学者认真对待；简而言之，日常生活美学是一种对主流分析哲学美学研究的不足和局限的修正。同时，日常生活美学亦讨论了审美观与伦理观之间的互动，这些讨论对技术的伦理分析有着重要的启示。本节将重点讨论齐藤百合子（Saito，2007，2017）的日常生活美学理论，选择齐藤百合子的理论是因为她明确强调日常审美经验的道德后果及其在道德修养上的重要性，这两点对我们扩展技术伦理研究特别有帮助。[①]

介绍齐藤百合子的理论前，我们必须简要解释“审美经验”所指。根据诺埃尔·卡罗尔（Noel Carroll）的美学研究，“审美经验”在本文里将用于指代人们对事物的形式属性（formal properties）或/及审美属性（aesthetic properties）或/及表现性属性（expressive properties）的理解的注意（attention with understanding）（Carroll，2012：173）。[②]也就是说，当人们对日常生活中各种事物的形式属性或/及审美属性或/及表现性属性给予注意时，他们即有着关于该事物的审美经验。比方说，“当你身处一个房间，你感知房间独特的视觉特征和声音；你在房间里以你的坐姿坐着，也许屈身于不舒服的椅子，皮肤感受空气流动。以上这些都给你的经验带来某些质感（Irvin，2009：30）”。由于我们正注意着房子、椅子或是空气的（美学）特质，这些关于环境和物件本身的（美学）特质的经验，我们都可以视作审美经验。[③]

齐藤百合子认为日常审美经验之所以重要，其中一个原因在于“审美力量”（the power of the aesthetic），她指出“人们每天琐细、微不足道、无关紧要的审美反应往往导致重要的道德、社会、政治和环境后果（Saito，2007：

---

① 本文并非旨在对齐藤百合子的理论进行一个全面的评价，而仅旨在引介日常生活美学与技术的伦理分析关联的概念。

② 不幸的是，“审美经验”此一概念本身就存有哲学争议。由于此一课题超出了本文的范围，我不会在这里对这个概念作进一步的解释。但值得注意的是，卡罗尔的理解实际上可以用两种方式来解释：一种侧重于审美经验的内容，另一种则侧重于审美经验的本质（即“审美经验”是一种特别形式的注意）。

③ 我使用“美学特质”（aesthetic qualities）作为形式属性、审美属性及表现性属性的总称。在日常生活美学里，美学特质应被广泛地解释为包括感性属性（sensual properties）和身体感受（bodily feelings）。此一“美学特质”的解释不仅与日常生活美学对“美学特质”的理解一致，而实际上日常生活美学也需要以此一方式广义地解释美学特质。

6）”。并且她指出审美力量可以通过两种形式影响人们：审美力量既可以被人们刻意利用，审美力量亦可以无意地影响人们（Saito，2011）。例如，广告就是通过特定的审美方式描绘产品，以说服消费者购买该产品。当人们因为审美价值而非其功用而购买产品，这种购买行为就可以说是审美价值的直接结果。即是说，广告商是刻意利用人们的审美反应促使他们作出具体决定与行为。此一形式的审美力量解释了为什么产品设计的重要性正在日益增加。人们现在不仅关注产品的功能，还关注产品外观。在这方面，苹果公司（Apple Inc.）可以算是最成功的公司之一：苹果以创作有趣和时尚的广告闻名，苹果在广告中一般不会直接介绍产品功能，而是以不同的画面与故事把产品联系到各种个人和社会价值。这种手法用于音乐设备、智能手机以及最新无线耳机和手表配件，如 iPod、iPhone、AirPods 和 iWatch 等产品。同时，苹果的产品设计明显受到极简主义美学的启发，并体现了它们独特的简约价值，不少人正是因为产品设计体现的价值而购买苹果的产品。就齐藤百合子的理论而言，我们可以说苹果公司刻意利用了审美力量去诱导消费者购买他们的产品。

另一方面，在无人精心策划的情况下，日常审美经验仍然影响我们的想法和行为。齐藤百合子指出，我们（无意识的）审美偏好对社会和环境也非常重要。她指出人们偏爱“可爱、令人想拥抱的、令人惊叹的、色彩缤纷、优雅的生物和壮观、华丽或不寻常的景观，而不是黏糊糊、怪诞或令人讨厌的生物和不起眼、无聊或单调的景观”（Saito，2011：16）。并且齐藤百合子指出这种审美偏好在人们思考环境和社会现象时有着重要的作用。她以风力发电作为其中一个例子：人们对风力发电的抗拒一部分源于他们对风力发电机的外观的反感。也就是说，人们因为风力发电机的外观，而忽略风力发电能够为环境及社会带来的正面影响（Saito，2011：18-19）。此一例子说明了事物的外观或其他相关的美学特质能够对人们的想法及行为带来重要的影响。

正因为审美反应可以影响人们的想法及行为，技术的伦理分析亦必须把技术的美学维度包含在分析范围之内。技术的伦理分析可以从审美角度考虑技术是否符合（审美）理想。换言之，即使人们认为某些技术在功用上属于一种善的技术，或是技术在开发过程中已经加入适当的内嵌社会价值与道德价值，这些技术依然要有一种合适的审美呈现。就以护理机器人作为一例：就算人们普遍认为护理机器人是一种有助于个人和增加社会福祉的好技术，基于以上审美力量的考虑，关于护理机器人的技术的伦理分析仍然需要审视它们的美学维度，并确定它们的设计和外观不会带来不当的审美反应，使得这种好技术不为大众所接受，甚或适得其反。比方说，若护理机器人设计得太丑、太机械化或太具威胁性，我们可以想象不会有太多人愿意接受这些机器；但是，若它们设计得太漂亮、太真实或太过诱人，那么人们很可能会变得过度依赖它们，或者对它们抱有错误的期望。当我们把技术的美学维度包含在技术的伦理分析范围内，我们甚至可以思考应否及如何通过技术的美学维度鼓励人们使用这些好技术。①

无论我们是想要避免技术带来不恰当的审美反应，还是想要利用审美力量使人们接受好技术，人们对技术的审美反应都应该成为技术的伦理分析中的一个重要部分。另一方面，当我们承认审美力量并将其视为技术的伦理分析的一个部分，我们便需要更认真地对待审美价值的规范性。在这方面，我们需要对审美价值对个人和社会福祉的影响进行更深入的研究，并具体和积极地分析审美反应如何塑造人们的思想和行为（Melchionne，2014）。如果齐藤百合子关于审美力量的论述大致上是正确的，而我们的审美经验确实影响我们的想法和行为，那么人们与技术互动过程中所带来的审美经验会否及如何带动他们的想法或行为转变，亦会是技术伦理中不能回避的一组课题（Xenakis and Arnellos，2013；Rissanen，2014；Folkman，2018）。这亦意味着技术伦理必须对技术及其创造过程中作出的审美选择持批判态度，并预料和评估这些选择对人们想法和行为的潜在影响。

齐藤百合子还提出了“道德—审美判断”（moral-aesthetic judgments）此一概念来说明审美选择的道德后果。“道德—审美判断”指出人们对日常生活事物进行道德判断时，他们可以仅仅就事物带来的（审美）经验进行道德判断，而非就事物的功用或其使用结果来进行道德判断。齐藤百合子举出“不妥善包装的礼物”的例子：当礼物没有被妥善包装时，它就反映了一种

① 这种审美考虑可以通过助推理论（nudge theory）来理解（Sunstein and Thaler，2008）。从最简单的意义上来说，助推如果是要通过（制度）设计促使人们作出对自己或社会有益的决定和行为，在这方面，审美考虑可以为助推理论提供另一个介入点。

“不尊重”的态度。值得强调的是这个“道德—审美判断”并非关注礼物包装的功用或是礼物包装带来的结果，而是关注礼物包装自身的（美学）特质。也就是说，即使收礼物者本身并不关心礼物包装，此一不妥善包装的礼物仍然反映了一种不尊重的态度（Saito，2007：207-208）。

放在技术的伦理分析，“道德—审美判断”可以让我们更全面地理解技术涉及的规范性问题，如为什么考科尔伯格强调机器人外观的重要性。考科尔伯格指出机器人不同的外观将会促使人们对其道德地位作出不同评价，但重要的是要指出机器人的外观可以与其功能或其设计者的意图无关；换句话说，因着机器人的外观带来的机器人道德地位问题其实可说是源于它们的美学维度。因此，如果技术伦理只关注技术的后果或其内嵌（社会、道德或政治等）价值，我们将无法确切地理解此一问题的本质。当然，机器人设计者可以恶意打造外观类似人类的机器人并借此操纵用户。面对这些情况，与技术功用相关的后果或技术设计者的意图都是伦理分析不可或缺的考虑，因此我必须再三强调我无意否定技术的后果或是技术设计者的意图在技术伦理中的重要性。不过，正如“道德—审美判断”表明的，纵使机器人设计者并无恶意利用机器人的外观，或是这些机器的功能并没有带来恶果，只要人们在人机互动的过程中会因为其外观改变对机器人道德地位的想法或与其互动的方式，而这些不同的想法和互动方式有好坏之别，技术伦理就应该思考机器人的外观及相关的审美价值。

除了考科尔伯格在机器人伦理中对“外观”的道德意义的分析，我们还可参考格罗瑟（B. Grosser）关于社交媒体界面设计的研究（Grosser，2014）。早在 2012 年，格罗瑟已经注意到社交媒体界面设计严重影响用户体验，他尤其关注社交媒体界面所显示的数字指标（numeric metrics）及其可见性（visibility）。他指出社交媒体界面显示的点赞数、粉丝数等数字指标量化了社交互动（social interaction）和自我概念（self-conception）；这些数字指标的可见性更使用户量化社会联系（social relations）和个人价值。为考察数字指标的可见性如何影响用户，格罗瑟开发了一个屏蔽社交媒体界面数字指标的浏览器扩展程序；其后他在报告用户反馈时指出，屏蔽数字指标后用户对社交媒体平台有不同的体验，他们不再被数字（或数量）牵引并不再以量化方式理解社会联系和自我。事实是，社交媒体企业早就熟悉数字指标的作用及后果——这种设计鼓励用户使用社交媒体平台并延长他们流连在平台上的时间。因此，我们可以从设计者的意图或技术的预期后果（如网络成瘾症）的视角批判数字指标的可见性。尽管我们可以从设计者的意图或技术的预期后果进行分析，但格罗瑟的案例再一次说明了审美力量的重要性：仅是数字指标的可见性就能影响用户对社交联系和自我的理解。换句话说，我们需要审视技术的审美维度。

如果以上论述是正确的，日常生活美学就为技术的伦理分析开辟了一组新课题。技术伦理不应再仅仅关注技术使用的后果，或是仅仅关注其预期和非预期的功用以及与这些功用相关的社会、道德或政治等价值。齐藤百合子的日常生活美学理论更提示我们审视技术的美学维度以及人们如何回应审美力量的重要性。

三、审美经验的道德意蕴

上一小节，我介绍了齐藤百合子的“审美力量”和“道德—审美判断”的概念展示探索日常生活美学维度的重要性，并建议把齐藤百合子的见解扩展至技术伦理的讨论。如果日常生活美学维度具有重要的道德后果，技术的美学维度亦不会例外，即技术的伦理分析必须包括技术的美学维度的反思。但在上述讨论中，审美价值如何影响道德价值此一问题仍然悬而未决。本小节，我将概述关于审美价值与道德价值互动的可能性的哲学讨论，并为两种价值如何互动提供一些可能的答案。

目前关于审美价值与道德价值互动的研究主要讨论艺术的道德优点（或缺陷）如何影响人们评价艺术的审美价值。不过，还有部分学者就艺术的审美优点（或缺陷）如何影响艺术的道德价值进行讨论；例如，邦伯格（Baumberger，2015）的建筑伦理试图分析建筑的审美优点（aesthetic merits）或审美缺陷（aesthetic demerits）如何影响建筑的道德价值。邦伯格提出以下论证说明审美价值与道德价值的关系：

（P1）当建筑妨碍（或促进）人类福祉，这个建筑就有道德缺陷（或优点）。

（P2）因为美观的（人工）环境是人类福祉必要的成分，建筑外观在某些情况下会妨碍（或促进）人类福祉。

（C）建筑外观的缺陷（或优点）会使它们有道德缺陷（或优点）。

邦伯格的论证是概念性的：他的论点建基在“正面的审美价值是人类福祉的一部分”此一假说上。通过以上论证，我们可简单地推导出建筑师（或城市规划单位）的道德义务；即是说，他们有义务关注建筑（或城市）的美学特质并通过它们为人们提供正面的审美价值以增加人类福祉［或是避免建筑（或城市）的负面的审美价值降低人类福祉］。虽然邦伯格的论证清楚直接地描述了审美价值和道德价值的关联，但论证的结论过于宽泛，因而对技术伦理并无特别帮助。此一结论最多能够论证技术设计及开发过程中考虑和确保技术使用者获得正面的审美经验的重要性。当然，这并不是说邦伯格的论证完全无关紧要——至少，他的论证再次表明反思美学维度在伦理分析中的意义。不过，若我们想要更深入理解审美价值如何影响道德价值，我们有必要思考审美价值如何导致道德判断，即是，我们不能仅仅把审美价值视作道德价值（或是人类福祉）的构成元素。

莱昂（León，2018）在最近一篇文章里面就审美价值与道德价值之间的互动做了更细致的分析。她用不同例子证明人们的某些针对艺术品以及日常事物的道德判断可以通过它们的美学特质去解释。①例如，莱昂指出夏尔丹（Chardin）的静物画经常被描述为具有崇高伟大的道德意味，而他的画作的道德价值源自他的作画技巧——就算被描绘的对象是死物，夏尔丹依然能够令它们变得有生命。夏尔丹通过作画技巧赋予画笔下的对象人性化的品质，这种人性化的品质，使他的作品有着与众不同的道德维度。除此之外，莱昂亦提到里芬斯塔尔（L. Riefenstahl）的电影拍摄手法。里芬斯塔尔在纳粹德国期间拍摄纪录片以美化（beautification）手段粉饰暴力；这些电影和拍摄手法受到广泛批评，而这些正是对电影呈现的“美”的道德批评。当然，以上两个例子并没有证明审美价值必然影响道德价值，但这两个例子却清楚地显示了艺术的美学特质能够作为某些道德判断的基础。

齐藤百合子的“审美力量”和“道德—审美判断”已预告上述这种审美

① 除了道德判断外，莱昂还认为美学特质在某些情况下可以解释艺术品及日常事物的认知价值，由于本文不会论及审美价值与认知价值的关联，因此在这里关于莱昂对此问题的讨论不做说明。

价值与道德价值的关联，但莱昂的研究除了识别这两种价值的互动，更进一步回应了美学特质如何作为道德判断的基础；她认为，美学特质的情感特征可以解释其在道德判断中的角色。人们就艺术品（或日常事物）的美学特质作出的道德判断通常是关于艺术品内容的“表达”而不是内容本身；即是，人们关注艺术品体现其态度的方式。同时，人们通过情感去领会艺术品内容的“表达”。根据这种思路，美化暴力的电影之所以有道德缺陷，是因为此一手段引发人们对暴力在道德上不当的正面情绪；而夏尔丹的静物画之所以有道德优点，则是因为他的作画技巧的表达让人们适当地感觉谦卑、平静。值得一提的是，罗宾逊（Robinson，2012）对建筑欣赏的分析中得出了同样的结论。她认为仅仅理解建筑的形式和功能（或用莱昂的说法，即艺术品的“内容”）不足以让人全面理解建筑；因为建筑中某些美学特质会带来情感反应和身体感受，人们唯有通过情感和身体领会这些美学特质才能真正欣赏建筑。虽然罗宾逊的课题是关于建筑欣赏，但我们也可以把她的结论理解为支持美学特质的情感特征在道德判断中的作用。假设我们能够对建筑进行道德判断，我们先要充分理解建筑；但如果要充分理解建筑，我们则需要在情感上和身体上感受建筑。也就是说，对建筑的道德判断要以审美引发的情感为基础。换言之，我们可以将“道德—审美判断”阐述如下：

美学特质→情感、身体反应→道德判断

现在让我们回到技术伦理的讨论，这种美学特质及其情感特征的理解使得技术伦理讨论需要关注技术的美学特质及其情感和身体影响；我们可以从伦理角度评价技术带来的情感和身体反应。让我们回到考科尔伯格的机器人伦理讨论和格罗瑟的社交媒体研究的案例，机器人外观之所以重要，是因为它可以带来不同的情感和身体反应（例如，人们因为机器人外观对它们表示同情）；同样地，社交媒体界面设计的重要性亦是由于它所导致的情感和身体反应（例如，人们因为数字指标而兴奋）。在设计领域，学者和从业者早就认识到美学特质对个人决定和行为的影响，但技术伦理并没有对它们给予足够的重视（诺曼，2005）。上述讨论旨在明确揭示技术的美学特质及其情感和身体反应与道德判断的关联，以引发关于技术的“道德—审美判断”问题的讨论。无论有意或无意，技术确实具有美学特质并能带来相关的情感和身体反应；这里的关键是我们可以就这些审美经验带来情感和身体反应进行道德评价。

本文旨在阐明技术的美学维度及与此相关的道德问题，这项研究亦与近年认知哲学与认知科学研究相契合。近年来，4E 认知理论——体化（embodied）认知、嵌入（embedded）认知、生成（enacted）认知和延展（extended）认知理论——成为认知哲学与认知科学的主流（李建会和于小晶，2014；Newen et al.，2018）。4E 认知理论的关键之一是认知（及自我）的物质性（materiality），例如，4E 认知理论延展情绪（extended emotions）的讨论中提出人们的情绪由个人及身外事物共同构成（Krueger and Szanto，2016），食物、装束以至企业文化等都可以成为人们情绪的延伸（Colombetti and Krueger，2015；Slaby，2016）。本文有关技术的美学维度的讨论与延展情绪的讨论可以相互补充；前者强调技术的美学特质为其使用者带来情感和身体反应，后者则指出技术等身外事物共同构成情绪及自我。因此，技术的美学维度的讨论可以扩展 4E 认知理论的研究范围，而延展情绪的讨论则为技术的美学维度的研究提供有力的实证支持。

四、结语：技术伦理的另一种问题

借日常生活美学的讨论，本文试图提出技术的美学维度在技术伦理中的重要性。我介绍了齐藤百合子的“审美力量”和“道德—审美判断”以说明技术的美学特质与技术的伦理分析两者之间的关联。然后，我论述了美学特质如何通过其情感特征成为道德判断的基础。当然，以上的论述未能覆盖与技术的美学维度相关的所有规范性问题。本文结束前，我想简要地描述一下其他两个研究方向。

第一，让我们回到邦伯格的论证。邦伯格声称审美价值是人类福祉的一部分，因此人们有（道德）义务创造具有正面审美价值的事物；同样地，罗瑟（Roeser，2013）亦认同审美价值为人类福祉的一部分，因此风险分析不仅要考虑传统的风险（如经济风险、环境风险等），亦要考虑审美风险。通过审美价值，罗瑟在风险分析领域开辟了一个新的考虑因素。第二，本文的讨论基于一种美学维度的狭义的理解，并以技术的美学特质为对象；但同时我们亦可以广义解读技术的美学维度。例如，考科尔伯格以艺术与工艺（art and craft）角度分析技术的美学维度，并把对美好技术生活的追求视作一种生活的艺术（art of living）（Coeckelbergh，2017）。此广义进路不是把技术的美学特质作为研究对象，而是要反思美好技术生活背后需要的技艺（techne）。

技术的美学维度肯定还有更多的问题有待提出及讨论，本文为技术的美学维度提供了初步探索，并希望通过这个初步探索为技术的美学维度定下分析的基础。

参考文献

李建会，于小晶. 2014. “4E+S”：认知科学的一场新革命？哲学研究，（1）：96-101.

诺曼. 2005. 情感化设计. 付秋芳，程进三译. 北京：电子工业出版社.

Achterhuis H. 2001. American Philosophy of Technology：The Empirical Turn. Bloomington：Indiana University Press.

Baumberger C. 2015. The ethical criticism of architecture：In defense of moderate moralism. Architecture Philosophy，1（2）：179-197.

Carroll N. 2012. Recent approaches to aesthetic experience. The Journal of Aesthetics and Art Criticism，70（2）：165-177.

Coeckelbergh M. 2009a. Personal robots，appearance，and human good：A methodological reflection on roboethics. International Journal of Social Robotics，1（3）：217-221.

Coeckelbergh M. 2009b. Virtual moral agency，virtual moral responsibility：On the moral significance of the appearance，perception，and performance of artificial agents. AI & Society，24（2）：181-189.

Coeckelbergh M. 2010a. Moral appearances：Emotions，robots，and human morality. Ethics and Information Technology，12（3）：235-241.

Coeckelbergh M. 2010b. Artificial companions：Empathy and vulnerability mirroring in human-robot relations. Studies in Ethics，Law，and Technology，4（3）. Online.

Coeckelbergh M. 2011. Humans，animals，and robots：A phenomenological approach to human-robot relations. International Journal of Social Robotics，3（2）：197-204.

Coeckelbergh M. 2014. The moral standing of machines：Towards a relational and non-cartesian moral hermeneutics. Philosophy & Technology，27（1）：61-77.

Coeckelbergh M. 2017. The art of living with ICTs：The ethics-aesthetics of vulnerability coping and its implications for understanding and evaluating ICT cultures. Foundations of Science，22（2）：339-348.

Colombetti G，Krueger J. 2015. Scaffoldings of the affective mind. Philosophical Psychology，28（8）：1157-1176.

Folkman M N. 2018. Exploring aesthetics in design：Implications for human-computer interaction. Human Technology，14（1）：6-26.

Franssen M，Lokhorst G-J，van de Poel I. 2018. Philosophy of technology. In：Zalta E N. Stanford Encyclopedia of Philosophy. Stanford：Stanford University. Online.

Franssen M，Vermaas P E，Kroes P，et al. 2016. Philosophy of Technology After the Empirical Turn. Cham：Springer.

Giovannelli A. 2007. The ethical criticism of art：A new mapping of the territory. Philosophia，35（2）：117-127.

Grosser B. 2014. What do metrics want? How quantification prescribes social interaction on facebook. Computational Culture，4：1-38.

Irvin S. 2009. The pervasiveness of the aesthetic in ordinary experience. British Journal of Aesthetics，48（1）：29-44.

Krueger J，Szanto T. 2016. Extended emotions. Philosophy Compass，11（12）：863-878.

León M J A. 2018. Aesthetics makes nothing happen? The role of aesthetic properties in the constitution of non-aesthetic value. The Journal of Aesthetics and Art Criticism，76（1）：21-31.

Meijers A，Kroes P. 2000. The Empirical Turn in the Philosophy of Technology. London：JAI.

Melchionne K. 2014. The point of everyday aesthetics. Contemporary Aesthetics，12.

Newen A，de Bruin L，Gallagher S. 2018. The Oxford Handbook of 4E Cognition. Oxford：Oxford University Press.

Rissanen M. 2014. "Machine beauty" should it inspire eHealth designers? In Zhang Y，Yao G，He J，et al. Health Information Science（HIS 2014）. Cham：Springer：1-11.

Robinson J. 2012. On being moved by architecture. The Journal of Aesthetics and Art Criticism，70（4）：337-353.

Roeser S. 2013. Aesthetics as a risk factor in designing architecture. In：Basta C，Moroni S. Ethics，Design and Planning of the Built Environment. Dordrecht：Springer：93-105.

Saito Y. 2007. Everyday Aesthetics. Oxford：Oxford University Press.

Saito Y. 2011. The power of the aesthetic. Aesthetic Pathways，1（2）：11-25.

Saito Y. 2015. Aesthetics of the everyday. In：Zalta E N. Stanford Encyclopedia of Philosophy. Stanford：Stanford University. Online.

Saito Y. 2017. Aesthetics of the Familiar：Everyday Life and World-making. Oxford：Oxford University Press.

Sauchelli A. 2016. Aesthetic value，artistic value，and morality. In：Coady D，Brownlee K，Lipper-Rasmussen K. Blackwell Companion to Applied Philosophy. Chichester：Wiley-Blackwell：514-526.

Slaby J. 2016. Mind invasion：Situated affectivity and the corporate life hack. Frontiers in

Psychology，7（266）. Online.
Sunstein C，Thaler R. 2008. Nudge. New Haven：Yale University Press.
Xenakis I，Arnellos A. 2013. The relation between interaction aesthetics and affordances. Design Studies，34（1）：57-73.

Aesthetic Dimension of Technology: More Questions for Ethics of Technology

Huang Boheng
(University of Hamburg)

Abstract: The philosophy of technology has undergone different “turns” in the last 20 years, and the philosophical discussion on technology and the related normative issues has been advanced considerably by these turns. However, aesthetic values remain largely neglected in the philosophy of technology. Recently, researchers of everyday aesthetic experience have explored the ethical dimension of aesthetic experience, and their research should be of interest to philosophers of technology, as it shows that the aesthetic and the ethical are intimately connected and that our aesthetic experience can have significant moral consequences. This paper aims to elaborate the aesthetic dimension of technology and outline some of its ethical considerations.

Keywords: philosophy of technology，aesthetics，technology ethics

附　　录

Appendixes

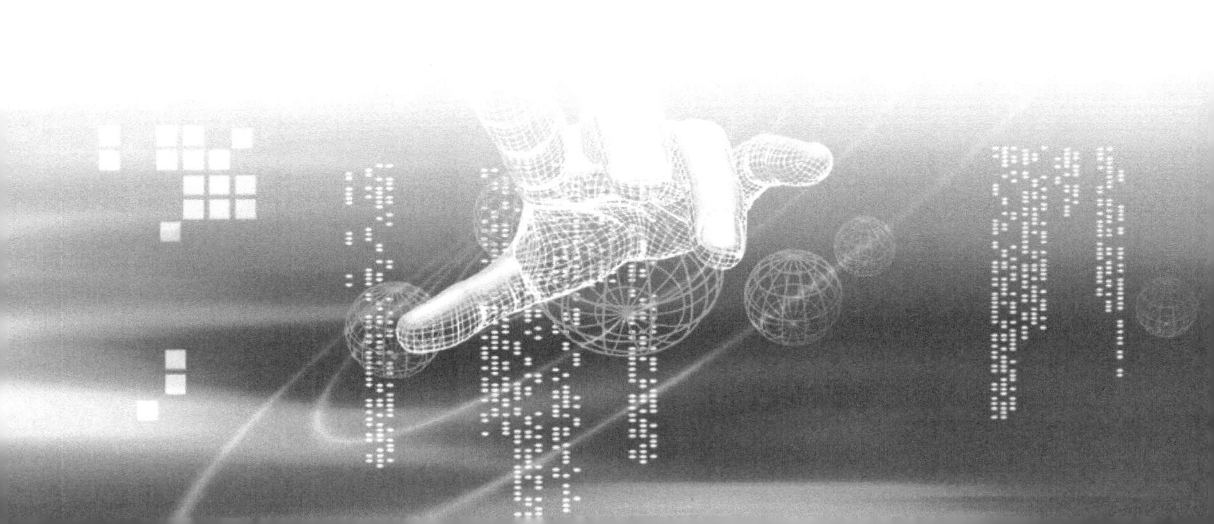

作者简介
Notes on Contributors

陈泓邑，云南大学政府管理学院哲学系讲师，哲学博士，曾在复旦大学生命医学伦理研究中心从事博士后研究工作。主要研究方向为生命伦理与数据伦理交叉领域，尤其是生物医学数据共享伦理。

Chen Hongyi is a lecturer of philosophy at School of Government，Yunnan University. After got his PhD in philosophy of science，he worked as a post doctoral fellow at Center for Biomedical Ethics，Fudan University. His academic interests lie in the intersection of bioethics and data ethics，especially in ethics of data sharing in biomedical context.

陈玮，浙江大学哲学学院副教授，哲学博士。主要研究方向为伦理学、道德心理学、古希腊哲学、美学。

Chen Wei is an associate professor at the School of Philosophy，Zhejiang University. After got her PhD from Beijing Normal University，she worked as a post-doctoral fellow at Zhejiang University. Her academic interests lie in ethics，moral psychology，classical Greek philosophy and aesthetics.

陈云莹，复旦大学哲学博士。主要研究方向为生物学哲学与生命伦理学交叉领域。

Chen Yunying is a PhD student at Fudan University. Her study work focus on the intersection of philosophy of biology and bioethics.

洪靖，台湾中正大学紫荆不分系学士学位学程助理教授，荷兰特温特大学哲学博士，曾受原子科学、历史学、社会学等学科训练。研究兴趣为技术哲学、科技与社会研究（STS），课题包含永续设计如何塑造人类行为，以及相关的自由与政治问题。曾获台湾科技与社会研究学会最优秀博士论文奖（2020）、台湾阳明交通大学大学特色课程奖（技术哲学导论，2022）。

Hung Ching currently works as an assistant professor at the Bachelor Program in Interdisciplinary Studies，Chung Cheng University，Taiwan. He has been trained in different disciplines，including atomic science，history，and sociology，and obtained his PhD from the Department of Philosophy，University of Twente，The Netherlands. His main research areas are Philosophy of Technology and STS（science and technology studies），with a focus on ethical and political issues concerning green behavior-steering technology.

黄柏恒，汉堡大学信息科学系研究员，哲学博士，曾在牛津大学科学创新与社会研究所和香港恒生管理学院从事教研工作。主要研究方向为技术哲学和技术伦理，尤其是有关人工智能、大数据和其他新兴数字技术的社会、伦理和政治问题。

Huang Boheng is a researcher at the Department of Informatics，University of Hamburg. After he received his PhD from University of Twente，he worked as a Research Fellow at the Institute for Science Innovation and Society，Oxford；and then as a Lecturer at Department of Social Sciences，Hong Kong Hang Seng Management College. His area of research are in philosophy and ethics of technology，with a focus on the social，ethical，and political issues of AI，Big Data，and other emerging digital technologies.

计海庆，上海社会科学院哲学研究所研究员，哲学博士，美国纽约州立大学（石溪分校）与荷兰特温特大学访问学者。主要研究方向为技术哲学，技术伦理，机器人、人工智能和人类增强的伦理问题。

Ji Haiqing is a research professor of the philosophy institute in Shanghai Academy of Social Sciences. He also worked as an exchanging researcher at State

University of New York（Stony Brook）and University of Twente.His study work focuses on philosophy of technology，applied ethics and the ethical problem on emerging technologies.

王国豫，复旦大学哲学学院教授，教育部“长江学者”特聘教授。复旦大学生命医学伦理研究中心、复旦大学应用伦理学研究中心主任，博士生导师。王国豫长期从事高科技伦理与治理研究，是国家社会科学基金重大项目“高科技伦理问题研究”首席专家，国家重点研发计划重点专项“精准医疗的伦理、政策法规框架研究”首席科学家。

Wang Guoyu is a Professor of Philosophy at FUDAN University. She is also a Distinguished Professor of “Chang Jiang Scholars” of MOE. She serves as the Director of the Center for Biomedical Ethics and Applied Ethics at FUDAN University. Prof. Wang is also vice President of Chinese Society for Ethics of Science Technology and Engineering，and conducts as PI several National Key Projects.

王小伟，中国人民大学哲学学院副教授，哲学博士。主要研究方向为科技哲学、技术伦理学。

Wang Xiaowei is an associate professor in philosophy at Renmin University. His academic interests lie in the philosophy of Science and Technology，Ethics of Technology.

徐向东，浙江大学哲学学院求是特聘教授，哲学博士，耶鲁大学全球正义项目研究员。曾任北京大学哲学系教授。主要研究方向是伦理学、道德心理学、心灵哲学、行动哲学及政治哲学。

Xu Xiangdong is Qiushi Distinguished Professor at the School of Philosophy，Zhejiang University，and a fellow at the Global Justice Program，Yale University. After got his PhD from Columbia University，he worked as an assistant professor，associate professor，and then professor at Peking University. His academic interests lie in ethics，moral psychology，philosophy of mind， philosophy of action， and political philosophy.

许玉昕，台湾政治大学英国语文学系研究生。主要研究方向为视觉文化、后殖民主义与文化翻译。

Hsu Yu-Hsin is a graduate student in English Literature at Chengchi University， Taiwan. Hsu's research focuses on visual culture， postcolonialism and cultural translation.

闫宏秀，上海交通大学教授，博士生导师。中国伦理学会科技伦理专业委员会副主任，牛津大学哲学系与互联网研究院访问学者，技术史与人类未来学科带头人。主要研究方向为技术伦理学、技术哲学。

Yan Hongxiu， Shanghai Jiao Tong University， is a Professor in Philosophy of Science and Technology， the Deputy Director of the Professional Committee of Science and Technology Ethics of the Chinese Ethics Society， Visiting scholar of Department of philosophy and Institute of Internet of Oxford University， the Director of History and Human Future. Her main research is ethics of technology and philosophy of technology.

闫雪枫，复旦大学哲学学院和生命医学伦理研究中心博士研究生，研究方向为生命伦理学，主要集中在生物医学增强的伦理问题方面。波士顿学院教育评估硕士，东南大学哲学学士。

Yan Xuefeng is a Ph. D student at School of Philosophy & Center for Biomedical Ethics， Fudan University. She works on bioethics， especially ethical issues regarding biomedical enhancement. Prior to the Ph. D. study， she received B. A. in Philosophy from Southeast University and M. Ed. in Educational Evaluation and Assessment from Boston College.

杨庆峰，复旦大学生命医学伦理研究中心教授、复旦发展研究院研究员。长期从事科学技术哲学研究、记忆研究与人工智能，国家社会科学基金重大项目“当代新兴增强技术前沿的人文主义哲学研究”首席专家。

Yang Qingfeng is a Professor of the Center for Biomedical Ethics and Applied Ethics at FUDAN University，also researcher of FDDI. His interests includes philosophy of Science and Technology，Memory Studies and Artificial Intelligence，Ethics of AI. He recently is focused on research about human enhancement which is from the funding of National Social Science Funds of China.

赵易安，复旦大学外国语言文学学院硕士研究生，主要研究方向为文学与人类学交叉领域，尤其是德语文学中的饮食书写，复旦大学文学学士。

Zhao Yian is a master student at College of Foreign Languages and Literature，Fudan University. Her academic interests lie in the intersection of literature and anthropology，especially in culinary discourse in German literature. She received B.A. in Literature from Fudan University.

朱春奎，复旦大学国际关系与公共事务学院教授，上海市科技创新与公共管理研究中心主任。主要研究方向为科技创新与公共管理。

Zhu Chunkui is a Professor of School of International Relations and Public Affairs（SIRPA），Director of Shanghai Center for Innovation and Governance at Fudan University. His interests includes technological innovation and public management.

阿尔弗雷德·诺德曼，美国南加州大学哲学系、德国达姆施塔特工业大学双聘教授，他还是俄罗斯圣彼得堡国立技术大学和中国华南理工大学的客座教授。目前是国际技术评论杂志编辑委员会成员、工程技术哲学丛书编委会成员、纳米伦理编辑委员会成员，还是劳特里奇历史与技科学哲学系列主编、技术与语言期刊的科学主编以及维特根斯坦安娜图书系列的编辑委员会成员。2000 年以来，诺德曼教授主要从事纳米技术和会聚技术的哲学与社会维度、合成生物学与相关领域的研究。他对于技科学哲学的贡献反映了科学文化与科学、技术、文化自然与社会的变动关系等领域的最新变化。

Alfred Nordmann received his Ph. D. in Hamburg（1986）and served on the faculty of the Philosophy Department at the University of South Carolina（1988-

2002）, he became Professor of Philosophy of Science and of Technoscience at Darmstadt Technical University. He remains affiliated with the University of South Carolina, is a guest professor at Peter the Great St. Petersburg Polytechnic University and South China University of Technology in Guangzhou. Since 2000 Nordmann has been studying philosophical and societal dimensions of nanoscience and converging technologies, also of synthetic biology and related fields. These contribute to a comprehensive philosophy of technoscience that reflects recent changes in the culture of science and the changing relationship of science, technology, nature, and society. He is editor of the Routledge book-series History and Philosophy of Technoscience and scientific editor of the journal Technology and Language.

邦妮·斯坦博克是纽约州立大学奥尔巴尼分校的荣休教授，主要研究方向为生命医学伦理学，特别是生殖和遗传学。她也是联合研究生院-西奈山医学院生命伦理学项目的生命伦理学和临床领导中心的全职教授，黑斯廷斯中心的研究员，也是美国生殖与医学协会（ASRM）伦理委员会的前任成员。她是《出生前的生命》的作者，发表文章 60 余篇，撰写或参与编辑了数本有关医学伦理问题的书籍，包括《现代医学的伦理问题》第 8 版（McGraw-Hill 2012）。

Bonnie Steinbock is a Vincent O'Leary Professor（professor emeritus）at the University at Albany/SUNY, specializing in biomedical ethics, particularly reproduction and genetics. She is also a Full Professor in The Center for Bioethics and Clinical Leadership at Union Graduate College-Mount Sinai School of Medicine Bioethics Program. She is a Fellow of the Hastings Center and a past member of the Ethics Committee of the American Society for Reproduction and Medicine（ASRM）. The author of Life Before Birth: The Moral and Legal Status of Embryos and Fetuses, 2nd edition（Oxford 2011）, she has published over 60 articles, and edited or co-edited several books on issues relating to medical ethics, including Ethical Issues in Modern Medicine, 8th edition（McGraw-Hill 2012）.

卡尔·米切姆，当代著名技术哲学家，美国科罗拉多矿业学院教授，现任中国人民大学哲学院教授，中国人民大学新奥国际杰出讲席教授，主要研究领域为技术哲学、工程哲学。

Carl Mitcham is International Distinguished Professor of Philosophy of Technology at Renmin University of China，Beijing，and Emeritus Professor of Humanities，Arts，and Social Sciences at Colorado School of Mines，Golden，Colorado. His research fields includes philosophy of technology，philosophy of engineering，etc.

克里斯托夫·胡比希，达姆施塔特工业大学荣休教授，哲学博士。曾先后担任莱比锡大学社会科学和哲学系主任、斯图加特大学副校长和达姆施塔特工业大学社会科学与历史学系主任。主要研究方向为实践哲学、技术和文化哲学以及科学哲学。

Christoph Hubig is a Professor Emeritus at Darmstadt University of Technology. He worked as Dean of the Faculty of Social Sciences and Philosophy at the University of Leipzig，Vice-Rector of the University of Stuttgart and Dean of the Faculty of Social Sciences and History at the Technical University of Darmstadt. His research areas are practical philosophy，philosophy of technology and culture，and philosophy of science.

格奥尔格·罗曼，马格德堡大学荣休教授，德国著名的马克思主义学者，实践哲学领域专家。他曾先后在洪堡、法兰克福、慕尼黑、海德堡学习研究哲学、社会学、政治学。

Georg Lohmann is a Professor Emeritus at University of Magdeburg，and is also a famous German Marxist scholar and expert in the field of practical philosophy. He has studied and researched philosophy，sociology，and political science in Humboldt，Frankfurt，Munich，and Heidelberg.

保罗·门策尔，太平洋路德大学荣休哲学教授。他在健康经济学和健康政策的道德问题方面发表了大量著作，包括《强势医学：卫生保健的伦理配给》和（作为共同编辑）《预防与治疗：什么是正确的平衡？》。他曾是肯尼迪伦理研究所、洛克菲勒中心-贝拉吉奥、布罗切尔基金会和香港中文大学的访问学者。

Paul T. Menzel is Professor of Philosophy Emeritus，Pacific Lutheran University. He has published widely on moral questions in health economics and health policy，including Strong Medicine：The Ethical Rationing of Health Care，and（as co-editor）Prevention vs. Treatment：What's the Right Balance? He has been a visiting scholar at Kennedy Institute of Ethics，Rockefeller Center-Bellagio，Brocher Foundation，and Chinese University of Hong Kong.

P.-P. 维贝克，荷兰特温特大学哲学系特聘教授、荷兰皇家艺术与科学院院士、联合国教科文组织科技伦理委员会主席、丹麦奥尔堡大学荣誉教授，曾任国际哲学和技术协会主席（2013—2015）、荷兰皇家艺术与科学院“青年学院”主席（2011—2013），2022 年 10 月起转任荷兰阿姆斯特丹大学校长。维贝克的研究聚焦在人类与技术关系，并提出技术中介理论，著有《将技术道德化》、《技术物做什么》等书，曾获荷兰伦理委员会 VICI 奖（2014）、世界科技奖（伦理类，2016）等。

Peter-Paul Verbeek is Rector Magnificus at the University of Amsterdam，The Netherlands（from Oct. 2022），the member of the Royal Netherlands Academy of Arts and Sciences（KNAW），chairperson of the UNESCO World Commission for the Ethics of Science and Technology（COMEST），and honorary professor at Aalborg University，Denmark. He was Distinguished Professor of Philosophy of Technology at the Department of Philosophy of the University of Twente，President of the Society for Philosophy and Technology（2013-2015），and chairperson of “The Young Academy” of the Royal Netherlands Academy of Arts and Sciences（2011-2013）. He is author of What Things Do：Philosophical Reflections on Technology，Agency，and Design（Penn State University Press，2005）and Moralizing Technology：Understanding and Designing the Morality of Things（University of Chicago Press，2011）.

征稿通知

Call for Papers

《科技伦理研究》是由复旦大学哲学学院、复旦大学生命医学伦理研究中心主办的学术性专业辑刊。该辑刊由复旦大学哲学学院王国豫教授担任主编，国内外知名学者组成学术指导委员会，由科学出版社出版发行。常设栏目有：生命医学伦理、大数据与人工智能伦理、科技伦理与治理、科技伦理书评等。

《科技伦理研究》每期聚焦一至两个学术子领域，介绍科技伦理学术前沿动态，推进科技伦理问题的跨学科深入探讨。本刊坚持“双高”原则，即高学术水准和高学术品味，致力于为哲学、社会科学、前沿科技等领域的研究者和实践者提供科技伦理方面的学术研究成果和深度案例解析。

一、本刊热忱欢迎海内外专家和学者投稿，尤其鼓励青年学者（包括在读博士、硕士研究生）来稿，同时在版权允许范围内刊发世界一流应用伦理研究作品的译稿。本刊坚持客观公正的学术立场，强调学科交叉视野下的理论创新、实践关涉和问题意识。投稿邮箱：bioefd@126. com。

二、本刊文章字数15 000字以内。来稿请提供文章的中英文摘要、关键词。摘要要高度概括、反映文章的主要观点和思路。

三、本刊采取匿名评审制度，全部来稿均经过初审、复审环节，处理时间为3个月，在此期间请勿一稿多投；本刊有权对拟录用稿件进行文字表达和技术修改。

四、本刊稿酬优厚，凡来稿均视为同意通过微信公众号（BiomedicalEthicsFDU）推广。

五、凡在本刊刊发文章，版权属于《科技伦理研究》编辑委员会，基于任何形式和媒体的转载、翻译、结集出版均需事先取得《科技伦理研究》编辑委员会的授权。

六、注意事项

1. 文稿请按照题目、作者、正文、参考文献的次序撰写。如需要注明基金课题，请详细列出课题名称、课题号。

2. 需要提供作者的工作单位、研究方向；文末请附上作者的电子邮件地址和电话。

《科技伦理研究》编委会